"辽河水系水生生物多样性空间分布格局及其保护策略研究"（XLYC1902033）项目
"清河流域水生生物多样性及其影响因素研究"（XLYC1907020）项目

辽河水生生物多样性空间分布格局及其保护策略研究

刘岚昕　王　赫　等　编著

中国环境出版集团·北京

图书在版编目（CIP）数据

辽河水生生物多样性空间分布格局及其保护策略研究/
刘岚昕等编著. -- 北京 ：中国环境出版集团，2025.5
ISBN 978-7-5111-5761-4

Ⅰ．①辽… Ⅱ．①刘… Ⅲ．①辽河－水生生物－生物
多样性－生物资源保护－研究 Ⅳ．①Q17

中国国家版本馆CIP数据核字（2023）第254318号

审图号：辽S（2025）001号

责任编辑　石　硕
封面设计　岳　帅

出版发行　**中国环境出版集团**
　　　　　（100062　北京市东城区广渠门内大街 16 号）
　　　　　网　　址：http://www.cesp.com.cn
　　　　　电子邮箱：bjgl@cesp.com.cn
　　　　　联系电话：010-67112765（编辑管理部）
　　　　　　　　　　010-67112735（第一分社）
　　　　　发行热线：010-67125803，010-67113405（传真）
印　　刷　北京中科印刷有限公司
经　　销　各地新华书店
版　　次　2025 年 5 月第 1 版
印　　次　2025 年 5 月第 1 次印刷
开　　本　787×1092　1/16
印　　张　17
字　　数　350 千字
定　　价　120.00 元

编 委 会

主　编：刘岚昕　王　赫

编著者（按姓氏笔画排序）：

王　秀　王子锐　王留锁　包震宇　朱　悦

刘　利　刘　倩　李　璇　李志东　李灌澍

冷雪飞　程希雷

前言

党的十八大以来，习近平总书记对长江、黄河等大河流域生态环境保护作出一系列重要指示，确立了以长江、黄河为代表的流域生态环境保护的总方向和基本遵循，即"共抓大保护，不搞大开发"，提出了大河流域"生态优先，绿色发展"的战略构想。党的二十大报告将"人与自然和谐共生的现代化"上升到"中国式现代化"的内涵之一，再次明确了新时代中国生态文明建设的战略任务，总基调是推动绿色发展，促进人与自然和谐共生。党的二十大报告指出要"统筹水资源、水环境、水生态治理，推动重要江河湖库生态保护治理""提升生态系统多样性、稳定性、持续性"。生态环境部《重点流域水生态环境保护"十四五"规划编制技术大纲》（环办水体函〔2019〕937 号）明确提出要突出"三水统筹"，实现"有河有水、有鱼有草、人水和谐"的目标，力争"十四五"期间重点流域水生态系统功能初步恢复，水资源、水生态、水环境统筹推进的格局基本形成。

辽河是我国七大江河之一，发源于河北，流经内蒙古、吉林和辽宁等省区，于辽宁省盘山县注入渤海，流域面积为 21.96 万 km²。辽河干流位于辽宁省，流经铁岭、沈阳、阜新、锦州、鞍山和盘锦 6 个市，全长 538 km，流域面积为 4.38 万 km²，多年平均径流量 38.26 亿 m³，主要支流有清河、柴河、凡河、秀水河、养息牧河、柳河等。其中流域面积 50 km² 以上的一级支流有 27 条，流域面积 10 km² 以上的一级支流共 36 条。

2019 年，辽宁省生态环境保护科技中心刘岚昕、王赫分别入选"兴辽英才计划"科技创新领军人才、"兴辽英才计划"青年拔尖人才，2020 年"兴辽英才计划"科技创新领军人才"辽河水系水生生物多样性空间分布格局及其保护策略研究"项目和青年拔尖人才"清河流域水生生物多样性及其影响因素研究"项目正式启动。领军人才项目于 2020—2022 年春、夏、秋三季对辽河水系 65 个采样点的浮游藻类、底栖动物、鱼类及河岸带植被等开展调查，获得数据 50 余万个。项目对调查结果开展评估与驱动力分析，提出辽河水系水生生物多样性保护策略。青年拔尖人才项目选取辽河水系重要一级支流清河开展相关研究。在项目实施过程中，编制完成本书，为污染防治攻坚战和重点流域水生态环境保护"十四五"规划编制提供科技支撑。

为促进辽河流域生态环境保护的宣传推介，加强环境保护工作，本书基于实地调查和数据分析，分别从辽河流域的水环境现状及变化趋势、栖息地环境质量与特征分析、浮游藻类调查与特征分析、底栖动物调查与特征分析、鱼类调查与特征分析、水生生物多样性驱动力分析、水生生物多样性保护策略等方面做了较为详细的描述。本书提供了大量辽河流域相关调查基础数据，内容丰富，并附有流域内生物图片，对辽河流域开展生态保护工作具有一定的指导意义，可供相关从业人员借鉴参考。

鉴于编者水平有限，书中难免有不足之处，恳请读者批评指正。

作　者

2023 年 1 月

目 录

第 1 章　研究背景与区域概况

生物多样性是地球上的生命经过几十亿年发展进化的结果，是人类赖以生存的物质基础。目前，生物多样性的保护与持续利用问题已受到世界的普遍关注，成为当今人类与环境领域的中心议题。生物多样性包括多个层次和水平，其中，研究较多、意义重大的主要有遗传多样性、物种多样性、生态系统多样性和景观多样性 4 个层次。而物种多样性作为生物多样性的基础和核心，是生物得以保持和发展的前提，对于物种起源演化、生态适应性、资源保护评价具有重要意义。我国有着丰富的生物资源，生态系统和物种类型十分丰富且独特。但近年来，我国的生物多样性面临着严重威胁，人类的活动、气候变化和土地利用类型发生变化都对生物多样性造成了严重影响。

党的十八大以来，习近平总书记对长江、黄河等大河流域生态环境保护作出一系列重要指示，确立了以长江、黄河为代表的流域生态环境保护的总方向和基本遵循，即"共抓大保护，不搞大开发"，提出了大河流域"生态优先，绿色发展"的战略构想。为加快生态文明体制改革和建设，生态环境部提出了"水资源、水生态和水环境"（以下简称"三水"）系统管理和"环境质量底线、资源利用上线、生态保护红线"（以下简称"三线"）的最严格管理要求。《重点流域"十四五"生态环境保护规划》中明确坚决打好污染防治攻坚战的同时，按照"有河有水、有鱼有草、人水和谐"的思想，力争"十四五"期间重点流域水生态系统功能初步恢复，"三水"统筹推进的格局基本形成。加强重点流域生态环境保护工作是保障流域水生态安全的必然要求，是实现"三水"统筹、落实"三线"管理的重要支撑。流域是"山水林田湖草"生命共同体，也是经济—社会—自然复合生态系统。生物多样性是流域的核心组成部分，生物多样性的生态服务功能与生态过程多样性，是人类起源、生存和发展的物质基础。

1.1　项目背景

"兴辽英才计划"是辽宁省委、省政府在人才引进和培养方面实施的重大工程，计划利用 3 年时间，围绕辽宁振兴发展的重大需求，特别是"五大区域发展战略"和"一带五基地"建设需求,培养和引进一批高层次创新创业人才和高水平创新创业团队。2019 年,辽宁省生态环境保护科技中心承担的"兴辽英才计划"科技创新领军人才项目"辽河水系水生生物多样性空间分布格局及其保护策略研究"(XLYC1902033)和"兴辽英才计划"青年拔尖人才项目"清河流域水生生物多样性及其影响因素研究"(XLYC1907020)正式启动。

1.2 工作基础

辽河是我国七大江河之一,流经河北、内蒙古、吉林和辽宁 4 个省区,总流域面积为 21.96 万 km^2。辽河流域水资源短缺,降水在时空分布上极为不均,夏秋季占全年降水量的 60%~75%,流域人均水资源量不足全国人均水资源量的 1/4,属于重度缺水地区。特别是生态环境可用水量少,仅占 2.2%,生态基流难以得到保障,部分河段甚至出现了断流。此外,辽河流域重化工业发达,钢铁、石化、制药等重污染行业集中分布,主要污染物排放量远超受纳水体环境的容量,总量控制压力大。因此,呈现出流域内污染类型多、工业污染比重大、农业面源污染比重加大、各种水污染物叠加、城市集中区域污染严重、全流域污染形势严峻等特点。

自"九五"时期开始,辽河被列为国家重点治理的"三河三湖"之一。2010 年,辽河干流建立了我国第一个以大型河流为单元、长 538 km 的辽河保护区,开展了河流保护区封育和生态修复。"十一五"至"十三五"时期,国家科技重大专项中的水体污染控制与治理科技专项(以下简称"水专项")将辽河作为重点示范,水专项团队提出了"1 条生命线、1 张湿地网、2 处景观带、20 个示范区"的辽河保护区生态建设格局,研发了18 项关键技术,建立了我国大型河流保护区封育和生态修复的技术体系。通过"管—控—治—修—产"五位一体的治理模式,实施辽河干流生态保护与恢复和支流河口湿地建设两大工程,共 31 个项目。通过项目的实施,辽河水质明显好转,2012 年底,辽河干流 21 项指标考核达到Ⅳ类水质标准,一级支流水质全面消灭劣Ⅴ类,摘掉了重度污染的"帽子"。2015 年 4 月,国务院正式发布了《水污染防治行动计划》(以下简称"水十条"),重点围绕"抓两头,带中间"的工作部署,要求到 2020 年辽河等七大重点流域水质优良(达到或优于Ⅲ类)比例总体达 70%以上,对辽河流域水生态系统健康保护提出了更高的要求。"十三五"期间,辽宁省高度重视水污染防治工作,全面深入实施"水十条",相继出台了《辽河流域综合治理总体工作方案》《辽宁省城市黑臭水体治理攻坚战实施方案》《辽宁省农业农村污染治理攻坚战实施方案》等文件,以精准治污、科学治污、依法治污为引领,坚持工业、城市生活、农业农村三源齐控,统筹实施溯源控污、截污纳管、面源管理、生态修复等。辽河流域水环境质量改善成效显著,2020 年,化学需氧量(COD)、氨氮排放总量较 2015 年累计分别下降 16.5%、15.76%，Ⅰ～Ⅲ类水质断面比例达 58.0%，比 2019 年上升 9.0 个百分点，全面完成"水十条"考核任务。

辽宁省生态环境保护科技中心是"十一五""十二五""十三五"国家重大科技专项项目、课题的承担单位，十余年来，依托国家重大专项，面向辽河流域水污染治理和水环境管理科技需求，开展了辽河流域水生态系统、水生生物多样性、水质、水量等调查，积累了大量的基础数据，为辽宁省辽河流域水生态环境管理提供科技支撑，为本项目的顺利开展奠定基础。

1.3 科技需求

党中央、国务院高度重视水生态环境保护工作。习近平生态文明思想是新时代生态文明建设的根本遵循和最高准则，为推动生态文明建设和生态环境保护提供了思想指引和行动指南。习近平总书记在全国生态环境保护大会上，对全面加强生态环境保护和坚决打好污染防治攻坚战作出了系统部署和安排；在深入推动长江经济带发展座谈会上强调，要把修复长江生态环境摆在压倒性的位置，共抓大保护，不搞大开发；在黄河流域生态保护和高质量发展座谈会上强调，要坚持"绿水青山就是金山银山"的理念，坚持生态优先、绿色发展，以水而定、量水而行，因地制宜、分类施策，上下游、干支流、左右岸统筹谋划，共同抓好大保护，协同推进大治理，着力加强生态保护治理、保障黄河长治久安、促进全流域高质量发展、改善人民群众生活、保护传承弘扬黄河文化，让黄河成为造福人民的幸福河；在考察辽宁时强调，良好的生态环境是东北地区经济社会发展的宝贵资源，也是振兴东北的一个优势，生态文明建设能够明显提升老百姓获得感，要坚持治山、治水、治城一体推进。党的十九届五中全会提出 2035 年"生态环境根本好转，美丽中国目标基本实现"及到 21 世纪中叶把我国建设成"富强、民主、文明、和谐、美丽的社会主义现代化强国"的奋斗目标，并明确"生态文明建设实现新进步，生产生活方式绿色转型成效显著，主要污染物排放总量持续减少"等任务要求。

辽河是我国七大重点江河之一，历史上生境类型复杂多样，水生态系统差异显著，为水生生物提供良好的生存条件和繁衍空间，是北方重要的水源地和水生生物宝库。流域物种多样性丰富区域约占辽河流域面积的 23.9%，主要分布在辽宁省辽河干流的上下游地区，以及辽河支流清河流域；生态敏感性脆弱的区域约占全流域的 61.7%。近 50 年来，由于栖息地丧失和破碎化、资源过度利用、水环境污染、外来物种入侵等原因，辽河流域水生生物多样性锐减，水生物种资源衰退、珍稀水生野生动植物濒危程度加剧。

辽河流域水生生物多样性保护工作基础相对薄弱，缺乏系统性的历史数据，无法满足新形势下水生态环境关系需要。因此，本项目以辽河水生态系统本底调查为基础，对水生生物多样性、分布现状、主要受威胁因素进行评估；筛选珍稀水生生物，对其典型生境开展保护策略研究，并进行辽河流域受损水生生态系统修复方案研究，为辽河流域生态保护与管理提供基础数据与技术支撑。

1.4 研究区域

本项目研究区域为辽河水系。辽河水系地处东经 116°55′～125°32′，北纬 40°36′～45°17′，发源于河北，流经内蒙古、吉林和辽宁，于辽宁省盘山县注入渤海。辽河中上游分为东辽河和西辽河两大支流，二者在昌图县福德店汇合后成为辽河干流，辽河干流位于辽宁省，流经铁岭、沈阳、阜新、锦州、鞍山和盘锦 6 个市。

"十一五"期间，水专项在辽宁省辽河流域累计布设断面 122 个，对流域水生生物开展调查。本次调查在水专项基础上，在辽河水系共设置采样点位 65 个（图 1-1），采样点布设主要考虑辽河水系重要支流与干流交汇处、大型湿地、重点水利工程等位置，同时根据辽河保护区相关湿地工程和重要支流，增加康平—法库段、开原—铁岭段、石佛寺—马虎山段、毓宝台—本辽辽段、大张—盘山闸段、赵圈河—辽河口段和清河流域作为重点，在 2020—2022 年春、夏、秋三季开展生物多样性调查。

图 1-1　辽河水系监测点位图

1.5　技术路线

技术路线见图 1-2。

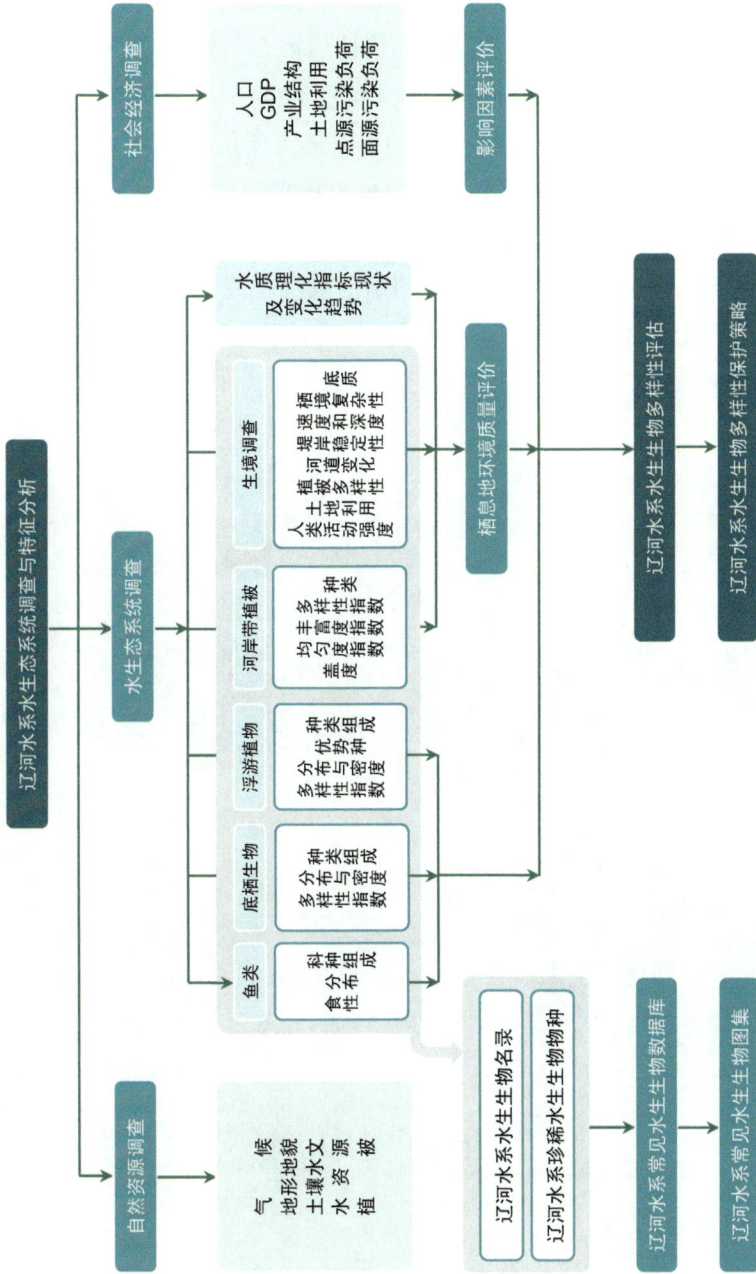

图 1-2　技术路线

1.6 区域概况

辽河是我国东北地区最南部的一条河流，辽河流域东西宽、南北窄，属于树枝状结构。整个流域内山地占 48.2%，其他为丘陵、平原和沙丘。辽河有两源，东源称东辽河，西源称西辽河，两源水流在辽宁省昌图县福德店汇合，始称辽河。辽河干流继续南流，经昌图县、康平县、法库县、开原市、铁岭市、沈阳市、新民市、辽中区、台安县、盘锦市、盘山县、大洼区等县（市），分别纳入左侧支流招苏台河、清河、柴河、凡河和右侧的秀水河、养息牧河、柳河等支流后，在盘山县六间房水文站附近分成两股（图1-3）。辽河上中游平原区大部分为堆积地形的冲积平原，傍辽河干流区发育冲积河谷平原；辽河下游平原区依次分布着剥蚀堆积地形的山前坡洪积扇群和山前坡洪积倾斜平原、堆积地形的山前冲积微倾斜平原、河间冲积平原、海冲积三角洲平原。

图1-3 辽河水系图

1.6.1 气候与水文

辽河流域地处中纬度，属于北温带大陆性季风气候，其特点是一年四季分明，冬季寒冷漫长，多西北风；春季回暖比较快，干燥多风沙；夏季热而多雨但历时短，空气湿润，多西南风；秋季历时短，凉爽宜人，多偏北风。

流域的年均温度较低，在 5~10℃，从东到西气温逐渐降低，从北到南逐渐升高。中部年均气温在 7.5℃ 以上，东北部在 6.5℃ 以下。随着海拔的升高，温度呈递减的趋势。中部平原区的海拔较低，气温偏高，东北部和西南部的山地丘陵区海拔较高，气温偏低。全年气温的最低值均在 1 月出现，一般为 -18~-9℃，各地区的绝对最低温度都在 -30℃ 以下，全年气温的最高值均在 7 月出现，一般为 21~28℃，各地区的绝对最高温度在 37℃ 以上。

辽河流域降水分布极不平均，降水量自东南向西北减少，且降水主要集中在 6—9 月。辽河流域降水量在空间分布上有以下几个特点：①辽河流域的降水量总体呈从西到东逐步增加，从南到北逐步减少的趋势。②沿海降水量多于内陆。来自海洋的气流遇到山地被迫抬升，容易产生降水。③山地降水量多于平原。由于山坡地形的抬升作用，暖湿气流遇山地极易成云降雨。

1.6.2　水资源

辽河干流水资源总量为 59.83 亿 m³，占全省水资源总量（341.79 亿 m³）的 17.50%。辽河流域水资源总量为 128.84 亿 m³，其中地表水资源量为 94.92 亿 m³，地下水资源量为 72.56 亿 m³，重复水资源量为 38.64 亿 m³，地下水可开采量为 55.66 亿 m³。根据辽宁省水资源公报统计数据，供水量平均为 90.59 亿 m³，其中地表供水量为 47.82 亿 m³，地下供水量为 41.19 亿 m³，其他水源供水量为 1.58 亿 m³。辽河流域水资源总体开发利用率为 70.3%，其中地表水利用率 50.4%，地下水开采率 74.0%（图 1-4）。

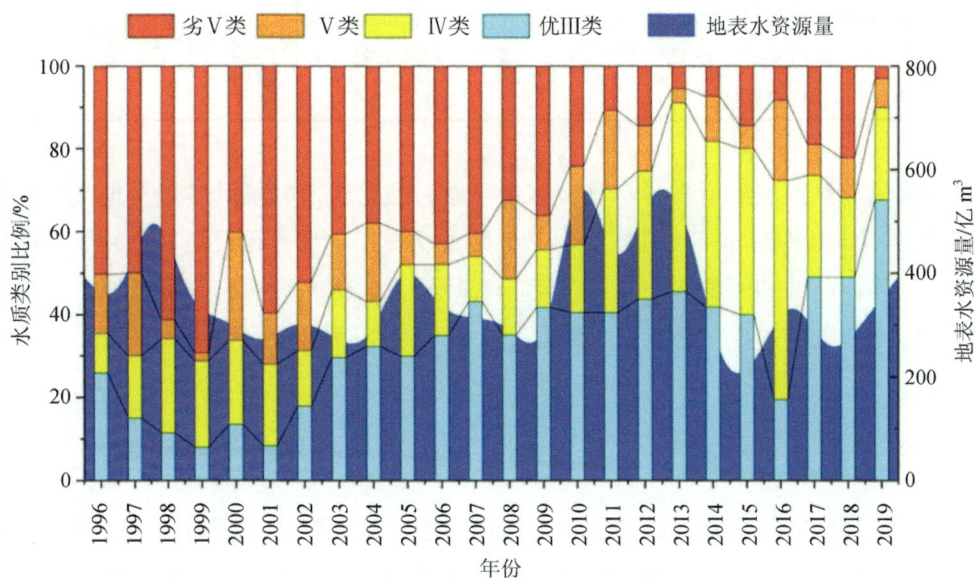

图 1-4　辽河流域水资源量和水质类别比例对比图

注：2019 年为 11 月数据。

1.6.3　土壤与植被

辽河流域土壤类型主要有棕壤、草甸土、水稻土、潮土、栗钙土、粗骨土和草原风沙土。棕壤所占的比例较大，主要分布在东北山地丘陵区，其所处的海拔较高，水土流失较严重。见表1-1。

表1-1　辽河流域土壤类型

土壤类型	理化特性	分布状况
棕壤	暖温带落叶阔叶林和针阔混交林下强烈棕壤化的结果，棕壤的土壤肥力较好，有机质含量比较高	主要分布在辽河流域东部地区
草甸土	草甸土有机质含量较高，腐殖质层较厚，土壤团粒结构较好，水分较充分	主要分布在辽河流域南部地区，辽河东部零星分布
水稻土	水稻土是指发育于各种自然土壤之上、经过人为水耕熟化、淹水种稻而形成的耕作土壤	主要分布在辽河流域东南部地区
潮土	潮土是发育于富含碳酸盐或不含碳酸盐的河流冲积物土，受地下潜水作用，经过耕作熟化而形成的一种半水成土壤	主要分布在辽河流域中部地区，东部地区也零星分布
栗钙土	栗钙土发育于温带半干旱草原植被下	在辽河流域西部零星分布，在北部地区也零星分布
粗骨土	粗骨土结构性差，根系少，疏松多孔。表土层以下为风化或半风化的母质层，厚度变幅较大，夹有大量岩屑体	主要分布在辽河流域中部和西部地区
草原风沙土	草原风沙土通体多为壤质砂土，表层碎块状结构，母质层为单粒状结构，碳酸钙含量较低，土壤多呈中性至碱性反应，养分含量较低	主要分布在辽河流域中部和西部地区

辽河流域自然植被类型多样，具有温带草原、暖温带落叶阔叶林以及地带性灌丛等25种植被类型。其中，东部山地多为温带针阔混交林，主要有落叶砾林、榛子、胡枝子和蒙古灌丛等。南部和西部多为暖温带落叶阔叶林，北部多为温带草甸草原，中部平原地区以农作物为主，主要有春小麦、大豆、玉米、高粱、甜菜、亚麻、梨、杏、小苹果、冬小麦等。

1.6.4　经济社会

辽河干流地区资源丰富、人口密集、城市集中、工业发达、交通便利，是我国重要的工业、装备制造业、能源和商品粮基地，在东北乃至全国的经济建设中都占有极为重要的地位。辽河干流共涉及沈阳、盘锦、铁岭、鞍山、阜新、锦州6市17个县（市、区）

77 个乡镇（街道、农场、苇场）306 个行政村（社区、分场），共有户数 47.5 万户，户籍人口 113.9 万，常住人口 113.3 万。社区常住人口中，男性与女性的比例接近 1∶1；98% 为汉族，1% 为满族，1% 为锡伯族、回族等其他少数民族。

辽河干流范围内年总产值为 13.8 亿元。第一产业产值为 7.0 亿元，其中，农业种植面积 4 500 余 hm²，主要为水稻、玉米和少量果园、蔬菜大棚，年产值 1.3 亿元；林业为芦苇收割，生产面积约 4.7 万 hm²，年产值 1.6 亿元；渔业主要为近海开放式底播养殖，面积 6 100 hm²，另外，苇塘沟渠和河滩地有少量淡水养殖，面积 600 余 hm²，渔业主要产品为河蟹、鱼虾、贝类等，年产值 4.0 亿元。第二产业类型较为单一，主要为石油/天然气开采以及淡水供应，总产值 6.3 亿元。第三产业主要收入来源于景区，年营业收入 0.5 亿元。

1.6.5　污染源分布

（1）点源

根据实际调查及第二次全国污染源普查数据，流域内主要工业源 211 家，主要集中在能源开采及石油加工、建筑建材及陶瓷品制造、牲畜屠宰和食品加工等行业。按照流域主要国控断面和干流、支流分布，统计辽河水系工业源及污染物排放情况见表 1-2。

表 1-2　辽河水系工业源及污染物排放情况　　　　　　　　　单位：t/a

断面名称	所在河流	工业源			
		COD 排放量	氨氮排放量	总氮排放量	总磷排放量
福德店东	东辽河	0.109	0.009	0.033	0.006
三合屯	辽河	—	—	—	—
珠尔山	辽河	24.500	0.667		
马虎山	辽河	1.554	—		
巨流河大桥	辽河	1.281	0.004	0.013	0.002
旧门桥	养息牧河	2.534	0.102	0.260	0.026
红庙子	辽河	24.469	0.389	1.132	0.323
盘锦兴安	辽河	1.684	0.052	0.126	0.016
曙光大桥	辽河	805.682	31.806	136.452	2.501
赵圈河	辽河	199.487	7.028	23.577	3.676
肖家堡	二道河	41.495	1.191	4.946	0.727
通江口	招苏台河	0.004	0.000	0.000	0.000
亮子河入河口	亮子河	197.339	5.706	30.632	3.547
松树水文站	寇河	41.789	0.853	2.235	0.151
大孤家	清河	1.450	0.045	0.115	0.016

断面名称	所在河流	工业源			
		COD 排放量	氨氮排放量	总氮排放量	总磷排放量
清河水库入库口	清河	6.622	0.208	0.472	0.066
清河水库坝下	清河水库	2.395	0.227	22.854	3.264
清辽	清河	18.832	0.545	36.942	3.365
小孤家	柴河	0.324	0.011	0.028	0.004
柴河水库入库口	柴河	2.558	0.095	0.228	0.028
东大桥	柴河	0.605	0.022	0.043	0.006
凡河一号河	凡河	2.755	0.112	0.237	0.027
拉马桥	拉马河	26.539	0.669	0.042	0.010
公主屯	—	9.038	0.341	0.736	0.074
养息牧门	养息牧河	53.467	2.063	5.846	0.506
旧门桥	养息牧河	0.058	0.003	0.007	0.001
丁家柳河桥	小柳河	26.614	0.619	7.092	0.432
石门子	—	10.686	0.456	1.363	0.128
闹得海	柳河	0.175	—	—	—
彰武	柳河	7.115	0.360	1.203	0.161
柳河桥	柳河	0.229	0.009	0.027	0.004
东白城子	绕阳河	46.713	2.655	6.135	0.795
金家	绕阳河	9.558	0.108	0.222	0.028
胜利塘	绕阳河	184.813	10.789	41.165	3.441
八道桥河	—	—	—	—	—
东沙河入河口	—	43.690	1.989	6.185	1.066
柳家河	柳河	12.108	0.619	2.349	0.264
合计		1 808.27	69.75	332.70	24.66

流域内共有城镇污水处理厂 36 座,目前合计处理规模为 89.63 万 t/d。截至 2020 年年底,城镇污水处理厂出水执行《城镇污水处理厂污染物排放标准》(GB 18918—2002)一级 A 标准,城镇污水处理厂主要污染物排放情况见表 1-3。

表 1-3　辽河水系城镇污水处理厂情况一览表

序号	污水处理厂名称	执行标准	实际处理量/(万 t/d)	排水去向	影响断面	COD 排放量/(t/a)	氨氮排放量/(t/a)	总氮排放量/(t/a)	总磷排放量/(t/a)
1	沈阳康平城北污水处理厂	一级 A	2.30	八家子河	三合屯	414	41.4	124.20	4.14
2	沈阳康平孔家污水处理厂	一级 A	1.25	八家子河		225	22.5	67.50	2.25

序号	污水处理厂名称	执行标准	实际处理量/（万 t/d）	排水去向	影响断面	COD排放量/（t/a）	氨氮排放量/（t/a）	总氮排放量/（t/a）	总磷排放量/（t/a）
3	沈阳康平城南污水处理厂	一级A	0.65	八家子河	三合屯	117	11.7	35.10	1.17
4	辽宁昌图经济开发区污水处理厂	一级A	0.10	招苏台河	通江口	18	1.8	5.40	0.18
5	开原市造纸产业园污水处理厂	一级A	0.79	亮子河	亮子河入河口	142.2	14.22	42.66	1.42
6	铁岭清河区污水处理厂	一级A	2.97	清河	清辽	534.6	53.46	160.38	5.35
7	铁岭开原污水处理厂	一级A	6.21	清河		1 117.8	111.78	335.34	11.18
8	铁岭西丰污水处理厂	一级A	2.02	清河		363.6	36.36	109.08	3.64
9	铁岭西丰工业园污水处理厂	一级A	0.27	清河		48.6	4.86	14.58	0.49
10	铁岭市污水处理厂	一级A	15.27	辽河	朱尔山	2 748.6	274.86	824.58	27.49
11	铁岭昌图污水处理厂	一级A	2.33	清河	清辽	419.4	41.94	125.82	4.19
12	昌图县滨湖新区污水处理厂	一级A	0.66	清河	通江口	118.8	11.88	35.64	1.19
13	铁岭调兵山污水处理厂	一级A	2.97	长沟河	肖家堡	534.6	53.46	160.38	5.35
14	调兵山市长沟河流域水污染治理工程项目	一级A	0	长沟河	亮子河入河口	0	0	0.00	0.00
15	调兵山市城南污水处理厂	一级A	1.27	长沟河		228.6	22.86	68.58	2.29
16	铁岭新城区污水处理厂	一级A	1.50	凡河	凡河一号桥	270	27	81.00	2.70
17	铁岭铁南开发区污水处理厂	一级A	0	西小河		0	0	0.00	0.00
18	铁岭高新区污水处理厂	一级A	0.78	万泉河	珠尔山	140.4	14.04	42.12	1.40
19	沈阳法库团山子污水处理厂	一级A	2.16	拉马河	拉马桥	388.8	38.88	116.64	3.89
20	沈阳新城子污水处理厂	一级A	3.05	长河	马虎山	549	54.9	164.70	5.49
21	法库辽河经济区污水处理厂	一级A	0.15	秀水河	公主屯	27	2.7	8.10	0.27
22	阜新利源污水处理厂	一级A	1.70	养息牧河	养息牧门	306	30.6	91.80	3.06
23	十家子镇污水处理厂	一级A	0	养息牧河	旧门桥	0	0	0.00	0.00
24	沈阳新民吉康污水处理厂	一级A	6	付家排干	红庙子	1 080	108	324.00	10.80
25	铁西新民屯彰驿站污水处理厂	一级A	0.20			36	3.6	10.80	0.36

序号	污水处理厂名称	执行标准	实际处理量/（万 t/d）	排水去向	影响断面	COD排放量/（t/a）	氨氮排放量/（t/a）	总氮排放量/（t/a）	总磷排放量/（t/a）
26	鞍山台安污水处理厂	一级 A	1.80	小柳河	丁家柳河桥	324	32.4	97.20	3.24
27	台安农清污水处理有限公司	一级 A	1.30	小柳河		234	23.4	70.20	2.34
28	辽宁台安经济开发区污水处理厂	一级 A	1.40	小柳河		252	25.2	75.60	2.52
29	盘锦第一污水处理厂	一级 A	9.96	螃蟹沟	曙光大桥	1 792.8	179.28	537.84	17.93
30	盘锦第二污水处理厂	一级 A	7.48			1 346.4	134.64	403.92	13.46
31	盘锦第三污水处理厂	一级 A	4.76	螃蟹沟		856.8	85.68	257.04	8.57
32	锦州黑山污水处理厂	一级 A	2.34	绕阳河	胜利塘	421.2	42.12	126.36	4.21
33	大虎山污水处理厂	一级 A	0.20	绕阳河		36	3.6	10.80	0.36
34	锦州北镇污水处理厂	一级 A	1.97	绕阳河		354.6	35.46	106.38	3.55
35	锦州沟帮子污水处理厂	一级 A	2.52	绕阳河		453.6	45.36	136.08	4.54
36	盘锦盘山污水处理厂	一级 A	1.30	绕阳河		234	23.4	70.20	2.34
合计						16 648.20	1 678.86	4 840.02	161.33

流域内有规模化畜禽养殖 531 家，合计排放 COD 为 80.17 t/a，氨氮为 16.03 t/a，总磷为 1.60 t/a（表 1-4）。

表 1-4　辽河水系规模化畜禽养殖主要污染物排放负荷

污染物	COD	氨氮	总磷
排放量/（t/a）	80.17	16.03	1.60

（2）面源

应用输出系数法估算流域输出的非点源污染负荷。基于 1 : 5 万地形图构建的数字高程图（DEM）和土地覆盖/土地利用类型遥感数据，借助 ArcGIS 地理信息技术和遥感技术（RS）获得流域的地形、土地利用、河网等信息，应用输出系数模型，估算示范区控制单元面源污染负荷的输出量。

对于某一固定的计算区域（流域）模型的一般表达式为：

$$L_j = \sum_{i=1}^{n} E_{ij} A_i + P$$

式中：i —— 流域中非点源污染类型（i=1，2，3，…，n）；

L_j —— 污染物 j 在流域内的总负荷，t/a；

E_{ij} —— 污染物 j 在第 i 种污染源的输出系数，t/（km²·a）、t/（万人·a）、t/（万只·a）；

A_i——第 i 类非点源污染物的数量，km²、万人；

P——流域内平均降水量，mm。

依据辽河水系地形地貌、水文、气候、土地利用、土壤类型和结构、地质、植被、管理措施以及人类活动等确定输出系数值，估算辽河水系面源污染负荷 COD 为 46 405.83 t/a，氨氮为 5 218.18 t/a，总氮为 2 207.85 t/a，总磷为 179.33 t/a（表 1-5）。

表 1-5　辽河水系各类非点源排放负荷　　　　　　　　　　　　　　单位：t/a

土地利用类型	COD	氨氮	总氮	总磷
水田	5 547.97	665.76	306.99	21.45
旱地	34 139.95	3 565.73	1 346.63	110.01
林地	6 717.91	986.69	554.23	47.87
合计	46 405.83	5 218.18	2 207.85	179.33

1.6.6　污染负荷分析

辽河水系是面源主导型流域，污染负荷中面源污染占比超过 70%，其次是城镇生活源占比超过 20%，工业源所占比例较小，不超过 3%（图 1-5 和图 1-6）。

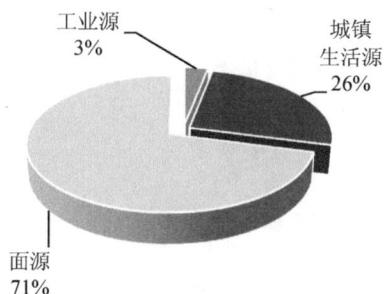

图 1-5　辽河水系各类型 COD 排放负荷比例　　　图 1-6　辽河水系各类型氨氮排放负荷比例

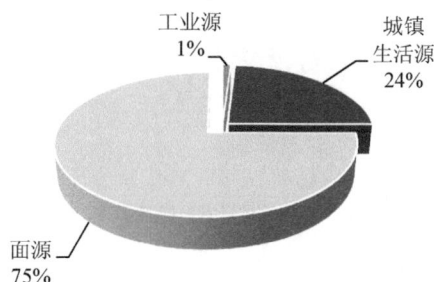

辽河水系点源污染负荷以城镇污水处理厂为主，占流域点源污染负荷的 90%～95%，工业源主要污染物排放量占点源排放负荷的 4%～10%（图 1-7）。

流域工业源中，各行业 COD 排放贡献率不同，贡献率最大的行业是能源开采及石油加工行业，约占工业源排放负荷的 83%；其次是牲畜屠宰，占比为 11%。氨氮排放贡献率与 COD 基本一致，贡献率最大的行业是能源开采及石油加工行业，占比为 75%，其次是牲畜屠宰，占比为 22%；总磷排放贡献率最大的行业是牲畜屠宰，占比为 65%，其次是能源开采及石油加工行业，占比为 35%；总氮排放贡献率最大的行业是能源开采及石油加工行业，占比为 66%，其次是牲畜屠宰，占比为 32%（图 1-8）。

COD点源负荷比例

工业源 10%

污水处理厂 90%

氨氮点源负荷比例

规模化畜禽养殖 1%

工业源 4%

污水处理厂 95%

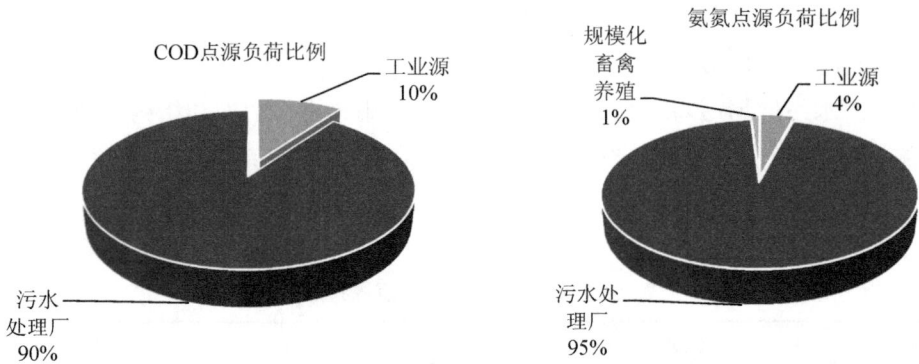

图 1-7 辽河水系主要污染物点源负荷

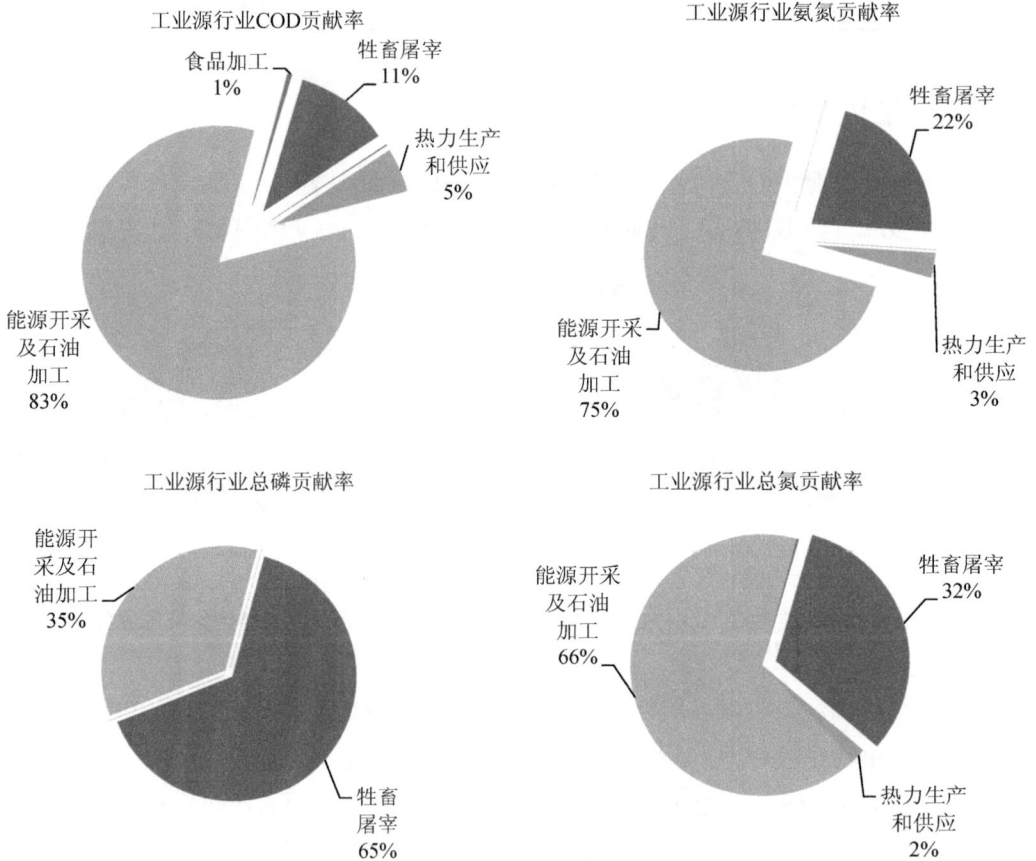

工业源行业COD贡献率

食品加工 1%

牲畜屠宰 11%

热力生产和供应 5%

能源开采及石油加工 83%

工业源行业氨氮贡献率

牲畜屠宰 22%

能源开采及石油加工 75%

热力生产和供应 3%

工业源行业总磷贡献率

能源开采及石油加工 35%

牲畜屠宰 65%

工业源行业总氮贡献率

能源开采及石油加工 66%

牲畜屠宰 32%

热力生产和供应 2%

图 1-8 辽河水系工业源各行业主要污染贡献率

第 2 章　流域水环境现状及变化趋势

2.1　辽河水系水质总体状况

辽河水系干流和支流流域范围内共有 36 个国控断面，其中干流 9 个，支流 27 个；水文站 26 座，其中干流 9 座，支流 17 座。"十二五"期间辽河流域总体水质为Ⅳ～Ⅴ类。其主要污染指标为氨氮、挥发酚、生化需氧量和高锰酸盐指数。"十三五"期间，全省地表水环境质量全面好转，河流水质明显改善，国控断面全面消除劣Ⅴ类水体，达标率首次达到 100%，实现历史性突破，Ⅰ～Ⅲ类水体比例上升 25.6 个百分点；水功能区达标率稳步提升（图 2-1）。

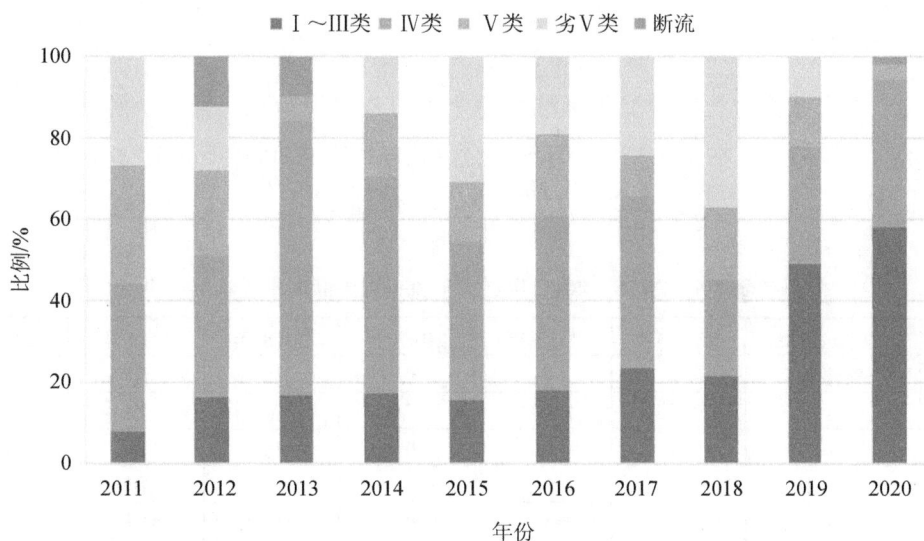

图 2-1　2011—2020 年辽河水系水质变化情况

2.2 辽河水系水质变化趋势

2020年辽河水系水质达到历史最好水平。与2015年相比，Ⅰ～Ⅲ类水质断面比例由10.0%上升至22.5%，上升125个百分点，劣Ⅴ类水质断面比例由22.5%下降至5.0%，下降17.5个百分点（图2-2）。纳入监测的40个断面中，Ⅰ～Ⅲ类水质断面9个，占22.5%；Ⅳ类水质断面25个，占62.5%；Ⅴ类水质断面4个，占10.0%；劣Ⅴ类水质断面2个，占5.0%（图2-3）。

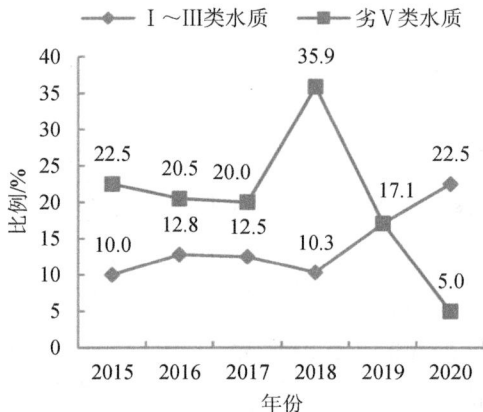

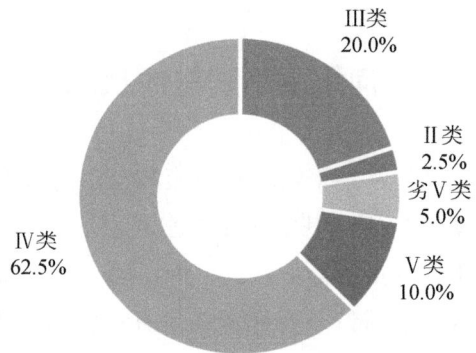

图2-2 2015—2020年辽河水系水质类别比例变化趋势

图2-3 2020年辽河水系水质类别比例

2.2.1 辽河干流

辽河干流水质由全程符合Ⅴ类标准转为全程符合Ⅳ类标准，部分上游断面水质可达到Ⅲ类标准。Ⅳ类以上水质比例由2015年的66.7%上升至2020年的100%，Ⅰ～Ⅲ类水质比例由2015年的0上升至2020年的22.2%（表2-1）。

表2-1 2015—2020年辽河干流各监测断面水质状况

城市	断面名称	2015年	2016年	2017年	2018年	2019年	2020年
铁岭	福德店	Ⅳ	Ⅳ	Ⅳ	Ⅳ	Ⅲ	Ⅲ
	三合屯	Ⅴ	Ⅴ	Ⅳ	Ⅴ	Ⅳ	Ⅳ
	珠尔山	Ⅳ	Ⅳ	Ⅳ	Ⅳ	Ⅳ	Ⅲ
沈阳	马虎山	Ⅴ	Ⅴ	Ⅳ	Ⅳ	Ⅳ	Ⅳ
	巨流河大桥	Ⅴ	Ⅴ	Ⅳ	Ⅳ	Ⅲ	Ⅳ
	红庙子	Ⅳ	Ⅳ	Ⅳ	Ⅳ	Ⅳ	Ⅳ
盘锦	盘锦兴安	Ⅳ	Ⅳ	Ⅳ	Ⅴ	Ⅳ	Ⅳ
	曙光大桥	Ⅳ	Ⅳ	Ⅳ	Ⅴ	Ⅴ	Ⅳ
	赵圈河	Ⅳ	Ⅳ	Ⅳ	Ⅳ	Ⅳ	Ⅳ

辽河干流氮、磷污染明显减轻，COD、BOD₅ 和高锰酸盐指数已超过氨氮和总磷，成为辽河的首要污染物。2020 年，9 个干流断面氨氮、总磷浓度已全程达到Ⅲ类标准，超Ⅲ类标准指标数量由 2015 年的 5 项减少为 3 项，氨氮和总磷浓度均值由 2015 年的 0.64 mg/L 和 0.152 mg/L 分别下降至 0.35 mg/L 和 0.110 mg/L，降幅分别为45.3%和27.6%。此外，COD、BOD₅ 和高锰酸盐指数也有所下降，降幅分别为 5.8%、35.8%和10.2%（图 2-4）。

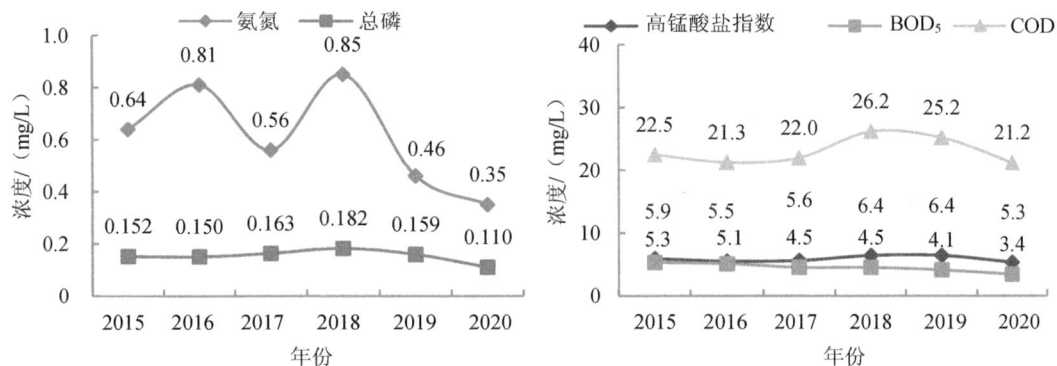

图 2-4　2015—2020 年辽河干流主要指标浓度均值变化趋势

从沿程分布看，2020 年，辽河干流氨氮、总磷浓度全程明显下降，COD、BOD₅ 和高锰酸盐指数浓度无明显变化，上游铁岭段、中游沈阳段水质明显改善，下游盘锦段水质略有恶化。与 2015 年相比，9 个干流断面中，6 个断面氨氮浓度下降、7 个断面总磷浓度下降。其中，沈阳段巨流河大桥氨氮降幅最大，为 78.0%；沈阳段马虎山断面总磷降幅最大，为 52.1%；入海口赵圈河断面总磷浓度不降反升，增幅 37.2%。COD 浓度沿程呈先升后降趋势，上游铁岭段浓度有所下降，但下游盘锦段有所反弹（图 2-5）。

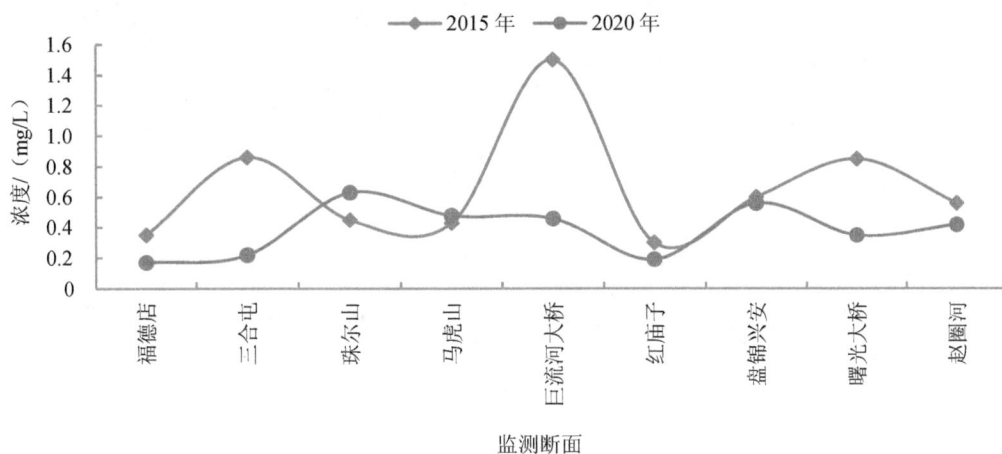

（a）氨氮年均浓度变化

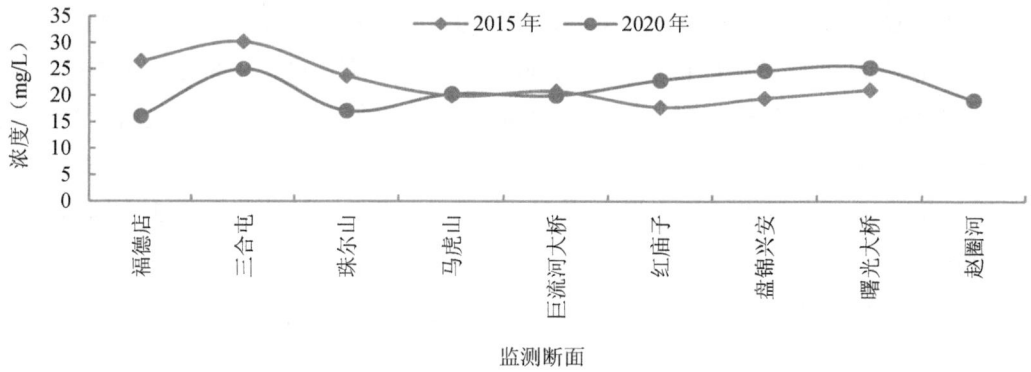

（b）COD 年均浓度变化

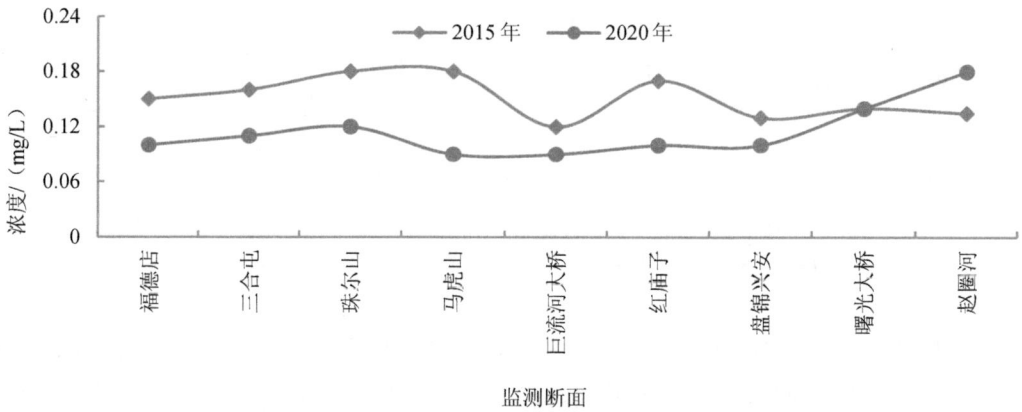

（c）总磷年均浓度变化

图 2-5　2015 年、2020 年辽河干流各监测断面主要指标年均浓度变化趋势

从 2020 年沿程水质变化情况看，三合屯断面水质受八家子河支流汇入影响污染相对较重，至珠尔山断面水质改善，但流经沈阳和盘锦 2 个城市段后污染再次加重，COD 和高锰酸盐指数浓度均有上升（图 2-6）。

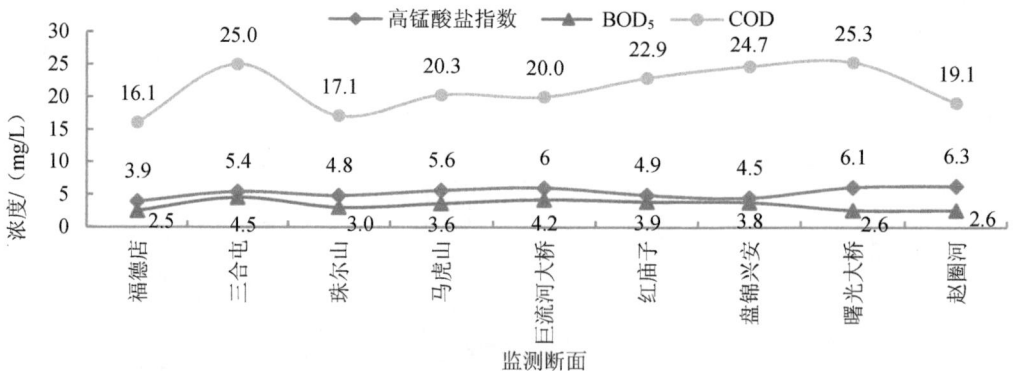

图 2-6　2020 年辽河干流各监测断面主要污染指标浓度均值沿程变化

2.2.2 辽河支流

辽河支流水质总体好转，重污染支流条数明显减少，氨氮、总磷污染明显减轻。劣 V 类支流由 2015 年的 8 条减少为 2020 年的 2 条，多条常年重度污染支流水质明显好转。其中，八家子河、螃蟹沟由劣 V 类改善为 V 类；招苏台河、亮子河、万泉河、左小河由劣 V 类改善为 IV 类；沙子河仍为劣 V 类，但污染程度有所减轻。氨氮和总磷浓度均明显下降，分别由 2015 年的 1.47 mg/L 和 0.387 mg/L 下降至 2020 年的 0.65 mg/L 和 0.202 mg/L，降幅达 55.8% 和 47.8%；COD 浓度也略有下降，降幅为 12.2%；高锰酸盐指数浓度均值基本持平（图 2-7）。

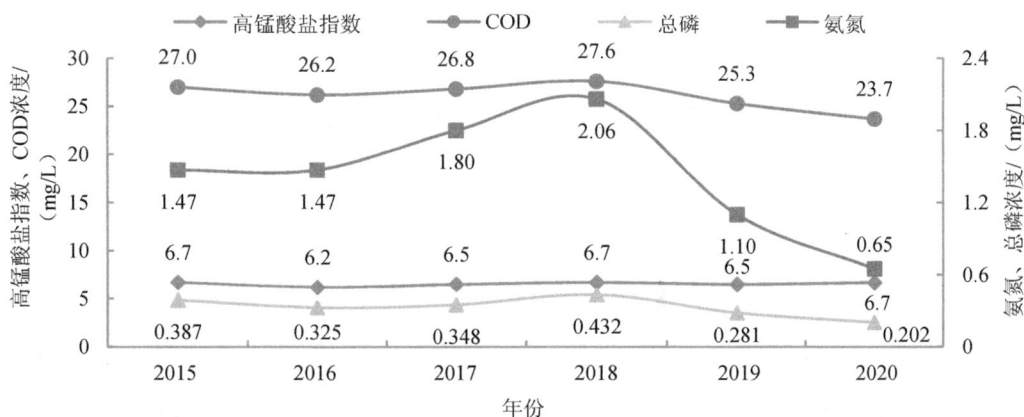

图 2-7　2015—2020 年辽河支流入河口主要污染指标浓度均值变化趋势

COD、高锰酸盐指数和总磷成为辽河支流的主要污染指标。2020 年，辽河 23 条支流的入河口断面中（长河断流未监测），2 个为 I～III 类水质，占 8.7%；15 个为 IV 类水质，占 65.2%；4 个为 V 类水质，占 17.4%；2 个为劣 V 类水质，占 8.7%（图 2-8）。按照 I 类标准进行评价，COD、高锰酸盐指数和总磷超标比例最高，分别为 60.9%、60.9% 和 52.2%；氨氮超标比例下降至 17.4%，仅马仲河、凡河、万泉河、沙子河 4 条河流未达到 III 类标准，比 2015 年减少 6 条。

辽河 23 条支流中，铁岭段和沈阳段支流水质明显改善，盘锦段支流氨氮污染有所减轻，但 COD 污染略有加重。

全河段支流氨氮污染均有减轻。除凡河外，其他 22 条支流氨氮浓度均较 2015 年有不同程度下降，降幅在 10.6%～98.0%，铁岭段亮子河、沈阳段万泉河和左小河、盘锦段螃蟹沟和沙子河浓度下降最为明显。铁岭段和沈阳段支流总磷污染减轻，15 条支流总磷浓度比 2015 年下降 11.7%～89.4%，铁岭段亮子河、沈阳段八家子河和万泉河浓度下降最为明显（图 2-9）。

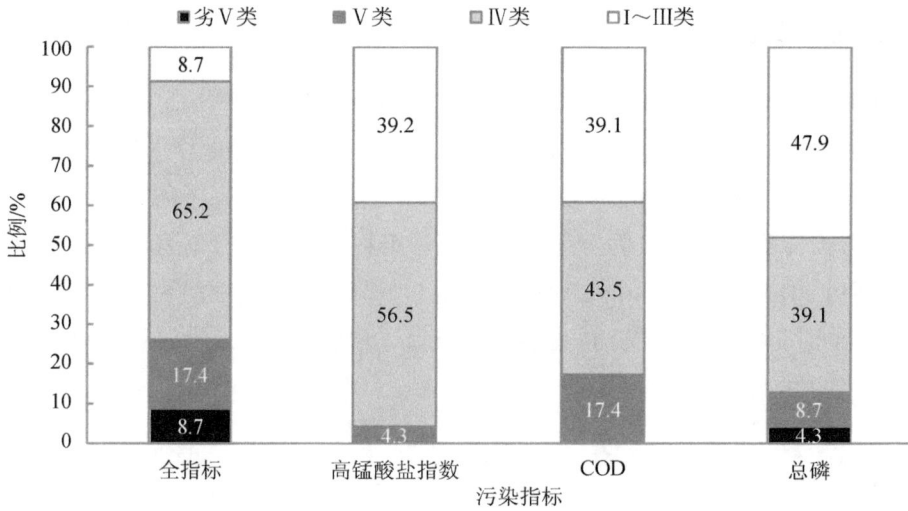

图 2-8 2015—2020 年辽河劣 Ⅴ 类支流河数量变化趋势

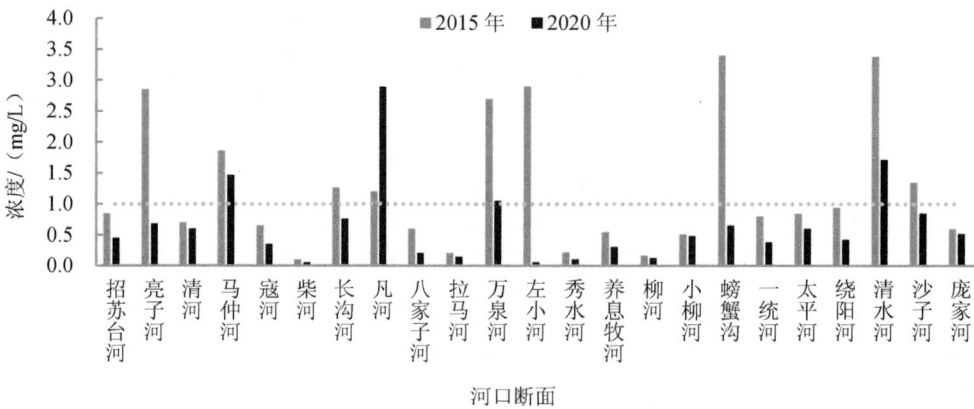

（a）氨氮浓度

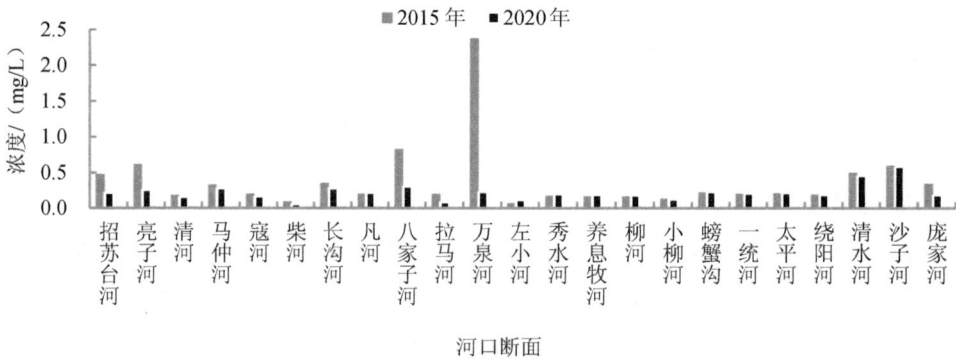

（b）总磷浓度

图 2-9 2015 年、2020 年辽河支流入河口断面氨氮、总磷浓度比较

　　铁岭段和沈阳段支流 COD 污染减轻，盘锦段 COD 污染加重。铁岭亮子河和沈阳左
小河等 13 条支流 COD 浓度卜降 10.7%～46.3%，但小柳河、一统河、太平河、绕阳河等
9 条盘锦段支流 COD 浓度明显上升（图 2-10）。

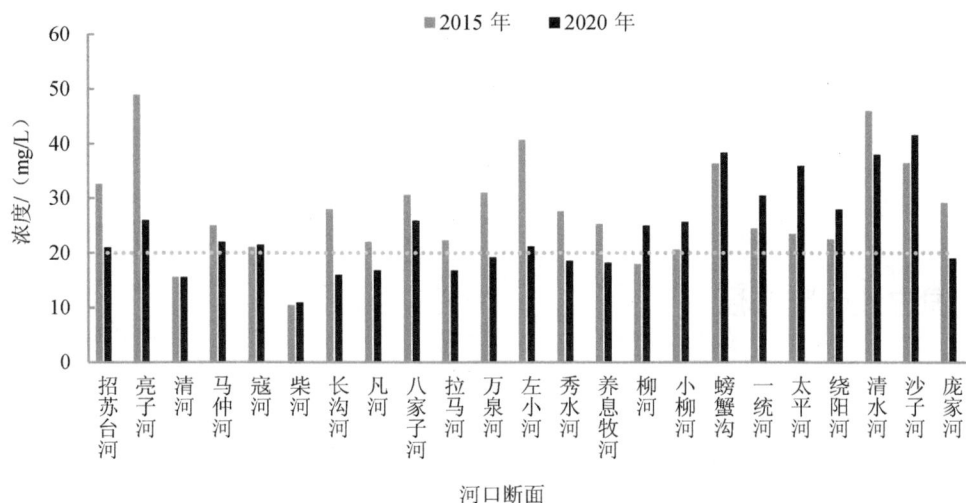

图 2-10　2015 年、2020 年辽河支流入河口断面 COD 浓度比较

第 3 章　辽河流域栖息地环境质量与特征分析

3.1　国内外研究进展

3.1.1　相关概念

栖息地作为河流水生态系统的重要组成部分，可为生物组分提供生存及繁衍所需的物理、化学及生物条件。栖息地质量反映了物种所在生态系统的健康程度，而河流生境栖息地质量与河流中的水生生物密切相关，是水生生物生存与繁衍的重要保证，因此，进行河岸带植被调查与分析、栖息地环境质量评价，对提高河流生境栖息地质量、维持河流水生态系统生态完整性和生态健康具有重要意义。

（1）河流栖息地

栖息地是指动物个体、种群或群落在其生长、发育和分布的地段内，各种生态环境因子的总和。河流栖息地是为水生生物提供繁殖、生存和其他活动所需要的水域。

（2）河流栖息地质量评价

河流栖息地质量评价内容包括河流水文条件、物理形态、化学参数、土壤植被特征等对河流生物群落的适宜程度。河流栖息地质量评价中首先要考虑的问题是尺度，针对不同尺度下的河流栖息地选出不同的评价指标，构建相应的评价体系。根据空间尺度大小将河流栖息地大致分为宏观栖息地（Macro-habitat）、中观栖息地（Meso-habitat）和微观栖息地（Micro-habitat），分别对应流域或整体河道尺度、局部河段尺度和流态、河床状况、驳岸特征等详细特征。

栖息地环境是河流生态系统的组成部分，是保持河流生态完整性的一个必要条件，在整个河流生态系统中发挥着至关重要的作用。河流的栖息地特征和生物多样性紧密相关，栖息地的质量和数量影响当地生物群落的组成和结构，是水生生物群落的主要决定因素。河流栖息地状况的评价可以表征河流生态系统的健康程度，从而识别出导致河流生态退化的根本原因。

（3）河岸带植被

河岸带是指位于河流与陆地交界处两边，直至河水影响消失为止的区域，包括高低水位之间的河床以及高水位至被洪水影响的高地区域，是水生生态系统和陆地生态系统的生态过渡区。河岸带植被是河岸带的重要组成部分，其植物种类和群落的组成、结构、分布格局以及生境等与河流和陆上高地有较大的差异，也是河岸带结构与功能的核心，发挥着多重重要功能，包括过滤、屏障和护岸、调节微气候、提供有机物质和栖息地，同时还是重要的生态廊道。

3.1.2 河流栖息地评价研究进展

国内外学者对栖息地评价方法做了积极探索，基于不同的研究目的和研究人员的主观认识，栖息地评价指标的选取和使用方法也有差别。由于河流栖息地的复杂性，栖息地质量的评价受到不同尺度下理化参数的影响，从而出现了多样的河流栖息地评价方法，大致可分为水文水力学方法、河流地貌法、栖息地模拟法和综合评估法。

（1）水文水力学方法

水文水力学方法主要通过河流的水动力学参数（如流量、水深）反映河流栖息地质量状况，包括湿周法、流量历时曲线法、R2CROSS 法等。刘苏峡等分别利用斜率和曲率湿周法计算样点断面的最小生态需水量，并将结果进行比较，认为曲率法的计算结果更为可靠。湿周法一般适用于宽浅型河道，无法正确计算复式断面的水流，为了解决这个问题，李梅等在传统湿周法计算方法的基础上，提出了一种同时考虑河道本身参数（如湿周、糙率、水力坡度）和维持某一生态功能所需流量的水力学方法。R2CROSS 法最早由美国森林委员会提出，通过确定最小生态流量维持河流生物多样性，从而保护美国山区河流。该方法将平均水深、平均流速和湿周率作为评价指标，并认为只要维持这 3 项指标位于最低标准以上，即可满足河流生物生存的基本条件。

（2）河流地貌法

河流地貌法是通过河流地貌（如弯曲率、河流断面等）反映河流栖息地的质量。德国联邦水事务工作小组提出了两种全国通用的河流栖息地分类和评价方法：主要用于大尺度河流的概览调查和用于中小型河流的现场调查。概览调查主要基于河流的形态特征（如宽度、平面形态、景观类型）进行评估，现场调查则主要以河床、驳岸结构和断面、植物廊道等作为指标对河流栖息地质量进行评价。Brierley 和 Fryirs 构建了一系列河流地貌结构和功能调查程序，称为"河流形态框架"。该方法在宏观、中观和微观尺度上解释了河流地貌形态和过程，基于此可以对河流栖息地质量进行评估和预测。英国环境局出版的《河流栖息地调查指导手册》（*River habitat survey manuals*，RHS）被普遍认为是现场调研的标准方法。RHS 通过调研河流的物理特征对栖息地现状进行评估，调研内容主要包括河道断面形式、深潭—浅滩序列、驳岸特征、基质类型、土地利用方式、植被结构和人工干扰等。

（3）栖息地模拟法

目前，使用较多的栖息地模拟法是根据指示物种的适宜栖息地条件构建栖息地适宜性模型，通过定量河流生物与环境因素之间的关系对栖息地质量进行评价。栖息地适宜性模型主要包括二元格式、单变量格式和多变量格式 3 种。单变量栖息地适宜性模型就是利用单变量（如流速、流量）建立每个环境因素的适宜和最佳条件。河道内流量增加法（Instream flow incremental methodology，IFIM）是一种典型的单变量栖息地适宜性模型。IFIM 由美国鱼类及野生动植物管理局（USFWS）于 20 世纪 70 年代提出，主要用于预测水力参数的改变对河流栖息地可能造成的影响，从而帮助决策者对河流进行合理规划、保护和管理。Bovee 等最早利用 IFIM 进行河流栖息地质量评估，并对此方法进行优化。物理栖息地模拟模型（PHABSIM）是基于 IFIM 开发的最典型、应用较广的模型，它提供了一系列水文、水力、水质等专业模型工具，基于这些工具表征河流栖息地物理结构，并根据指示物种的生物学响应来描述河流流量的相关特征，其结果可用于预测河道内最小生态需水量。我国南水北调西线一期工程利用 PHABSIM 进行环境需水量研究，但 PHABSIM 作为一维水力学模型，无法应对更加复杂的水力学问题，如季节性河流、山地河流等，因此科学家们在此基础上开发了二维栖息地模型，如 Meso-habsim、RIVER2D 等。多个单因子模型根据其相对重要性（即权重）进行结合，得到多变量栖息地适宜性模型。该模型考虑了不同环境变量之间的相互关系，预测结果更加准确。

近几年，多元统计方法在模拟河流生物分布和栖息地评价方面的应用越来越广泛，主要包括多元线性回归、逻辑回归、主成分分析等。Dahm 等通过主成分分析从大量影响因子中筛选出对河流栖息地质量影响最大的环境变量，利用增强回归树模型确定了这些环境变量的阈值，对河段栖息地质量进行评价，并通过这些阈值找到场地中的潜在栖息地。此外，在面对缺少测量数据或数据不准确的情况时，可以采用模糊准则技术。李若男等利用模糊数学方法建立指示物种栖息地模型，用于不同水文条件下指示物种栖息地的变化情况；Schneider 等利用模糊准则技术对大型底栖无脊椎动物栖息地质量进行评估。Fukuda 等基于机器学习与二维水动力模型 RIVER2D 结合的方法，对小型河流中适宜栖息地的分布进行模拟并评估其空间异质性，以了解栖息地质量与环境变量之间复杂的非线性关系，为小型河流栖息地修复工程提供了定量标准。

（4）综合评估法

综合评估法是在对河流水文水力、地貌特征、理化参数等环境因素进行充分调查的基础上，结合专家意见，对河流栖息地质量作出整体的综合评价。自 20 世纪 90 年代起，发达国家就已经开始制定河流栖息地评估的法规和技术规范。自 1974 年起，美国鱼类及野生动植物管理局就开始研究一种基于栖息地评估来评价项目对河流造成影响的方法，并先后颁布了基于栖息地的环境评价方法（HEBA）、栖息地评估程序（HEP）和栖息地适宜性指数模型构建标准（HSI）。HEBA 阐述了栖息地评估技术的基本原理和概念方法；HEP 描述了进行栖息地评价的标准程序；HSI 为栖息地评价模型的发展提供了标准化的指导，判断指示物种对河流条件的适宜度。这些评估方法为河流栖息地评价提供了基本依据。

美国环保局于 1999 年发布的《快速生物评估草案》（*Rapid Bioassessment Protocols*，RBP）涵盖了浮游生物、底栖无脊椎动物、两栖类动物和鱼类栖息地调查方法。RBP 通过建立参照状态确定栖息地能达到的最佳状态。对每个样点河段的环境参数进行调查并与参照状态进行比较，调查结果以数字形式进行评分和分级，汇总后得到最终的栖息地质量等级。RBP 中需要调查的环境参数包括底质类型、流动状态、沉积物、河道和驳岸改造情况、河道内地形、植被覆盖、缓冲带宽度、生物状况等。Downs 等利用流域特征、河道特征及河道动力机制建立了一种评价河流栖息地状况的方法；Rabeni 建立了基于生态区的河流栖息地评价指标，分析了栖息地环境与底栖生物的相关关系，发现不同生态区的栖息地环境差异对生态系统的影响显著；Barbour 等对美国佛罗里达州河流栖息地开展了大量的野外调查，并提出包括河道底质构成、堤岸稳定性、流量变化、河道形态改变、河岸带植被保护程度等 10 个方面的评价方法和评价指标体系，该方法成为美国环保局推荐的河流栖息地快速评价方法，并在世界范围内得到广泛应用；Purcell 等利用 RBP对加利福尼亚州的城市小型河流修复项目进行综合评估，以确定修复项目给河流带来的积极或消极影响。

澳大利亚生物评估计划以大型底栖无脊椎动物作为指示物种，评估澳大利亚河流栖息地状况。该方法对几乎未受到干扰的栖息地进行采样，按照收集到的底栖大型无脊椎动物的特性对采样点进行分类，同时总结出对应生物群落的适宜栖息条件，将这些条件作为模板对其他河流栖息地质量进行评价。河流条件指数（The index of stream condition，ISC）是针对河流管理需求而开发的评价方法，其目的在于利用环境指标检测河流栖息地的动态，为科学化管理提供有效信息。ISC 将影响河流栖息地状态的环境因子分为河流水文条件、物理形态、河岸带状况、水质和水生生物五大类指标，并根据场地实际情况设计子指标，将采样河段各子指标调研情况分别与参考状态进行对比，为每个指标赋值，计算出河流栖息地质量指数，从而为栖息地分级。河流栖息地调查程序通过地质条件、土壤特征、河流等级、海拔、河流梯度、植被类型等将目标流域内的河流划分为均匀的河段，在每个河段上用水文条件、土地利用、驳岸特征、河道断面等对栖息地质量进行评价，其目的在于利用物理条件而不是动植物调查来评估河流生态状况。

另外，河流健康评价方法也可用于河流栖息地评价中。2000 年欧洲议会和欧盟理事会通过的《欧洲水框架指令》(*The water framework directive*，WFD)，为欧洲水资源状况提供新的目标和实现方法。WFD利用生物、水文、物理化学、人为干扰等要素进行评估并对河流健康进行定性描述。生物完整性指数可以定量描述人类干扰对生物群落造成的影响，从而反映河流栖息地的健康状况。

国内对于河流栖息地评价的研究起步较晚，尚处于初步探索阶段，研究多集中于对特定生物微观栖息地的构建和恢复，基于河流物理结构、水文要素和水质间的耦合关系对河流栖息地进行综合评估尚未进行深入研究。基于上述考虑，许多学者在借鉴国外评价体系的基础上，结合场地自身特性，建立了多样的评价方法和体系。英晓明等针对PHABSIM分析了现有确定栖息地适宜性指标方法的不足，并利用模糊综合评判方法确定更加准确的栖息地适宜性指标。郑丙辉等在借鉴Barbour提出的栖息地评价指标的基础上，结合辽河流域河流生态系统特点，建立了涵盖物理结构、水量与水质等多种特征的栖息地评价指标体系，构建了河流栖息地质量综合指数（HQI），并分析了该指数与栖息地指标之间的相关关系，为我国河流栖息地质量评价提供了新的思路和方法。杨涛等应用河流栖息地质量评价指标体系，以大清河水系、天津水系和滦河及冀东沿海诸河水系为案例，对海河流域平原河流栖息地进行了评价。

"十一五"辽河水专项，应用辽河流域河流栖息地评价方法，对辽河水系水生生物栖息地进行了评价，积累了宝贵的数据资料。根据前人的指标体系与评价方法，对辽河水系水生生物栖息地进行评价，分析10年间辽河水系水生生物栖息地的状况变化，从而反映河流生态系统健康状况，为流域水生态保护奠定基础。

3.1.3　河岸带植被分布研究进展

目前，有关河岸带植被的研究主要集中在植物多样性、植被类型与组成、植被空间格局与环境关系、群落结构与动态变化、群落演替与机制等方面。

（1）河岸带植被分布特征研究进展

大量研究表明，植被的成带分布现象是湿地植被分布格局最显著的特征之一。国外关于湿地植物群落分布格局研究主要集中于湖泊、海岸盐沼泽和红树林湿地。南非西海岸盐沼泽湿地植物群落，随着河口距离的增加表现出典型的带状分布格局。牟长城等研究发现沿海拔梯度变化，长白山河岸带依次分布着不同的林型。在河流纵向和横向的空间梯度变化上，河岸植物群落具有典型的斑块状分布格局。在三峡库区，随着海拔的升高，植被类型出现落叶阔叶林—常绿灌丛、针阔混交林—常绿、落叶阔叶混交林的分布格局。对人工湿地（水库）、沼泽湿地、河流湿地和湖泊湿地4类典型湿地植物群落空间分布的研究发现，从上游到下游植物群落表现出由羊草群落—异穗薹草群落—脉薹草群落到鹅绒委陵菜群落的明显转变。

（2）影响河岸带植被分布因素研究进展

河岸湿地植被格局的形成和变化，不仅取决于河岸湿地自身及周边自然环境状态，还受河岸湿地物种的生物学特性的影响和人类活动的干扰。植物之间的竞争会直接影响植被分布格局，尤其是外来入侵植物的繁殖优势和扩张能力以及对土壤养分强大的竞争力，不仅使自身生长更快，还会占据河岸带本土种不能利用的生态位，抑制本地植物的生长发育，此外产生的枯枝落叶减少了地被植物的覆盖率。对盐沼湿地植被带状分布的研究发现，在高程偏高地段的种间竞争确定植物分布上限。动物与植物间的植食作用可能改变植物种间竞争关系，进而影响植被格局。专性植食动物的取食行为对单优群落的影响大于混合群落，专性植食动物的取食压力使群落更替受到影响，致使种间竞争减少。过度放牧和排水疏干等也是影响植物分布不可忽视的人为因素，使沼泽湿地植物群落退化为杂类草群落，植物群落趋向同质化；而人工清理河岸植被和改变土地利用模式使河岸带景观变得均匀。

此外，河岸湿地植被受到当地气候、地形、土壤、坡度以及水体富营养化程度和水文过程等因素的影响，呈现出各异的特征，距河岸带的远近影响着湿地植物呈纵向梯度的分布格局，海拔也是影响和控制湿地植被组成和分布的主要环境因素之一。湿地的水文过程通过改变湿地环境理化性状来影响植物分布。其他水文要素的连通性也是影响植被分布的因素，现存人为因素造成的河岸植被的非连续性，致使河岸带多样性下降。

3.2　栖息地环境质量评价技术

3.2.1　河岸带植被调查方法

河岸带植被调查主要采用样方法，具体内容如下：

监测方法：采用样带与样方法，在监测点设置样带，在样带内根据监测对象不同设置大小不同的样方。样方数目：乔木样方 2 个，灌木样方 3 个，草本样方 5 个。其中，各层样方大小分别为：

乔木层为 10 m×10 m～40 m×50 m；

灌木层为 4 m×4 m～10 m×10 m；

草本层为 1 m×1 m～3 m×3.3 m。

监测指标：乔木：种类、胸径、高度、物候期等；灌木：种类、平均高度、物候期等；草本：种类、多度（丛）、平均高度、物候期等。

数据处理：计算植物种类、种群大小、群落结构（空间、时间）等。

3.2.2 栖息地环境质量评价体系

河流栖息地环境质量评价指标体系由底质、栖息地复杂性、速度-深度结合特性、堤岸稳定性、河道变化、河水水量状况、植被多样性、水质状况、人类活动强度和河岸边土壤利用类型 10 个指标构成（表 3-1）。

表 3-1　辽河流域栖息地环境质量评价指标体系

序号	评价指标	好	较好	一般	差
1	底质	75%以上是碎石、鹅卵石、大石，其余为细沙等沉积物	50%～75%是碎石、鹅卵石、大石，其余为细沙等沉积物	25%～50%是碎石、鹅卵石、大石，其余为细沙等沉积物	碎石、鹅卵石、大石少于25%，其余为细沙等沉积物
2	栖息地复杂性	有水生植被，枯枝落叶，倒木、倒凹堤岸和巨石等各种小栖息地	有水生植被，枯枝落叶和倒凹堤岸等小栖息地	以 1 种或 2 种小栖息地为主	以 1 种小栖息地为主，底质多以淤泥或细砂为主
3	速度-深度结合特性	慢-深、慢-浅、快-深和快-浅 4 种类型都出现，且近乎是平均分布	只有 3 种情况出现（如果是快-浅没有出现，分值比缺少其他的情况分值低）	只有 2 种情况出现（如果快-浅和慢-浅没有出现，分值低）	只有 1 种类型出现
4	堤岸稳定性	堤岸很稳定，无侵蚀痕迹，<5%的堤岸受到了损害	比较稳定，偶发的小侵蚀地区已恢复好，观察范围内（100 m）有 5%～30%的面积出现了侵蚀现象	观察范围内 30%～60%的面积发生了侵蚀，且有可能会在洪水期间出现大的隐患	观察范围内 60%以上的堤岸发生了侵蚀
5	河道变化	渠道化没有出现或很少出现，河道维持正常模式	渠道化出现较少，通常在桥墩周围处出现渠道化。对水生生物影响较小	渠道化比较广泛，在两岸有筑堤或桥梁支柱出现。对水生生物有一定影响	河岸由铁丝和水泥固定，对水生生物的影响很严重，使其生活环境完全改变
6	河水水量状况	水量较大，河水淹没到河岸两侧，或有极少量的河道暴露	水量比较大，河水淹没 75%左右的河道	水量一般，河水淹没 25%～75%的河道	水量很小，河道干涸
7	植被多样性	河岸周围植被种类很多，面积大。50%以上的堤岸有植被覆盖	河岸周围植被种类比较多，面积一般。25%～50%堤岸有植被覆盖	河岸周围植被种类比较少，面积较小。0～25%堤岸有植被覆盖	河岸周围几乎没有任何植被。堤岸无植被覆盖
8	水质状况	很清澈，无任何异味，河水静置后无沉淀物质	比较清澈，有少量的异味，河水静置后有少量的沉淀物质	比较浑浊，有异味，河水静置后有沉淀物质	很浑浊，有大量的刺激性气体逸出，河水静置后沉淀物很多
9	人类活动强度	无人类活动干扰或少有人类活动	人类干扰较小，有少量的步行者或自行车通过	人类干扰较大，并有少量的机动车通过	人类干扰很大，交通要道必经之路，经常有机动车通过
10	河岸边土壤利用类型	河岸两侧无耕作土壤，营养丰富	河岸一侧无耕作土壤，另一侧为耕作土壤	河岸两侧耕作土壤，需要施加化肥和农药	河岸两侧为耕作废弃的裸露的风化土壤层，营养物质很少
	分值	16～20 分	11～15 分	6～10 分	0～5 分

底质：矿物、岩石、土壤的自然侵蚀产物，生物活动及降解有机质等过程的产物，污水排出物和河（湖）床底母质等随水迁移而沉积在水体底部的堆积物质的统称。一般不包括工厂废水沉积物及废水处理厂污泥。底质是水体的重要组成部分，是底栖生物最直接的栖息环境，直接影响其生存和繁衍。河流底质类型越多，能为河流生物提供的栖息空间越大，生物多样性越丰富。

栖息地复杂性：指河流栖息地类型及构成的多样性程度，栖息地结构越复杂，为水生生物提供的适宜生存空间也就越多，若河道底质为淤泥或细沙，则认为栖息地复杂性为零。

栖息地复杂性指数=监测点河道 50 m^2 范围内复杂栖息地数量/50 m^2 栖息地总数量

其中复杂栖息地指枯枝落叶、水生植物和石质底质；简单栖息地指淤泥或细砂。

速度—深度结合特性：速度—深度的结合特性有 4 种方式：慢-深、慢-浅、快-深和快-浅，由于不同生物群落的喜好不同，对于一个栖息地而言最好的表现形式是它们同时出现。

堤岸稳定性：指河流堤岸是否受到人为干扰而遭受侵蚀或受侵蚀的程度，堤岸越不稳定，河道越容易在径流作用下发生沉积物堆积，河道的自然形态和结构也越容易发生改变。若河道两侧堤岸有近 50 m 的缓冲林带覆盖，且缓冲林带的生长状况非常好，则堤岸稳定性好。

堤岸稳定性指数=监测点两侧 100 m 观察范围内堤岸未发生侵蚀的长度/100 m

河道变化：评价人类对河道结构改造程度及其造成的影响，如修建大坝、河道渠道化、裁弯取直和建桥等，这些都将使河道的天然结构发生变化，阻断河流与陆地之间的天然水体循环。

河水水量状况：指河水充满河道的程度，若水量不足以淹没底质时将限制底质为水生生物提供栖息环境的可持续性。

植被多样性：反映河岸带植被的物种多样性和数量丰富度，以及河岸带植被受保护的状况。植被多样性可直接反映出河岸受人为干扰的程度，河岸带植被多样性越大，则河岸可为水生生物及水陆两栖生物提供的栖息环境越好，这些生物的种类和数量也就越丰富。

水质状况：评价水体质量的优劣程度，水体质量可影响水生生物的生存、河流水生态系统正常服务功能的发挥。主要是根据浊度、色度和气味进行定性判断。生物对水体中各种化学成分都有一定的耐受限度，超过此限值，轻则抑制生长，重则导致死亡。

人类活动强度：指河岸带两侧区域内人类干扰活动的强度，如大中型机动车行驶、垃圾堆放、河岸带采砂及捕鱼、河岸带天然植被破坏等。

人类活动强度指数=监测点两侧 100 m 范围内存在大中型机动车行驶、河岸带采砂及捕鱼的距离/100 m

河岸边土壤利用类型：反映人类不同的生产方式对河岸带的破坏和不利影响，如农业耕作改变了河岸带植被正常的组成及结构，破坏了河岸带正常的结构及功能、造成河岸带侵蚀度增加、堤岸稳定性下降、河道沉积物增加等。

河岸带土地利用类型指数=监测点两侧河岸带 50 m 范围内非天然利用类型数/总利用类型数

3.2.3　栖息地环境质量评价体系方法

河流栖息地质量用栖息地质量指数（HQI 值）表示，该值是根据各指标质量状况优劣程度进行分级评分，累计求和得到。根据质量状况优劣程度将指标分成 5 个级别，分值是通过现场调查、目测评分的方法获取。每个指标 20 分，5 个级别的分值范围分别为17～20（好）、13～16（较好）、9～12（一般）、5～8（较差）、1～4（差），采取累计求和的方式计算栖息地综合指数，10 项指标总和的满分为 200 分（见表 3-2）。计算公式如下：

$$HQI = \sum_{i=1}^{10} H_i$$

其中，H_i 的取值范围为[0，20]；HQI 的取值范围为[0，200]。

表 3-2　河流栖息地综合指数的评分标准

水平	分布概率	分值
好	＜25%	HQI＞150
较好	25%～40%	120＜HQI≤150
一般	40%～55%	90＜HQI≤120
较差	55%～70%	60＜HQI≤90
差	＞70%	HQI≤60

3.3　河岸带植被调查与特征分析

3.3.1　河岸带植被总体组成特征

通过对河岸带植被调查发现，植被的种类和数量主要受自然环境和人类活动的影响，各个河流的植物种类都有所不同，各点位的植物种类情况见图 3-1。在本次调查中，共发现植物 301 种，隶属 61 科 190 属。其中，菊科最多，共发现 59 种；禾本科次之，为 45 种；豆科为 24 种；莎草科为 13 种；藜科、蓼科和蔷薇科均为 12 种；唇形科、毛茛科、十字花科均为 7 种；旋花科、紫草科均为 6 种；大戟科、茄科、苋科均为 5 种；其余植物均少于 4 种。从科的构成来看，菊科、禾本科和豆科共计发现 128 种，占总数的 42.52%。

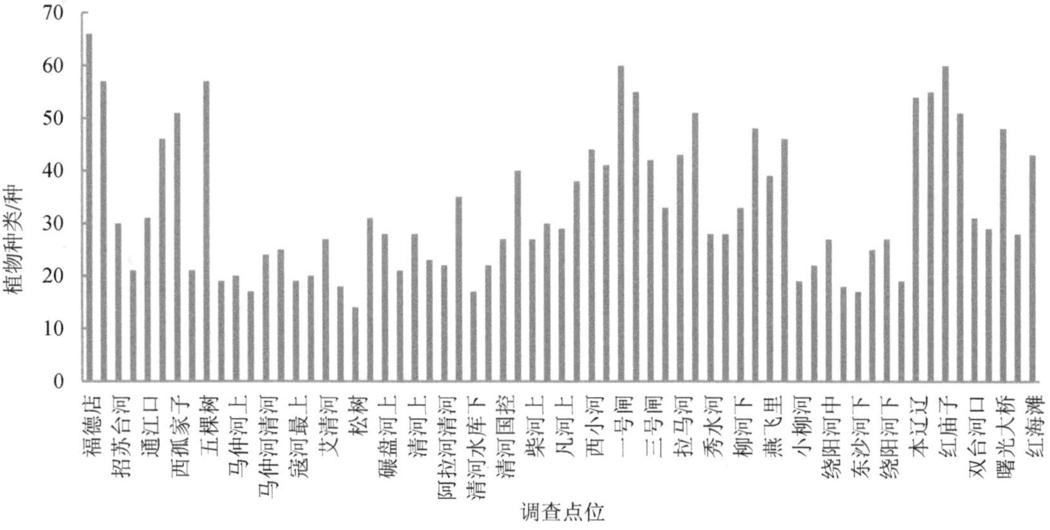

图 3-1　辽河各调查点位植物种类变化情况

3.3.2　河岸带植被多样性指数变化情况

本次调查辽河各点位河岸带植被的香农多样性指数在 1.02～3.08，平均为 2.07。其中三河下拉点位的香农多样性指数最高为 3.08，红海滩的香农多样性指数最低为 1.02。辽河各调查点位河岸带植被香农多样性指数变化情况见图 3-2。

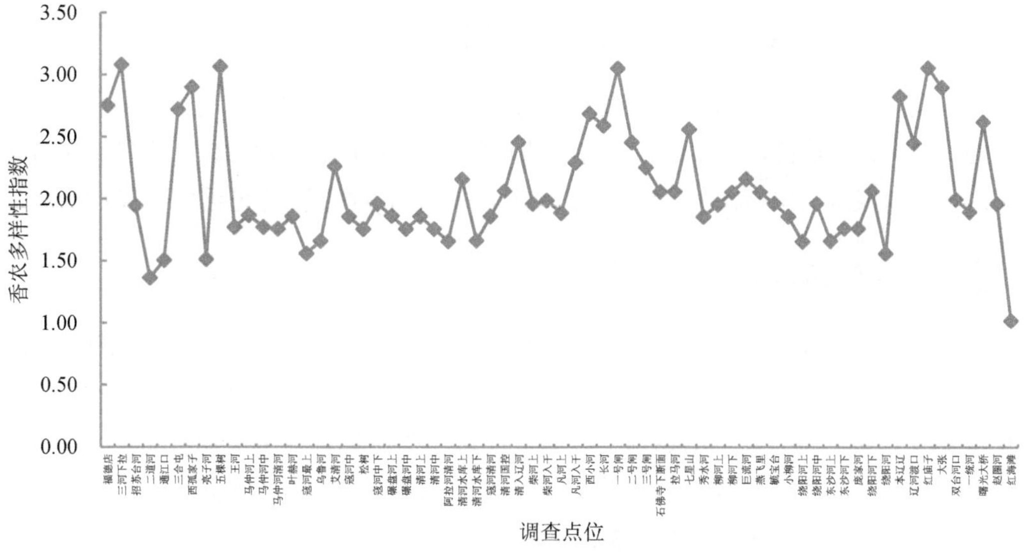

图 3-2　辽河各调查点位植物香农多样性指数变化情况

3.3.3　河岸带植被丰富度指数变化情况

本次调查辽河各点位河岸带植被的丰富度指数在 8.57～12.55，平均为 9.61。其中三河下拉点位的植被丰富度指数最高，为 12.55，王河和马仲河中的植被丰富度指数最低，均为 8.57。由此结果可以看出，辽河各调查点位的植被丰富度指数波动范围不大，相对较稳定。辽河各调查点位河岸带植被丰富度变化情况见图 3-3。

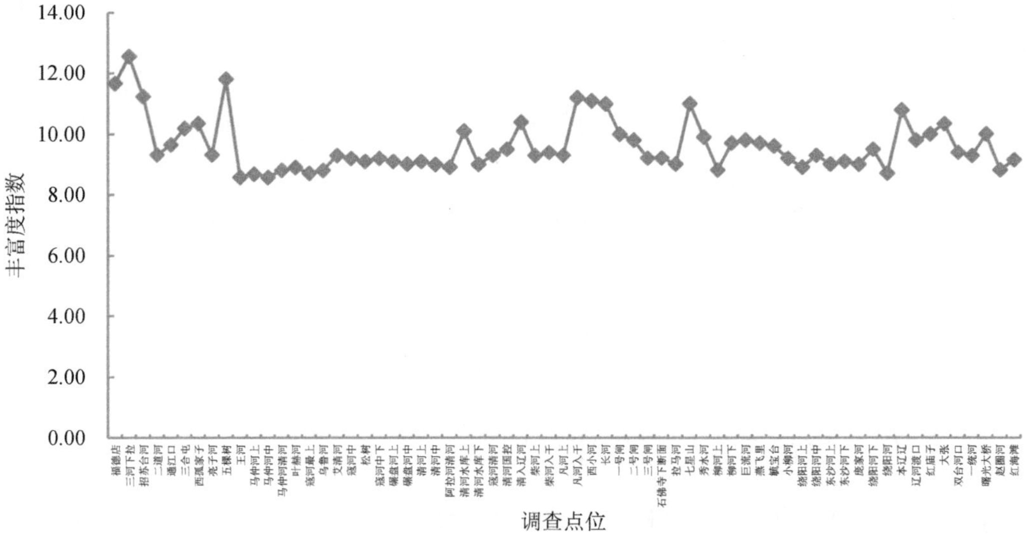

图 3-3　辽河各调查点位河岸带植被丰富度变化情况

3.3.4　河岸带植被均匀度指数变化情况

本次调查辽河各点位河岸带植被的均匀度指数在 0.3～1.14，平均为 0.72。西孤家子点位的均匀度指数最高，为 1.14，红海滩的均匀度指数最低，为 0.3，除此之外的各点位均匀度指数变化范围不大。辽河各调查点位河岸带植被均匀度变化情况见图 3-4。

3.3.5　河岸带植被盖度变化情况

本次调查辽河各点位河岸带植被的盖度在 50%～85%，平均为 67.8%。其中五棵树、长河、燕飞里、大张和曙光大桥 5 个调查点位的植被盖度最高，为 85%，王河、马仲河上和碾盘河上 3 个调查点位的植被盖度最低，为 50%。由此结果可以看出，辽河流域河岸带植被盖度均在 50%以上，反映出该地植被的茂密程度较高，植物的光合作用面积较大。辽河各调查点位河岸带植被盖度变化情况见图 3-5。

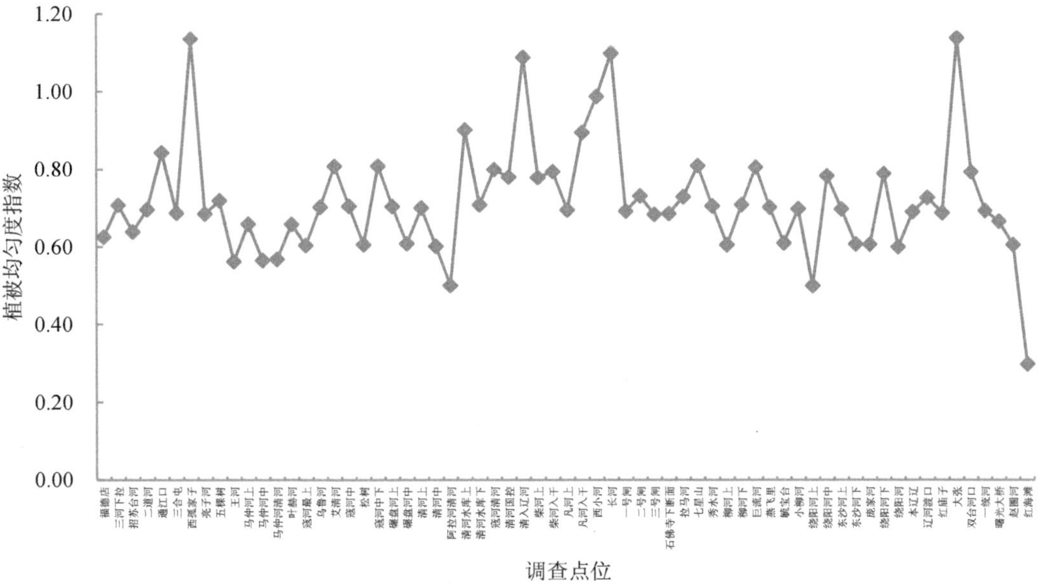

图 3-4　辽河各调查点位河岸带植被均匀度变化情况

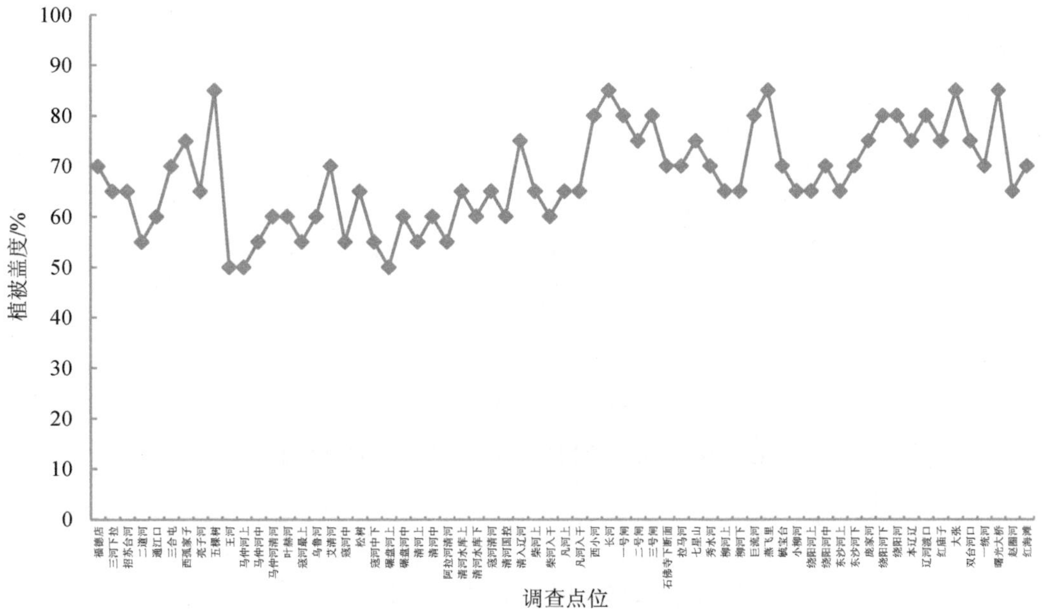

图 3-5　辽河各调查点位河岸带植被盖度变化情况

3.4　辽河干流上下游各区域植被构成特征

3.4.1　辽河水系上游段

辽河水系上游段包括福德店—五棵树（沈阳北段），此区域物种数量较多，生物多样性丰富。其中，福德店共发现植物 79 种，隶属 32 科 69 属；三河下拉共发现植物 68 种，隶属 26 科 55 属；五棵树共发现植物 63 种，隶属 26 科 54 属。

（1）福德店研究区

2020—2021 年，辽河福德店调查区域内植物多样性监测结果显示，共 32 科 79 种。2020 年和 2021 年菊科种类数量最多，为优势种，共计 14 种；其次是豆科和禾本科，均为 8 种，如图 3-6 所示。

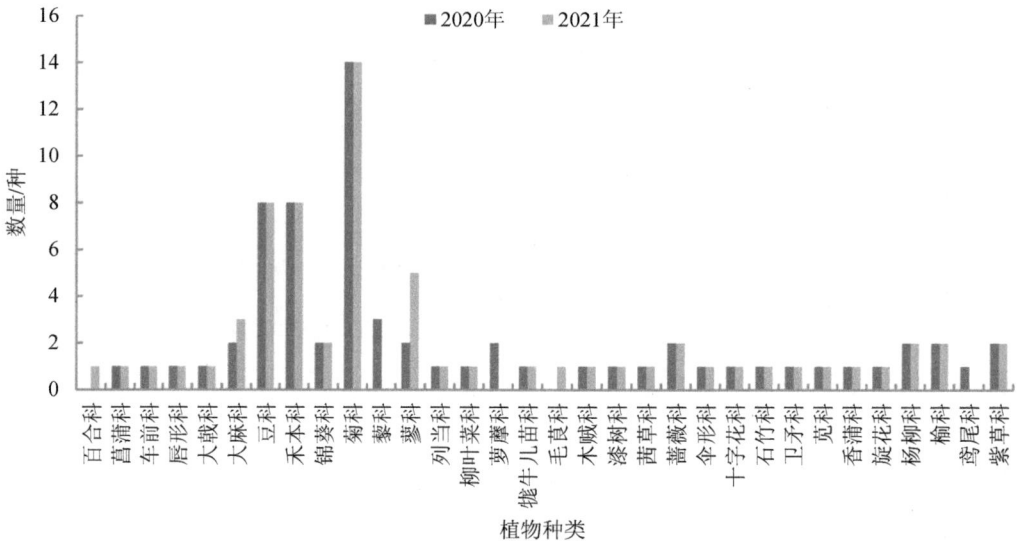

图 3-6　2020—2021 年福德店研究区种类数量

福德店研究区种属构成分析显示，含 8 个属以上的科仅有一个，为菊科；含 5～7 个属以上的科有 2 个，占全部科的 6.25%，依次为豆科、禾本科；含 2～4 个属的科有 8 个，占全部科的 25.00%，依次为大麻科、锦葵科、藜科、蓼科、萝藦科、蔷薇科、杨柳科、紫草科；其他均为 1 属，共 21 科，占全部科的 65.63%，依次为百合科、菖蒲科、车前科、唇形科、列当科、柳叶菜科、牻牛儿苗科、毛茛科、木贼科、漆树科、茜草科、伞形科、十字花科、石竹科、卫矛科、苋科、香蒲科、旋花科、榆科、鸢尾科、大戟科。

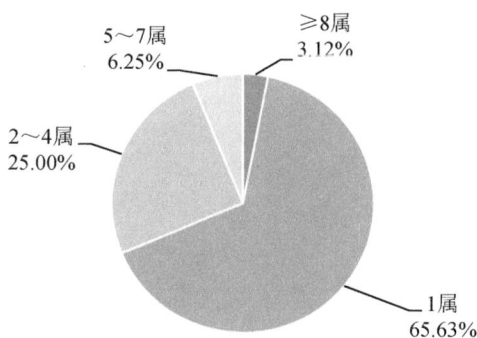

图 3-7　福德店研究区植物种属构成分析

（2）三河下拉研究区

2020—2021 年，对辽河保护区三河下拉调查区域内植物多样性监测结果显示，共 26 科 55 属 68 种，如图 3-8 所示。2020 年菊科种类数量最多，高达 19 种；其次是禾本科和豆科，均为 6 种。2021 年菊科种类数量最多，19 种；其次是禾本科，为 8 种；豆科为 5 种。

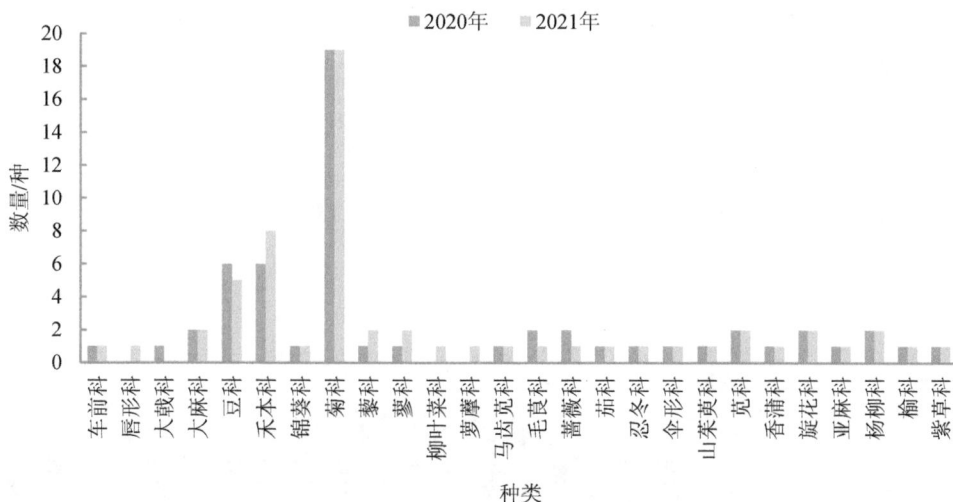

图 3-8　2020—2021 年三河下拉研究区种类数量

三河下拉研究区种属构成分析显示，含 8 个属以上的科仅有一个，为菊科。含 5～7 个属以上的科有 2 个，占全部科的 7.69%，依次为豆科、禾本科。含 2～4 个属的科有 6 个，占全部科的 23.08%，依次为大麻科、锦葵科、藜科、蓼科、旋花科、杨柳科；其他均为 1 属，共 17 科，占全部科的 65.38%，依次为车前科、唇形科、大戟科、柳叶菜科、萝藦科、马齿苋科、毛茛科、蔷薇科、茄科、忍冬科、伞形科、山茱萸科、苋科、香蒲科、亚麻科、榆科、紫草科。

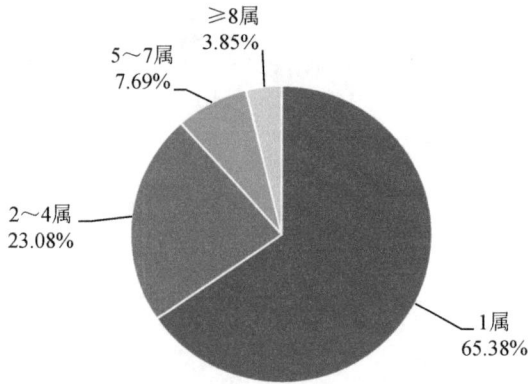

图 3-9 三河下拉研究区植物种属构成分析

（3）五棵树研究区

2020—2021 年，对辽河保护区五棵树调查区域内植物多样性监测结果显示，共 26 科 54 属 63 种，如图 3-10 所示。2020 年菊科种类数量最多，为 17 种；其次是禾本科，为 10 种；豆科为 4 种。2021 年菊科种类数量最多，为 16 种；其次是禾本科，为 9 种；豆科为 4 种。

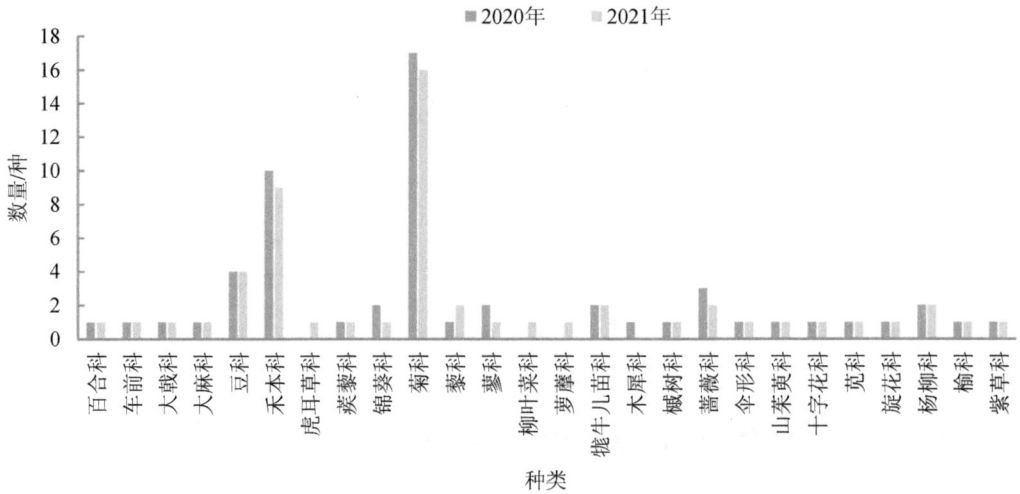

图 3-10 2020—2021 年五棵树研究区植物种类数量

五棵树研究区种属构成分析显示，含 8 个属以上的科有 2 个，占全部科的 7.69%，依次为禾本科、菊科。含 2～4 个属的科有 7 个，占全部科的 26.92%，依次为杨柳科、十字花科、蔷薇科、牻牛儿苗科、藜科、锦葵科、豆科；其他均为 1 属，共 17 科，占全部科的 65.39%，依次为百合科、车前科、大戟科、大麻科、虎耳草科、蒺藜科、蓼科、柳叶菜科、萝藦科、木犀科、槭树科、伞形科、山茱萸科、苋科、旋花科、榆科、紫草科。

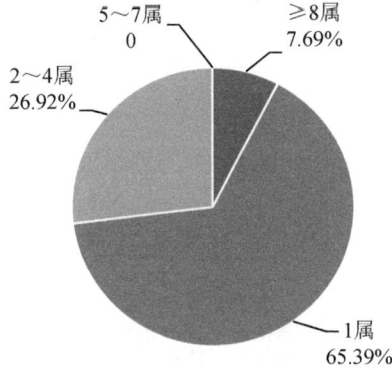

图 3-11 五棵树研究区植物种属构成分析

3.4.2 辽河水系中游段

辽河水系中游段包括七星湿地—本辽辽（沈阳—鞍山段），此区域物种数量中等，各物种数量比较平均，与上游有类似趋势。其中，七星湿地共发现植物 71 种，隶属 57 属 26 科；毓宝台共发现植物 54 种，隶属 51 属 27 科；本辽辽共发现植物 63 种，隶属 55 属 27 科。

（1）七星湿地研究区

2020—2021 年，七星湿地调查区域内植物多样性监测结果显示，共 26 科 57 属 71 种，如图 3-12 所示。2020 年菊科种类数量最多，为 13 种；其次是禾本科，为 11 种；豆科和莎草科为 4 种。2021 年菊科种类数量最多，达 15 种；其次是禾本科，为 11 种；蓼科为 5 种，豆科和莎草科为 4 种。

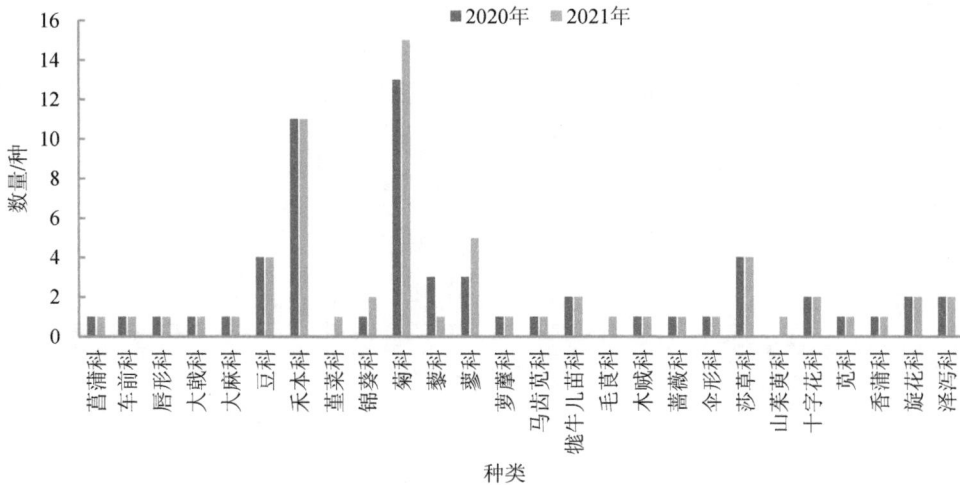

图 3-12 2020—2021 年七星湿地植物种类数量

七星湿地研究区种属构成分析显示,含 8 个属以上的科有 2 个,占全部科的 7.69%,依次为禾本科、菊科。含 2~4 个属的科有 9 个,占全部科的 34.62%,依次为豆科、蓼科、莎草科、藜科、锦葵科、牻牛儿苗科、十字花科、旋花科、泽泻科;其他均为 1 属,共 15 科,占全部科的 57.69%,依次为菖蒲科、车前科、唇形科、大戟科、大麻科、堇菜科、萝摩科、马齿苋科、毛茛科、木贼科、蔷薇科、伞形科、山茱萸科、苋科、香蒲科。

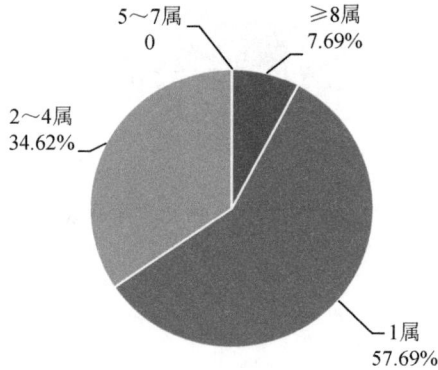

图 3-13　七星湿地区域植物种属构成分析

（2）毓宝台研究区

2020—2021 年,对辽河保护区毓宝台调查区域内植物多样性监测结果显示,共 27 科 51 属 54 种,如图 3-14 所示。2020 年菊科种类数量最多,为 9 种;其次是禾本科,为 8 种。2021 年菊科种类数量最多,高达 11 种;其次是禾本科,为 8 种。

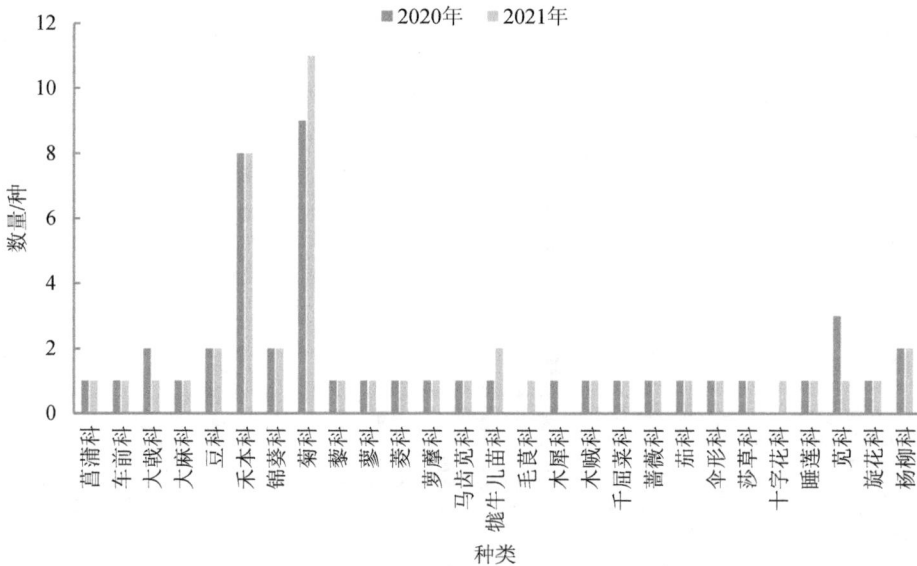

图 3-14　2020—2021 年毓宝台研究区植物种类数量

毓宝台研究区种属构成分析显示，含 8 个属以上的科有 2 个，占全部科的 7.41%，依次为禾本科、菊科。含 2～4 个属的科有 6 个，占全部科的 22.22%，依次为大戟科、大麻科、豆科、锦葵科、杨柳科、牻牛儿苗科；其他均为 1 属，共 19 科，占全部科的 70.37%，依次为菖蒲科、车前科、藜科、蓼科、菱科、萝藦科、马齿苋科、毛茛科、木犀科、木贼科、千屈菜科、蔷薇科、茄科、伞形科、莎草科、十字花科、睡莲科、苋科、旋花科。

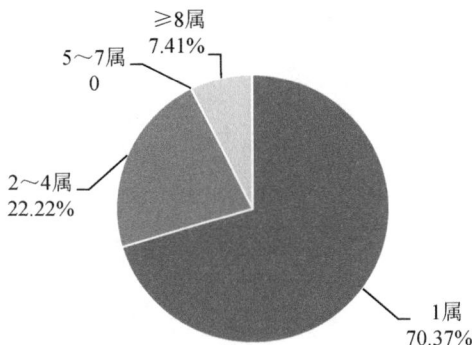

图 3-15　毓宝台研究区植物种属构成分析

（3）本辽辽研究区

2020—2021 年，对辽河保护区本辽辽调查区域内植物多样性监测结果显示，共 27 科 55 属 63 种，如图 3-16 所示。2020 年菊科种类数量最多，为 11 种；其次是禾本科，为 9 种。2021 年菊科种类数量与上年相比没有变化，禾本科为 8 种。

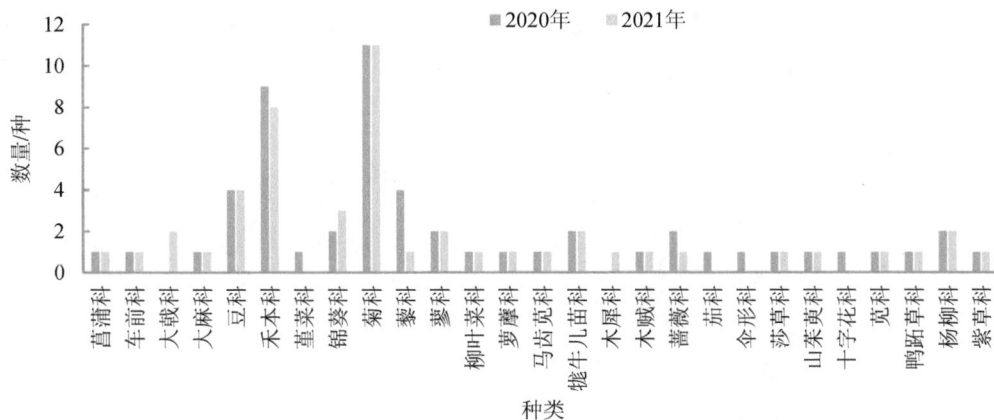

图 3-16　2020—2021 年本辽辽研究区植物种类数量

本辽辽研究区种属构成分析显示，含 8 个属以上的科有 2 个，占全部科的 7.41%，依次为禾本科、菊科。含 2～4 个属的科有 8 个，占全部科的 29.63%，依次为大戟科、豆科、锦葵科、藜科、蓼科、牻牛儿苗科、蔷薇科、杨柳科；其他均为 1 属，共 17 科，占全部科的 62.96%，依次为菖蒲科、车前科、大麻科、堇菜科、柳叶菜科、萝藦科、马齿苋科、木犀科、木贼科、茄科、伞形科、莎草科、山茱萸科、十字花科、苋科、鸭跖草科、紫草科。

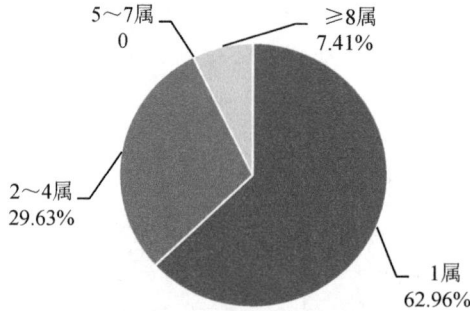

图 3-17 本辽辽研究区植物种属构成分析

3.4.3 辽河水系下游段

辽河水系下游段包括芦花湖—辽河口（盘锦段），此区域物种数量较少，同时入海口地区存量人面积的芦苇群落、翅碱蓬群落，植物组成较单一，但经过多年的保护和发展，群落系统较为稳定。其中，芦花湖共发现植物 51 种，隶属 47 属 23 科；辽河口共发现植物 47 种，隶属 41 属 22 科。

（1）芦花湖研究区

2020—2021 年，对辽河保护区芦花湖调查区域内植物多样性监测结果显示，共 23 科 47 属 51 种，如图 3-18 所示。2020 年菊科种类数量最多，为 9 种；其次是禾本科，为 8 种；藜科为 6 种。2021 年菊科种类数量最多，高达 10 种；其次是禾本科和藜科，均为 6 种。

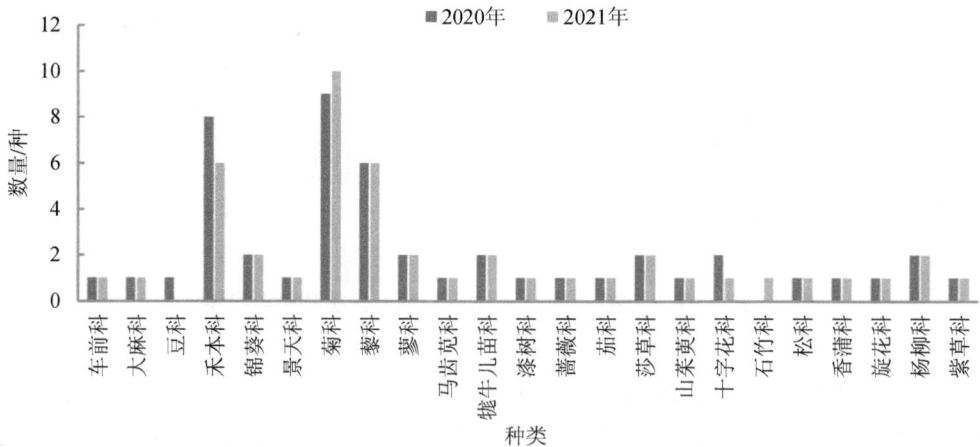

图 3-18 2020—2021 年芦花湖研究区植物种类数量

芦花湖研究区种属构成分析显示,含 8 个属以上的科有 2 个,占全部科的 8.69%,依次为禾本科、菊科。含 2~4 个属的科有 6 个,占全部科的 26.09%,依次为锦葵科、牻牛儿苗科、藜科、莎草科、十字花科、杨柳科;其他均为 1 属,共 15 科,占全部科的 65.22%,依次为车前科、大麻科、豆科、景天科、蓼科、马齿苋科、漆树科、蔷薇科、茄科、山茱萸科、石竹科、松科、香蒲科、旋花科、紫草科。

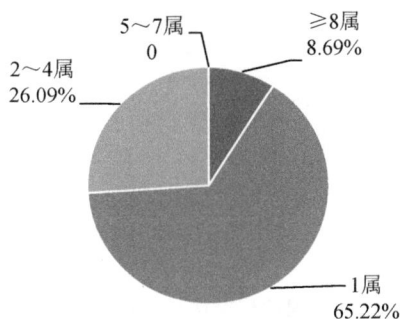

图 3-19 芦花湖研究区植物种属构成分析

（2）辽河口研究区

2020—2021 年,对辽河保护区辽河口调查区域内植物多样性监测结果显示,共 22 科 41 属 47 种,如图 3-20 所示。2020 年菊科种类数量最多,为 10 种;其次是禾本科,为 7 种;藜科为 5 种。2021 年菊科种类数量最多,高达 11 种;其次是禾本科,为 7 种;藜科为 5 种。

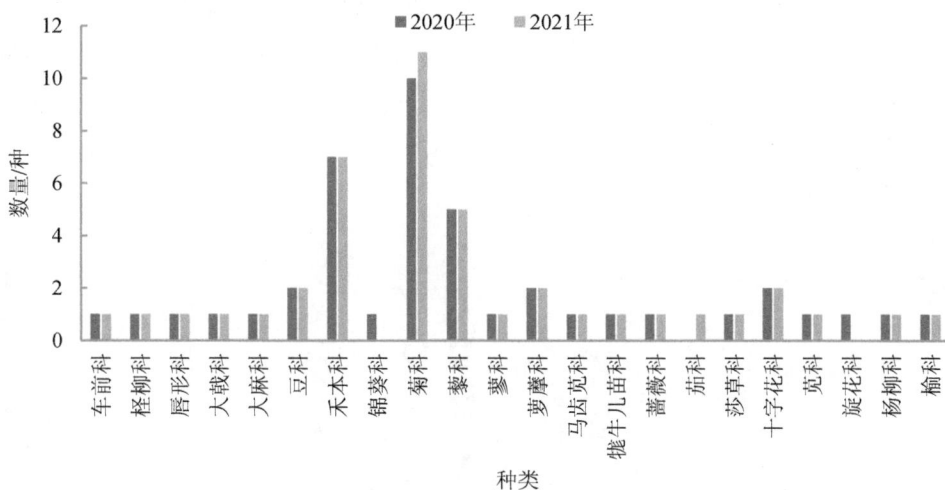

图 3-20 2020—2021 年辽河口研究区植物种类数量

辽河口研究区种属构成分析显示,含 8 个属以上的科有 2 个,占全部科的 9.09%,依次为禾本科、菊科。含 2~4 个属的科有 5 个,占全部科的 22.73%,依次为豆科、藜科、蓼科、萝藦科、十字花科；其他均为 1 属，共 15 科，占全部科的 68.18%，依次为车前科、柽柳科、唇形科、大戟科、大麻科、锦葵科、马齿苋科、牻牛儿苗科、蔷薇科、茄科、莎草科、苋科、旋花科、杨柳科、榆科。

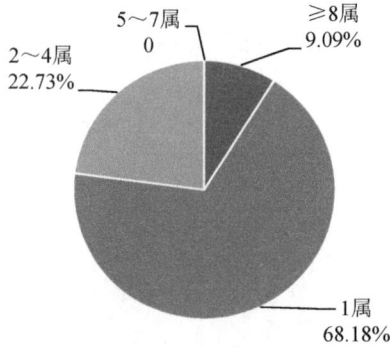

图 3-21　辽河口研究区植物种属构成分析

3.5　清河流域植被构成特征

3.5.1　河岸带植被组成特征

　　清河流域共调查河岸带植被 168 种，其中清入辽河点位种类最多，40 种；其次是清河水库上，35 种；寇河中下，31 种；碾盘河上，28 种；清河上，28 种；艾清河，27 种；清河国控，27 种；叶赫河，25 种；马仲河清河，24 种；清河中，23 种；阿拉河清河，22 种；寇河入清河，22 种；碾盘河中，21 种；马仲河上，20 种；乌鲁河，20 种；寇河最上，19 种；寇河中，18 种；马仲河中，17 种；清河水库下，17 种；松树，14 种。各点位植物种类数如图 3-22 所示。

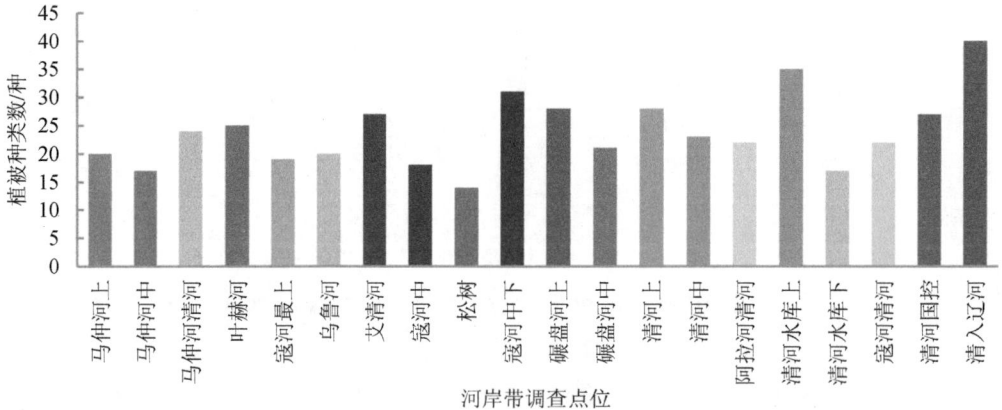

图 3-22　清河流域河岸带植被种类数量

3.5.2　河岸带植被多样性指数变化情况

本次清河调查点位的河岸带植被香农多样性指数在 1.56～2.46，平均为 1.87。其中清入辽河指数最大，为 2.46，主要原因为清河入辽河干流区域总体植被状况恢复较好，外来干扰较少；寇河最上指数最小，为 1.56，主要是因为在该调查区域受周围村屯等影响，还有部分农田存在，总体盖度较低，总体多样性指数波动较小。多样性指数变化如图 3-23 所示。

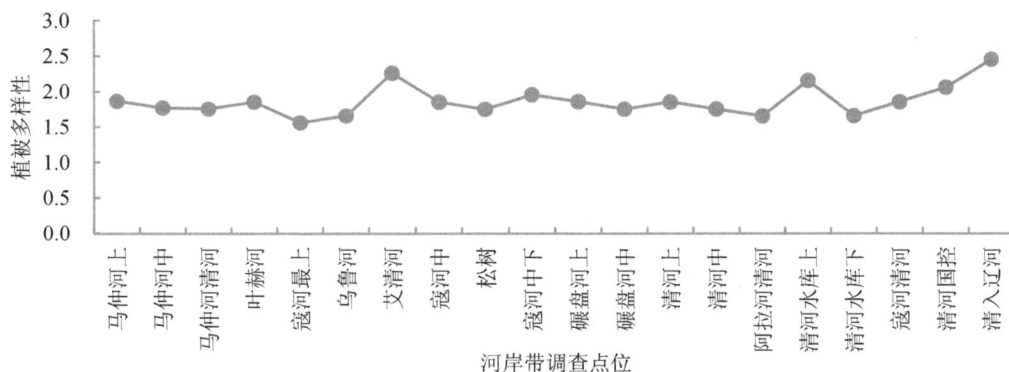

图 3-23　河岸带植被多样性指数

3.5.3　河岸带植被丰富度指数变化情况

本次调查清河调查点位的河岸带植被丰富度指数在 8.57～10.40，平均为 9.13。其中清入辽河指数最大，为 10.40，主要原因为清河入辽河干流区域总体植被状况恢复较好，外来干扰较少；马仲河中指数最小，为 8.57，主要是因为马仲河周边农田较多，植被构成较为单一。总体上丰富度指数波动范围不大。丰富度指数变化如图 3-24 所示。

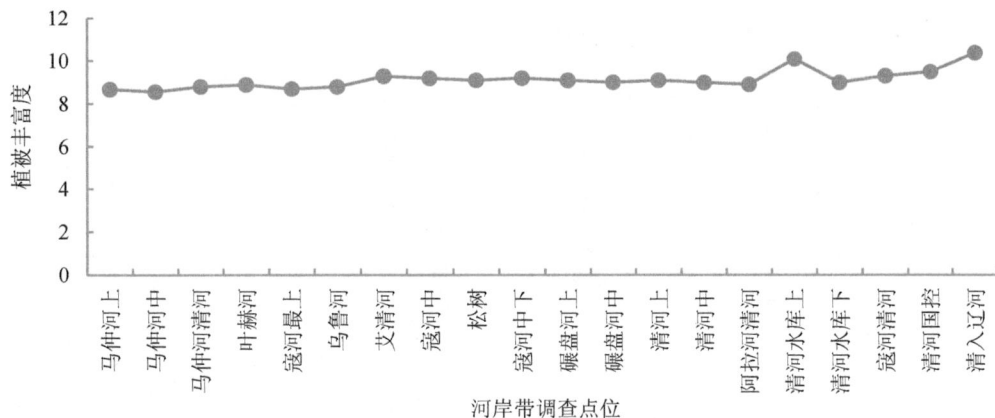

图 3-24　河岸带植被丰富度指数

3.5.4 河岸带植被均匀度指数变化情况

本次调查清河调查点位的河岸带植被均匀度指数在 0.50～1.09，平均为 0.70。其中清入辽河指数最大，为 1.09，这主要与清河入辽河干流区域总体植被状况恢复较好、外来干扰较少等有关；阿拉河等几条支流较低，在 0.50～0.8，主要原因是受到周围村屯或农田等影响，植被构成相对简单，受人为干扰较大。各调查区均匀度指数变化如图 3-25 所示。

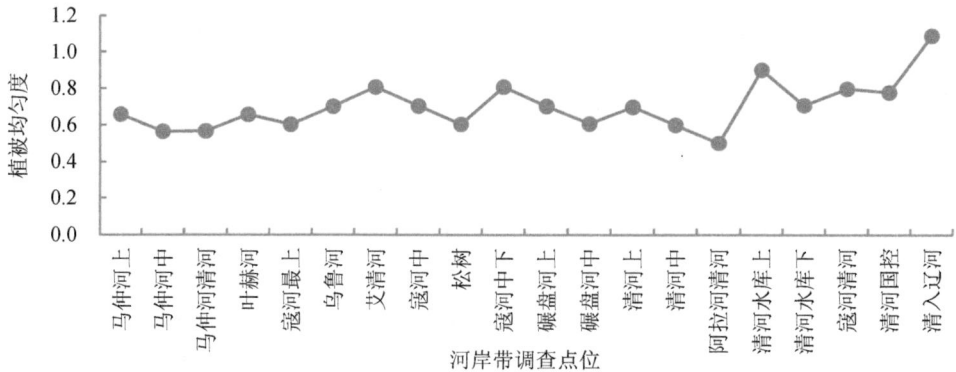

图 3-25　河岸带植被均匀度指数

3.5.5 河岸带植被盖度情况

本次调查清河调查点位的河岸带植被盖度在 50～75，其中清入辽河最大，为 75；其次是艾清河，为 70；马仲河上和碾盘河上最小，各为 50。其主要原因为清河入辽河干流区域所属辽河干流植被封育区，虽然近年封育力度减小，但植被状况恢复较好，已经形成较稳定的植物群落，而在其他小支流调查区域，主要受到农田、堤坝或村屯等的影响较大，总体盖度不高，各调查区植被盖度情况如图 3-26 所示。

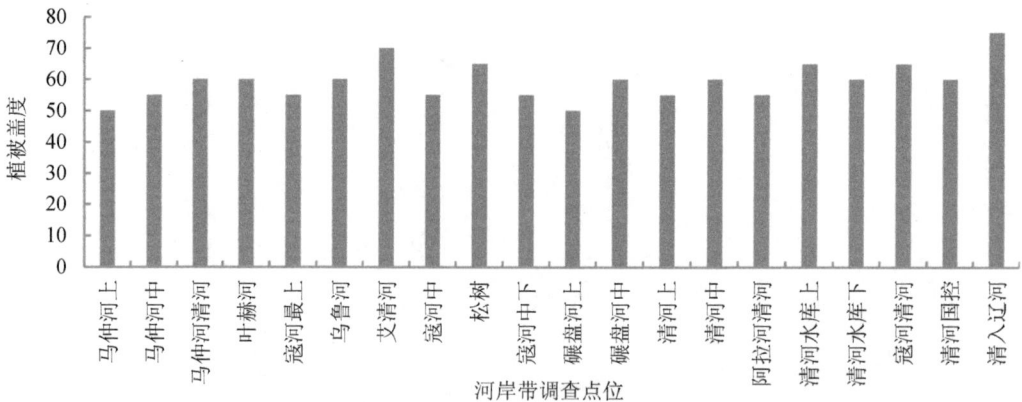

图 3-26　河岸带植被盖度情况

3.6　外来入侵植物现状

河岸带由于人类干扰、生物迁移特征、水环境转运等因素的影响，使河岸带极易受到外来植物的入侵。外来植物入侵可改变河岸带的功能，导致河岸带生态系统的退化。通过对调查区域内物种的分析，在调查区域内共发现外来入侵植物 15 种，入侵级别较高的有 4 种：三裂叶豚草（*Ambrosia trifida*）、反枝苋（*Amaranthus retroflexus*）、圆叶牵牛（*Pharbitis purpurea*）、鬼针草（*Bidens pilosa*），其中三裂叶豚草已经形成规模，广泛分布于福德店、七星湿地、三河下拉、毓宝台等地。七星湿地的入侵植物有鬼针草；三河下拉的入侵植物有反枝苋、圆叶牵牛；毓宝台的入侵植物有反枝苋；芦花湖的入侵植物有鬼针草。外来入侵植物的名称、原产地、级别等如表 3-3 所示。

表 3-3　外来入侵植物与分布

序号	植物名称	级别	产地	科别	记录地点
1	大麻	4	不丹、印度及中亚	大麻科	福德店、三河下拉
2	虎尾草	4	非洲	禾本科	福德店、五棵树、七星湿地、辽河口
3	苘麻	3	印度	锦葵科	福德店、五棵树、三河下拉、七星湿地、本辽辽、毓宝台、芦花湖、辽河口
4	野西瓜苗	4	非洲	锦葵科	福德店、五棵树、七星湿地、毓宝台、芦花湖
5	三裂叶豚草	1	北美洲	菊科	福德店、三河下拉、七星湿地、毓宝台
6	月见草	2	北美洲东部	柳叶菜科	福德店、五棵树、三河下拉、本辽辽
7	火炬树	3	北美洲	漆树科	福德店、芦花湖
8	苋	3	印度	苋科	福德店、五棵树、三河下拉、七星湿地、毓宝台、本辽辽、辽河口
9	紫穗槐	5	美国东北部及东南部	豆科	五棵树
10	万寿菊	5	北美洲	菊科	三河下拉
11	反枝苋	1	美洲	苋科	三河下拉
12	圆叶牵牛	1	美洲	旋花科	三河下拉
13	鬼针草	1	美洲	菊科	七星湿地、芦花湖
14	小藜	4	欧洲	藜科	七星湿地
15	凹头苋	2	热带美洲	苋科	毓宝台

3.7 栖息地环境质量评价

栖息地环境是河流生态系统的组成部分，是保持河流生态完整性的一个必要条件，在整个河流生态系统中发挥着至关重要的作用。河流的栖息地特征和生物多样性紧密相关，栖息地的质量和数量影响着当地生物群落的组成和结构，是水生生物群落的主要决定因素。河流栖息地状况的评价可以潜在表征河流生态系统的健康程度，识别出导致河流生态系统退化的根本原因。

辽河水系栖息地环境质量调查涉及辽河干流及亮子河、清河、凡河、绕阳河、一统河等主要支流，辽河干流各断面栖息地 HQI 见图 3-27。干流区域河流底质以泥沙和沉积物为主，在各跨河桥、橡胶坝、湿地工程处存在人工护坡（如石龙护坡、水泥护坡等），加强了对河岸带的保护，有效地减少了河流冲刷造成的危害。经过十余年的封育保护，干流水生生物丰富度明显提高，区域内基本消除农业活动影响，但由于辽河干流封育区的撤除，部分区域有放牧行为。总体上区域的栖息地质量较高。

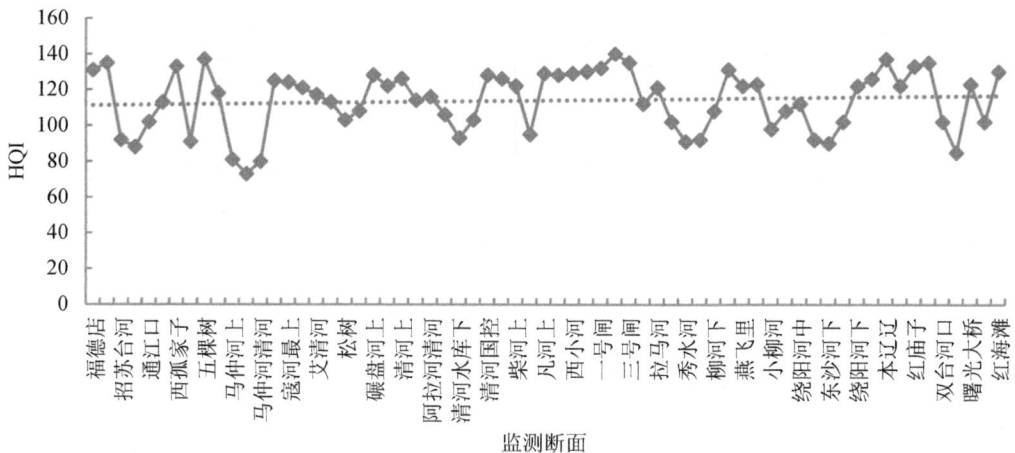

图 3-27　辽河干流各断面栖息地 HQI

3.7.1　辽河干流

（1）辽河上游区栖息地变化趋势

辽河上游区域栖息地质量总体上维持较高水平，尤其是东西辽河福德店、三河下拉、五棵树，以及各大支流入干流区域栖息地质量较高，可达 120 以上（图 3-28）。这与该区域封育后的植被恢复情况以及水质环境提高息息相关。尤其是在各生物保育区或大型人工湿地建设区，极大地促进栖息地多样化和动植物的恢复（附图Ⅰ）。

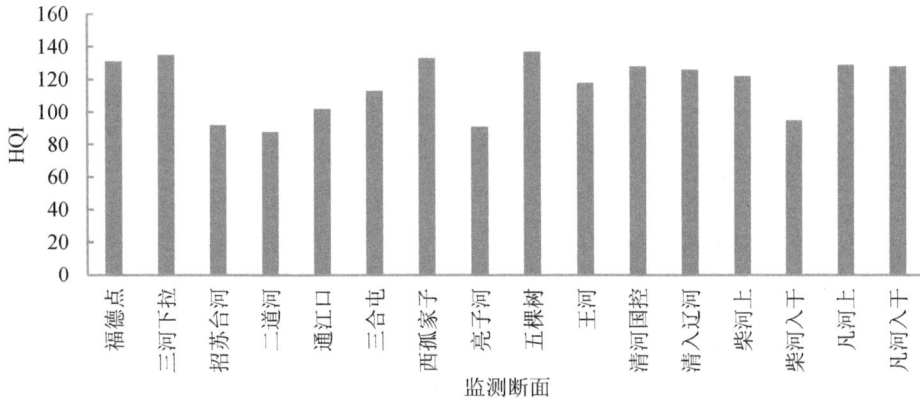

图 3-28　辽河上游各区域各断面栖息地 HQI

（2）辽河中游区栖息地变化趋势

辽河中游区域各断面栖息地 HQI 见图 3-29，该区域河流底质以泥沙和沉积物为主，部分支流（如柴河、凡河）河流底质存在碎石、卵石，其他河流（如拉马河、秀水河等）底质均以细沙和沉积物为主。除各跨河桥段、各闸坝工程段、人工湿地工程以及河流急弯区段存在石龙护坡、水泥护岸等人工硬化护岸以外，其余河段均为自然河岸，河岸带植被多样性、丰富度、盖度均较高。其原因是近 10 多年来，辽河两岸进行了封育处理，同时各地政府在该区域建成了人工湿地公园等各类休闲旅游区，极大地促进了生物多样性的恢复。该区域的主要影响因素为旅游带来的人流对环境造成的影响，河流鱼类的恢复带来的垂钓活动的增加，不确定性人为放生行为对本土生物的威胁，以及部分区段农民在河岸带放牧的影响。

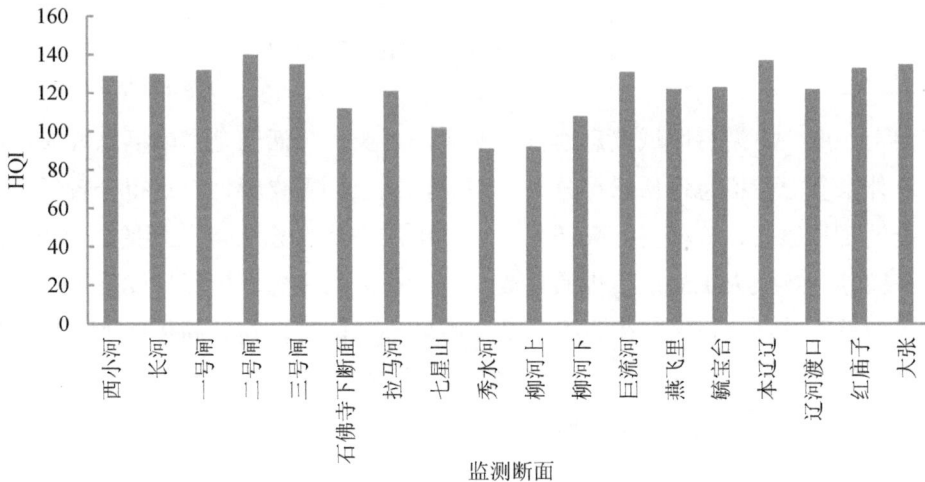

图 3-29　辽河中游区域各断面栖息地 HQI

（3）辽河下游区栖息地变化趋势

辽河下游区域各断面栖息地 HQI 见图 3-30，该区域河流底质以细沙和沉积物为主，本区域支流主要有绕阳河、小柳河、一统河、赵圈河等，支流底质主要为细沙和沉积物。辽河下游城区段河岸以人工硬化垂直护岸为主，其他区段以自然河岸为主，但在各跨河桥、各闸坝工程段、人工湿地工程以及河流急弯处存在砌石护坡、混凝土护坡等人工硬化护岸以保持水土。河岸带植被组成较为丰富，尤其是在非城市段，植被多样性、丰富度、盖度均较高，城市段植被类型相对较少。该河段出城市后，植被类型演化为以芦苇为优势种的单一群落，为各类涉禽、迁徙鸟类提供了高质量的栖息地。辽河入海口区域，植被演化为以翅碱蓬为主的特色植被类型，为各类潮间带生物提供了栖息环境。该区域台安—盘锦段受影响较小，仅有部分休闲旅游、少量垂钓等人为影响，因此，栖息地质量相对较高。城市段受人类活动影响，栖息地质量评分较低。在出城区—入海口段，主要影响因素为休闲旅游、垂钓以及各类捕鱼活动。

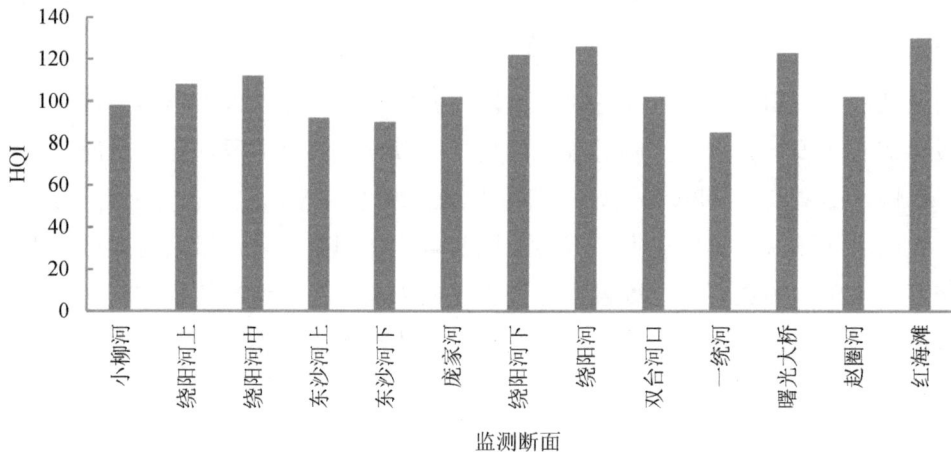

图 3-30　辽河下游区域各断面栖息地 HQI

辽河上、中、下游各区域栖息地特点明显，各类人为活动是影响栖息地质量的主要原因，总体来看上游栖息地质量得分处于中等，在上游各支流调查点得分较低，且数量较多，抵消了福德店、五棵树等高评分水平。中游平均得分最高，主要是近些年的各类环境保护措施、各类人工湿地工程的建成等，对辽河的生态环境保护发挥了重要作用，同时由于中游区域远离市区，受人类活动影响较小等因素，在共同作用下，使评价结果较好。而下游区域平均得分在 100 以上，3 个区域中，平均得分最低，主要原因是该区域流经城市区段较多，受人为活动影响较大，加上几个支流区域调查结果较差，共同导致评价结果最低（图 3-31）。

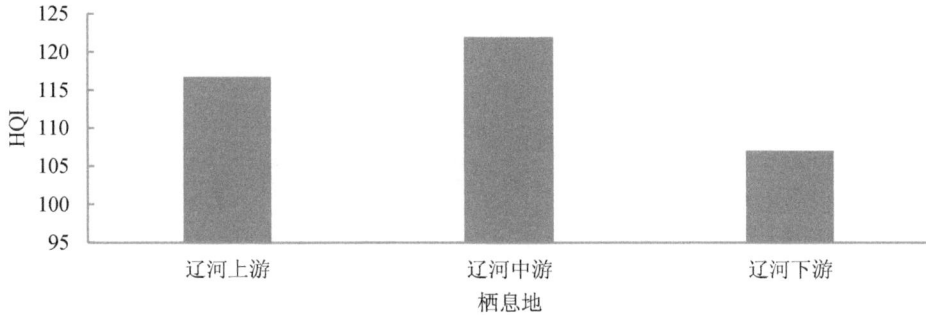

图 3-31　辽河上、中、下游栖息地 HQI 平均评分

综上所述，从栖息地保护角度出发，如何在城市段构建符合生物发育和提高多样性的生态工程，是提高辽河整体栖息地质量的工作重点。

3.7.2　清河流域栖息地变化趋势

清河流域栖息地评价结果如图 3-32 所示，全流域均值为 110.3，表现为一般水平。其中，马仲河栖息地质量维持在较低水平，在 73～81，主要表现为河道基质、栖息地复杂性不高，加之人为干扰较大、土地开发利用较多，导致其评价结果偏低。栖息地质量较高的断面主要为各支流以及水库下游，如叶赫河、寇河上游、乌鲁河、碾盘河、清河国控断面以及清入辽河断面，均达 120 以上，总体评价结果为较好，主要原因为河流地质构成多样、栖息地复杂程度较高，同时在水量、水质、植被盖度等方面得分较高。其余各点位栖息地评价结果均维持一般水平，栖息地质量评分在 90～120。本次评价中发现，清河水库下断面栖息地质量评价得分为 94 分，显著低于"十一五"期间的研究结果，主要原因为本次判定栖息地质量中，对河流地质、栖息地复杂性、人为干扰等指标判定较为严格，清河水库下断面，河道为渠化混凝土河道，极大地影响了水生生物的栖息情况，因此得分较低。

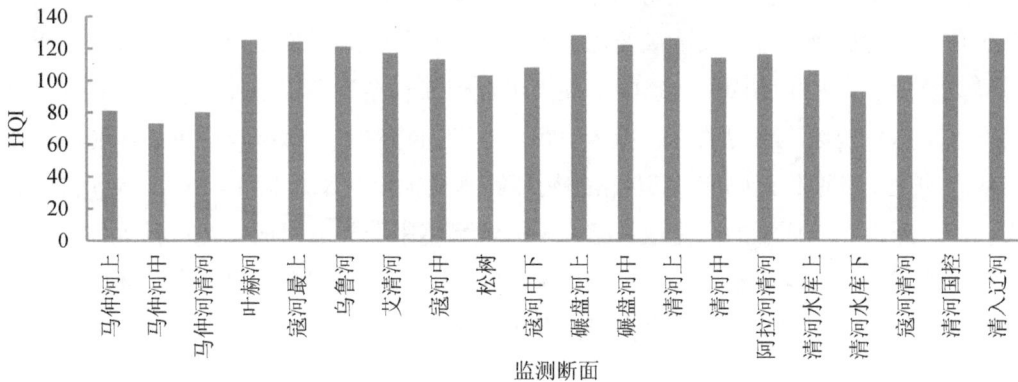

图 3-32　清河各区域监测断面栖息地 HQI

第 4 章　辽河水系浮游藻类调查与特征分析

在水生态系统中，水生生物对生态环境有很大的影响，它们不仅可以维持水生态系统的稳定与平衡关系，而且能够促进水生态系统的恢复。水生生物的种类多种多样，包括微生物、藻类、高等植物以及无脊椎动物和脊椎动物等多种生物。浮游生物是水生态系统物质能量循环的重要组成部分，其对污染物的输入、输出也有一定影响。浮游生物主要包括两种类型，分别为浮游植物和浮游动物。浮游植物属于水中的初级生产者，分布十分广泛，大部分种群生活在各种不同水体中（如水库、海洋、湖泊和河流）。浮游植物有很强的适应能力，甚至可以在扰动频繁、光强微弱的极端环境中生长。浮游植物在水体净化过程中可以起到非常重要的作用，因为它属于水生自养型生物，而且作为河流中的初级生产者，它可以运用体内的光合色素进行光合作用，并可为水中的其他生物提供生命活动所需的氧气。它们通过光合作用将无机物转换成新的有机化合物，由此启动了水体的食物链。

由于浮游植物传代速度快、生长周期短，故其群落结构及生长量在水体生态环境变化后能在较短周期内反映出来，也容易在影响因素消除后快速恢复。浮游植物作为水生植物链的启动环节，其变化可直接反映所处环境的改变，其群落结构、多样性和生物量是反映水环境状况的重要指标，通常应用在水体生态监测、水质污染和营养水平评价中。利用浮游植物作为指标对水质进行生物监测已有 100 多年的历史。早在 1909 年，德国科学家就提出了利用指示生物（包括浮游植物）评价水体水质污染程度的方法。其后，各国学者开始根据水体中浮游植物的种类及数量变化，判断水质是否受到污染以及受污染程度。浮游藻类种类数量受水文和生物因素的影响，藻类组合因其对多种环境条件的特殊敏感性而被广泛用作水生态系统健康状况的生态指示生物。浮游植物对水质状况反应灵敏，能够对水体营养状态的变化迅速作出响应，其群落结构能够真实地反映水质状况。Suikkanen 在研究中提出，浮游藻类对水环境的变化很敏感，不同水环境中藻类的组成、优势种等各不相同，所以浮游藻类可以反映出水域生态环境状况。Forsberg 在研究中提出，在水环境评价中浮游藻类有指示作用，因此，浮游藻类成为评价水体健康状况的重要指示生物，在维持生态平衡中起着重要的调节作用。

4.1　国内外研究进展

4.1.1　浮游植物概述

浮游植物（phytoplankton）是一个生态学概念，通常是指浮游藻类。从生态学的角度，藻类在长期的演化过程中，以自身的形态结构、生理和生态特点适应着生活的环境，从而形成了各种生态类群，通常将藻类分为浮游藻类和固着藻类两大生态类群。浮游藻类在水生态系统中起着至关重要的作用。浮游藻类（phytoplankton）又称微藻，是一类在水中以浮游方式生活，能进行光合自养的低等植物。浮游藻类是水生生态系统的主要生产者之一，所以浮游藻类在水体中的能量循环和物质转换过程中都起到至关重要的作用，并且还是大多数封闭水体溶解氧的主要来源，在生物演化过程中处于承上启下的重要位置。

全世界已经发现的藻类植物有 40 000 种左右，其中淡水藻类大约有 25 000 种，我国已经发现的淡水浮游藻类大约有 9 000 种。浮游藻类能直接或间接地被人类所利用，如螺旋藻已成为著名的保健食品；某些藻类植物可以作为一种生物燃料原料；一些浮游藻类（大型海藻及微藻）还可加工成有机肥和饲料，促进农业和畜牧业发展；它们也是食物网的基础组成部分。因此，藻类群落生物完整性的变化可能影响较高营养级的生物数量，其种类和细胞密度可以影响水生态系统中初级消费者、次级消费者等水生生物的种类及数量，探究浮游藻类群落的组成和多样性的变化能够间接反映河流生态系统变化情况。此外，与其他生物水质指标相比，浮游藻类的再生时间和生命周期更短，因此群落对人为影响的反应更快。此外，与鱼类和大型无脊椎动物不同，藻类群落通常在水环境受到干扰之前就存在，并且通常在干扰后以某种形式持续存在。因此，藻类指标在海洋、海湾、湖泊、河流和水库中的应用正在增加，而且浮游藻类群落的组成和多样性的变化与河流中物质循环和代谢密切相关，所以浮游藻类在水生态系统的维持与稳定中占有非常重要的地位。查阅文献可知，除蓝藻外，所有藻类均为真核生物，是自然界水生生态系统中重要的初级生产者，是水生食物链中的关键环节。藻类具有如下特点：①多样性高。1 L 水中可同时共存几十种甚至上百种藻类；②大小差异显著。不同种藻类体积最大可相差 4 个数量级，根据大小可将藻类分为大型藻、小型藻、微型藻和超微藻。③分布广。大部分种群生活在各类水体中，有些藻种也可生活在陆地上等各类环境中。④适应力强。在极端环境下也有藻类存在。

4.1.2　国外研究进展

浮游生物在国外研究起步比较早，德国科学家 V. Hensen 在 1887 年发明了第一个可以收集水体中微小生物的采集网,并且首次提出了"浮游生物"这个名称,为以后的浮游生物学奠定了基础。德国的 Koldwiz 和 Marsson 在 1909 年的研究中提出,根据藻类在不同污染水平下的不同耐受程度对藻类进行分类的建议,并使用生物指标来指示水污染,指示藻类可用于针对环境中的特定物质生成各种反应信息,来了解水质变化情况。由于这种方法涉及多种形态的藻类,需要研究者掌握较多的分类学知识,而具有一定的局限性,其推广和应用也受到一定程度的限制。20 世纪 40 年代末,生物学家通过分析藻类群落和优势物种组成变化,对水环境质量的影响进行评价。研究发现,受到污染的河流中的藻类物种数目减少,藻类群落由硅藻占据优势地位转变为各种丝状绿藻或单细胞的绿藻、蓝藻占据优势地位。目前,评价生物多样性常用的指数有 Shannon-Wiener 多样性指数、Pielous 均匀性指数和 Margalef 丰富度指数等。Shannon-Wiener 多样性指数可以反映藻类群落结构的复杂程度,Pielous 均匀性指数表示物种间个体数分布的均匀性,Margalef 丰富度指数反映的是各物种的种群数量的变化情况。Reynolds 在 1984 年对浮游生物的概念进行了重新定义,即浮游生物是指在海水或淡水中能够适应悬浮生活的动植物群落。Lessmann 等在对暴发水体富营养化后的 Koyne 湖的浮游藻类进行系统分析后发现,水体中氮含量升高,浮游藻类密度增加,但浮游藻类种类没有变化。随着水生生态学研究的不断深入,越来越多的资料表明藻类是水环境中良好的指示生物,巴西有关研究人员利用浮游藻类作为指示生物对河流健康状况进行评估,并用浮游藻类对河流水质进行监测和评估。

浮游藻类作为监测和评估河流的生物指标,成为规范化的评价方法。Patricija 等表示,虽然浮游生物对水源环境质量的变化非常敏感,但是只有在经过长期的影响之后,浮游生物的物种丰富度、均匀度才会发生改变,也就是说,浮游生物对环境变化所产生的生物群落结构变化具有一定的滞后性。在湖泊生态系统中,人们通常将浮游动物的丰富度看作水源质量变化的指标,通常也用其来判断鱼类的数量。

4.1.3 国内研究进展

从 20 世纪至今,相关学者及研究人员一直在关注浮游藻类的种类和特征。我国大约在 20 世纪中期开始研究浮游藻类,到了 21 世纪,对浮游藻类的研究不仅着眼于水库和湖泊,在湿地、河流和海洋中也出现大量相关研究。目前,有很多研究都是针对浮游植物的种类丰富问题展开的,例如,我国著名学者朱为菊以我国淮河流域的浮游植物为研究对象进行了定性研究,分析了该河流区域浮游植物的种群类别结构。研究结果显示,该流域的浮游植物优势种是绿藻门以及硅藻门。除此之外,杨凤娟等表示,在使用生态浮床修复水域生态系统时,浮游植物的种群结构发生了明显变化,对该生态系统分析统计之后发现,浮游植物的种属、均匀度等均得到明显改善。吴朝等对淮南焦岗湖区域的浮游生物进行了研究，结果显示用 Shannon-Wiener 指数代表湖泊生态系统的浮游生物物种丰富度效果显著，并表明导致湖泊生态系统中藻类大量生长的主要原因在于浮游生物种类结构的改变。另外，在湖泊生态系统中，对浮游动物数量有较大影响的鱼类以滤食性鱼类为主。并且，也有研究结果显示，在夏秋季节，浮游动物的数量有显著增加，能够有效降低浮游植物的总量，进而有效改善水源生态系统的物种多样性。林锡芝等对长江干流宜宾—吴淞段资源调查发现，与污染密切相关的浮游藻类种类共计 60 种，占整个浮游藻类种类组成的一半。吴恢碧等对长江沙市江段浮游藻类群落结构调查结果显示硅藻门是优势群体。唐峰华等对长江口进行浮游藻类群落结构的调查发现，夏季浮游藻类种类数高于秋季，浮游藻类数量逐年增加，且生物多样性指数逐年下降。杨希等在渭河干流陕西段对秋季浮游藻类群落进行调查研究，发现硅藻种类数最多，占总种类数的 70%，并综合各种指数评价渭河整体为中污型。买占等对汉江中下游浮游藻类进行定量调查结果显示，群落组成主要是硅藻门和绿藻门，其次是蓝藻门，并结合多种多样性指数和优势种评价法评价汉江中下游水质整体处于中污染状态。

4.1.4　浮游藻类与环境因子的关系

在水生生态系统中，环境因子的改变会直接影响到浮游藻类群落结构的时间和空间变化。在水域生态环境中，浮游藻类一方面作为初级生产者和溶解氧的贡献者，它的群落结构和数量将影响水生生态系统中物质和能量的有效传递速率，另一方面因浮游藻类对水环境的变化有较为灵敏且迅速的响应，故可利用水体中浮游藻类群落结构的变化对水质作出评价。国内相关研究有李涛对松花江下游环境因子进行 Pearson 相关性分析可知，叶绿素 a 与 TP、盐度、COD_{Mn}、EC 呈正相关，与 TN 呈负相关；TP 与盐度呈正相关，与 COD_{Mn}、TN、EC 呈负相关；盐度与 COD_{Mn}、TN 呈负相关，与 EC 呈正相关，其中盐度与 TN 和 EC 呈极显著负相关（$P<0.01$）；COD_{Mn} 与 TN 呈正相关，与 EC 呈负相关；TN 与 EC 呈显著负相关（$P<0.01$）。还有学者研究了夏季东江干流浮游藻类与生境之间的关系，研究表明，出现频率最高的是硅藻门、绿藻门、隐藻门和蓝藻门，其中硅藻门和绿藻门的植物细胞密度最大，溶解氧、总磷、电导率、化学需氧量等是影响浮游藻类的主要因子。国内较早的相关研究有讨论黑龙江径流调节与浮游藻类的关系，还有西藏南部和珠穆朗玛峰地区的有关藻类特征的考察报告等。近年来，国家高度重视水环境问题，对从事该领域研究的学者们给予了很多支持和鼓励，所以出现了很多对浮游藻类的研究，使浮游藻类研究越来越趋于系统和完整。

有关辽河流域浮游生物的研究较少，主要有段梦用 3 次野外调研的数据做了辽河流域水环境生态学基准指标数据调查研究，得出辽河流域浮游生物群落概况。

浮游藻类的生长同样受光照、温度、pH、溶解氧、水的活度、氧化还原电位、营养盐、浮游动物、鱼类、高等水生植物及浮游藻类自身等生态因子的影响。

光照对于浮游藻类进行光合作用的影响是双向性的,光照强度在适宜范围内对浮游藻类起到了促进作用,但当光照强度超过饱和时却起到了抑制作用。大部分浮游藻类都是光合自养型,在稳定光照条件下不同物种会发生竞争作用,在竞争中临界光强阈值最低的物种会获胜。Chen 等研究表明,温度可以影响小球藻的大小,以及细胞特异性。水体中藻类的生长是利用光能进行光合作用合成自身物质。在一定范围内,光照强度增加和光照持续时间延长会使藻类生长率加快。不同种类的藻需要不同的光照强度,Bojan 等研究表明,光营养改变作为藻类能源物质 H 的释放量。

温度对藻类生命活动的影响主要有两个方面:①通过控制呼吸作用或光合作用强度直接影响藻类生长增殖;②通过控制水体中各类营养物的溶解度、离解度以及分解率等理化过程间接影响藻类的新陈代谢活动。温度是浮游藻类生存的必要条件,一般情况下适宜的温度区间为 $10\sim40℃$。不同的浮游藻类有不同的适宜自身生长发育的温度范围,浮游藻类的生长发育和群落演替均会受到温度的影响。温度还可通过改变浮游动物的捕食和竞争来间接影响浮游藻类的群落结构。

pH 可以通过对浮游藻类酶活性以及细胞膜上电位的调控来直接影响其生长,也可通过对水体中有机质溶解和营养盐分解的产生影响来间接影响其生长。马国红等对盐碱地鱼池浮游藻类的研究发现,当 pH 在 $7.75\sim8.75$,浮游藻类的繁殖生长速率是最快的,生物量也是最大的。水体 pH 对浮游藻类生长的影响主要表现:引起细胞膜电荷的变化,从而影响营养物的吸收;影响代谢过程中酶的活性影响生长环境中营养物的溶解度、离解度或分解率等理化过程,从而改变营养物质的供给。Wang 等研究表明,pH 为 5.5、6.0、6.5 时,对两种藻的对数期生长有显著的抑制效应;蓝藻在 pH 为 $5.5\sim6.0$ 时出现了死亡。

温度、pH 和光照是影响藻类生长的主要生态因子。除此之外,水动力、水面面积、水力停留时间、水深及微量元素等因素也不同程度地影响藻类生长,由于在富营养化的湖泊水库中,水体总营养元素充足,浮游藻类种群对温度、光照等生态因子的适应,其种群结构出现了季节演替现象。目前,关于藻类生长影响因素的研究多侧重于温度、光照、pH、营养盐等单一生态因子对藻类生长繁殖的影响,而关于多种因子对藻类生长、竞争的联合效应影响的研究相对较少。因此,通过调节温度、pH、光照等环境因素,将藻类生物量控制在一定范围内,将是今后开展生态因子对藻类生长影响的重要研究方向。

营养盐与浮游藻类的种类、数量和分布有密切的关系，以氮、磷为代表的营养盐是公认的对浮游藻类影响最大的营养盐。许多研究发现，当河流中硅元素较低时，蓝藻在低氮磷比时会成为优势，绿藻在高氮磷比时会成为优势。

4.1.5　浮游动物的影响

浮游动物对浮游藻类进行捕食，可以在一定程度上控制浮游藻类的过度生长，所以浮游动物丰度的增加可以使浮游藻类的丰度呈明显下降的趋势。孙军等对东海浮游藻类和浮游动物摄食关系的研究发现，浮游藻类是生产者，浮游动物是消费者，且浮游动物对浮游藻类的摄食作用会对浮游藻类的群落结构产生一定的调控作用。

4.1.6　鱼类的影响

鱼类一方面可以通过捕食作用来限制浮游藻类的种类和数量，另一方面鱼类又可以通过把有机物转化为无机物从而促进了浮游藻类的生长发育。赵忠波对鱼类养殖对浮游藻类群落结构研究发现，当鱼类的放养密度增加时，浮游藻类物种数量会减少。

4.1.7　高等水生植物的影响

当高等水生植物与浮游藻类生活在同一个环境中，高等水生植物会占据优势生态位，挡住浮游藻类的光照、更强地吸收营养物质、为浮游动物提供避难保护，水生植物中苦藻、金鱼藻等植物可通过分泌化感物质对浮游藻类的生长产生一定的抑制作用。浮游藻类之间可以通过自身的大量繁殖，从而对其他藻类起到抑制作用。Descy 的相关实验表明，浮游藻类的组成和数量关系不但受天气变化的影响，还会受到水中其他食浮游藻类生物的影响。Gosselain 提出浮游藻类的发展受到人类发展的直接和间接影响。Cole 研究了哈德逊河口表明，浮游藻类群落的组成与上游地区浮游藻类组成息息相关。

4.1.8　最适氮磷比

藻细胞生长代谢通常存在最适氮磷比，而不同种类的藻生长所需的最适氮磷比是不同的。Hodgkiss 研究发现，氮磷比的变化会影响某些浮游藻类（硅藻除外）的生长速度，随着氮磷比的降低，甲藻的生物量明显增多，导致甲藻赤潮发生的次数也随之增加。硅藻、绿藻适合在高氮磷比的环境下生长，而蓝藻更适合在低氮磷比的环境中生长。不同氮磷比不仅会影响藻类生长速度，也会对藻细胞内物质的合成积累造成一定的影响。Vezie 通过多元回归和数学建模方法分析发现，氮、磷元素对铜绿微囊藻的生长和产毒情况都有显著影响，但不同藻株的反应有所差别。对于湖泊而言，水中的氮、磷含量与浮游藻类组成密切相关；Friedrich 等研究了莱茵河下游的浮游藻类，结果显示，养殖会增加河水中的氮、磷含量，从而影响浮游藻类的种类及数量；Hudon 等提出浮游藻类可以用来评价河流的富营养化状况，很多研究者也开始使用这一方法对河流生态状况进行评价。

代亮亮等探究了贵州草海浮游藻类群落结构特征及其与水质环境因子的关系，同时利用分层聚类分析、冗余分析和主成分分析的方法，探讨浮游藻类群落结构、环境因子、采样点三者之间的关系。汪琪等在 2015—2017 年对大溪水库浮游藻类群落结构及水体理化性质进行调查分析，结果表明，浮游藻类群落中蓝藻门、绿藻门及硅藻门种类占比较大；浮游藻类群落结构季节变化有明显的规律，群落结构变化受温度影响较大。杨文焕等在 2017 年、2018 年对非冰封期的南海湖浮游藻类群落和环境因子进行了调查，经冗余分析表明，TN、TP、pH 和温度是影响浮游藻类分布的主要环境因子，绿藻门与 TN 关系密切，蓝藻门与 TP、温度关系密切，硅藻门与 pH 关系密切。贺玉晓等在北京市北运河开展浮游藻类调查鉴定出浮游藻类 7 门 54 属 99 种。群落结构分析表明，秋季浮游藻类物种数高于冬季，城市河流型水体物种数＞城市湖泊型＞山区河流型，排序结果表明，Ca 和 TN 是影响秋季北京市北运河浮游藻类群落结构的主要环境因子，pH 是影响冬季浮游藻类群落结构的主要环境因子。早期有研究发现，藻类在湖泊中的稳定性要比在河流中更强一些，硅藻和绿藻是温带河流常见的藻类，而在一年中温度最高的夏季，绿藻会更有优势。

4.2 辽河干流浮游藻类特征分析

4.2.1 浮游藻类种属构成

辽河各调查点位共检出浮游藻类 8 门 221 种，其中硅藻门种类最多，87 种（34.8%）；其次是绿藻门，73 种（33%）；蓝藻门 33 种（16.3%）；裸藻门 16 种（9%）；甲藻门 5 种（2.3%）；黄藻门 4 种（1.8%）；隐藻门 2 种（1.4%）；金藻门 1 种。本次调查各点位的浮游藻类种类数为 1～29 种，东沙河下的浮游藻类种类数最高为 29 种，柴河入干和曙光大桥浮游藻类种类数最低各 1 种，各调查点位浮游藻类种类变化情况如图 4-1 所示。

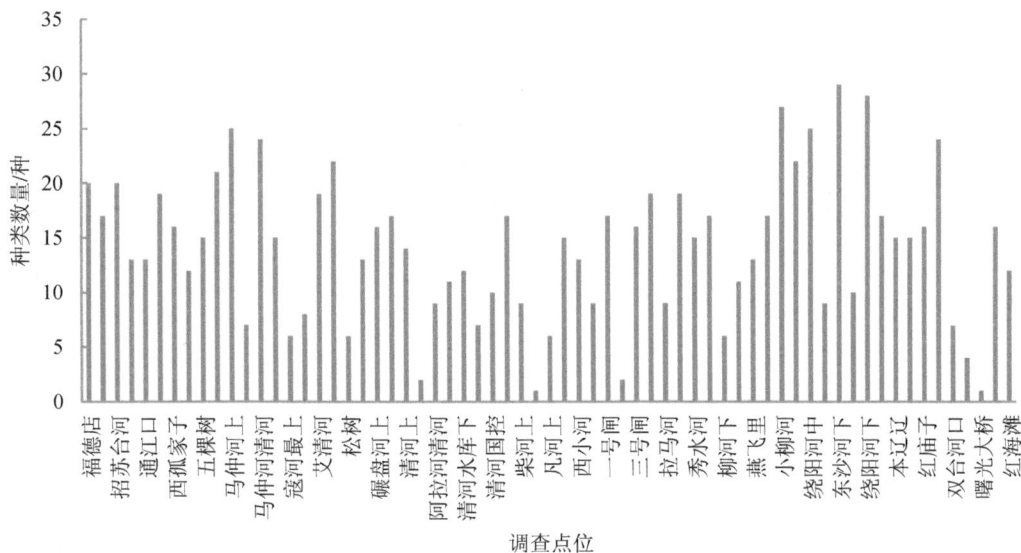

图 4-1　辽河各调查点位浮游藻类种类变化情况

4.2.2　浮游藻类密度变化情况

辽河各调查点位的浮游藻类生物密度在 $0.2×10^4 \sim 2.36×10^4$ ind/L，平均密度为 $5.32×10^4$ ind/L。三合屯的浮游藻类生物密度最高，为 $2.36×10^4$ ind/L，绕阳河下、绕阳河的浮游藻类生物密度最低，均为 $0.2×10^4$ ind/L。辽河各调查点位的浮游藻类密度变化结果如图 4-2 所示。

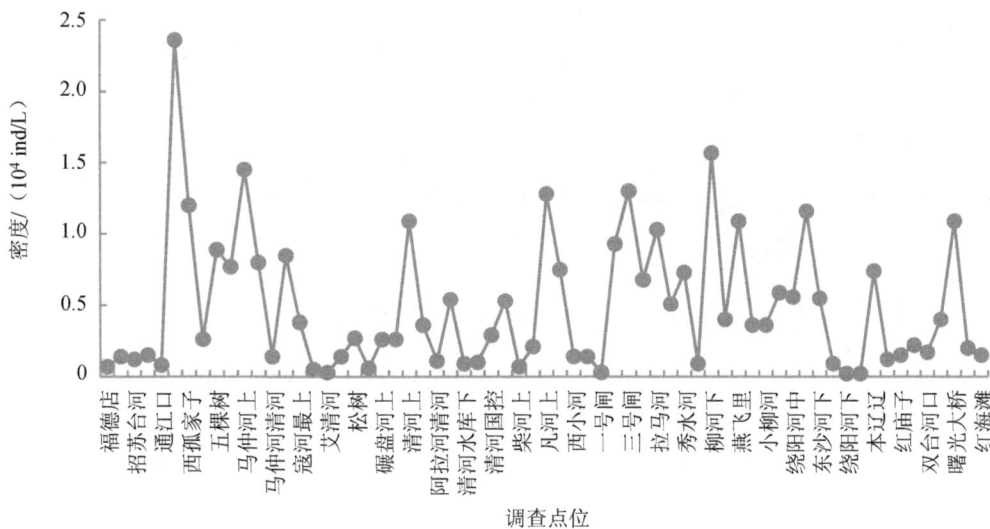

图 4-2　辽河各调查点位浮游藻类密度变化情况

4.2.3 浮游藻类香农多样性指数变化情况

辽河各调查点位的浮游藻类的香农多样性指数在 0.6～2.93，平均为 1.9。总体上各调查点位的多样性不高，拉马河的香农多样性指数最低为 0.6，该结果反映出拉马河点位的水体状况较差，受到一定污染，但单次调查结果还不足以支撑该结论，需结合后续调查进行分析。寇河中的香农多样性指数最高，为 2.93。辽河各调查点位的浮游藻类多样性结果如图 4-3 所示。

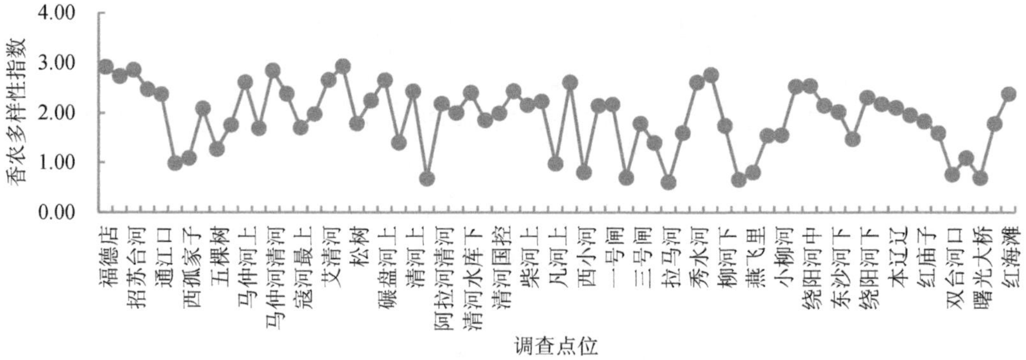

图 4-3　辽河各调查点位浮游藻类香农多样性指数变化

4.2.4 浮游藻类均匀度指数变化情况

辽河各调查点位的浮游藻类的均匀度指数在 0.27～1，平均为 0.77。总体上各调查点位浮游藻类均匀度指数变化范围较大，但均匀度指数在 0.6 以上的点位较多，二号闸和曙光大桥浮游藻类的均匀度指数最高，为 1，拉马河的均匀度指数最低，为 0.27。辽河各调查点位的浮游藻类均匀度指数变化结果如图 4-4 所示。

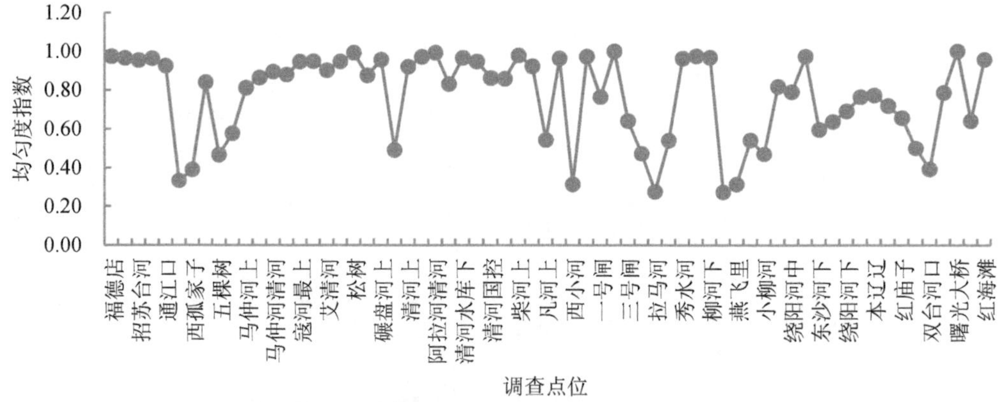

图 4-4　辽河各调查点位浮游藻类均匀度指数变化

4.2.5　浮游藻类辛普森多样性指数

辽河各调查点位的浮游藻类的辛普森多样性指数在 0.02～0.78，平均为 0.25。拉马河的辛普森多样性指数最高，为 0.78，福德店的辛普森多样性指数最低，为 0.02。辽河各调查点位浮游藻类辛普森多样性指数变化情况如图 4-5 所示。

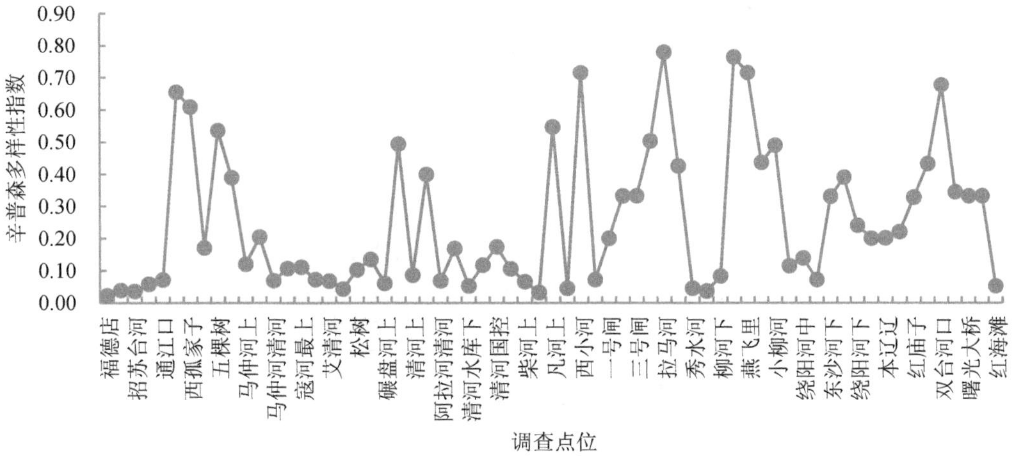

图 4-5　辽河各调查点位浮游藻类辛普森多样性指数变化

4.2.6　浮游藻类 Margalef 丰富度指数

辽河各调查点位的浮游藻类 Margalef 丰富度指数在 0.62～5.76。平均为 3.36。浮游藻类的 Margalef 丰富度指数最高为福德店 5.76，最低为清河中 0.62。辽河各调查点位浮游藻类 Margalef 丰富度指数变化情况如图 4-6 所示。

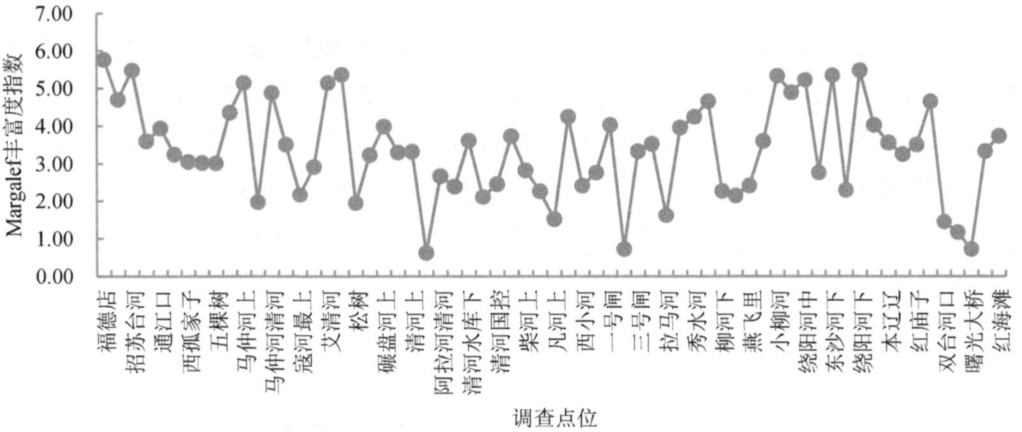

图 4-6　辽河各调查点位浮游藻类 Margalef 丰富度指数变化情况

4.2.7　浮游藻类优势种特征变化

辽河各调查点位的浮游藻类优势种有梅尼小环藻（31%）、小环藻（18%）、简单舟形藻（12%）、席藻（8%）、针杆藻（6%）、四尾栅藻（5%）、尖针杆藻（3%）、小球藻（3%）、菱形藻、颗粒直链藻等其他种类（14%）。其中梅尼小环藻占比最高，在 20 个调查点位均有检出。浮游藻类优势种占比如图 4-7 所示。

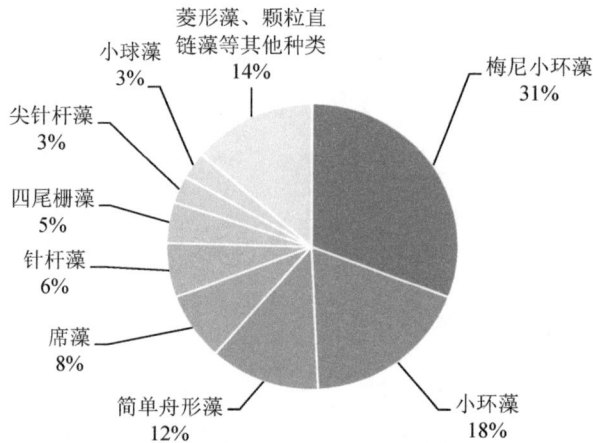

图 4-7　辽河浮游藻类优势种占比情况

4.3　清河流域浮游藻类特征分析

4.3.1　浮游藻类总体组成特征

清河流域共检出浮游藻类植物 260 种，其中马仲河上藻类最多，为 25 种，其次是马仲河清河，24 种；寇河中，22 种；艾清河，19 种；碾盘河中，17 种；清入辽河，17 种；碾盘河上，16 种；叶赫河，15 种；清河上，14 种；寇河中下，13 种；清河水库下，12 种；清河水库上，11 种；清河国控，10 种；阿拉河清河，9 种；乌鲁河，8 种；马仲河中，7 种；寇河清河，7 种；寇河最上，6 种；松树，6 种；清河中，2 种。浮游藻类总体组成如图 4-8 所示。

4.3.2　浮游藻类密度变化情况

本次清河调查点位浮游藻类生物密度在 3 000～145 000 ind/L，平均密度为 39 000 ind/L。在马仲河上游、清河上游点位发现较高生物密度分布，可能是受周围村屯的环境影响，而在清河上游各支流区域，藻类密度较小，这与水质环境较好有关。各调查区域浮游藻类密度变化情况如图 4-9 所示。

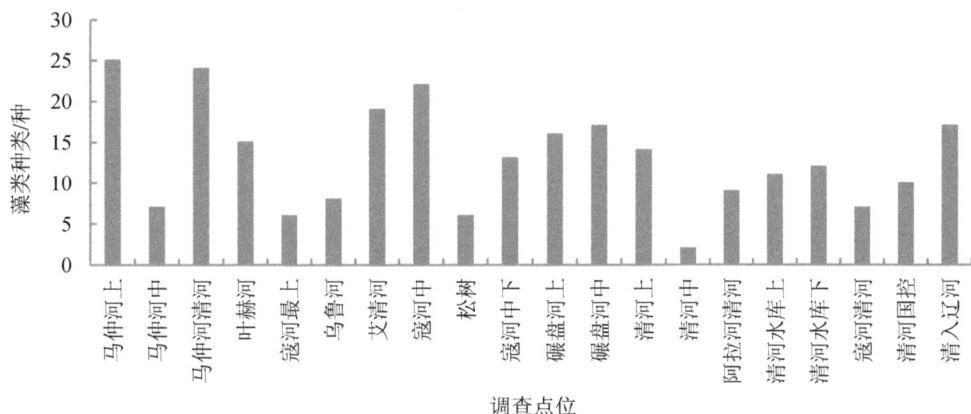

图 4-8　浮游藻类种类数

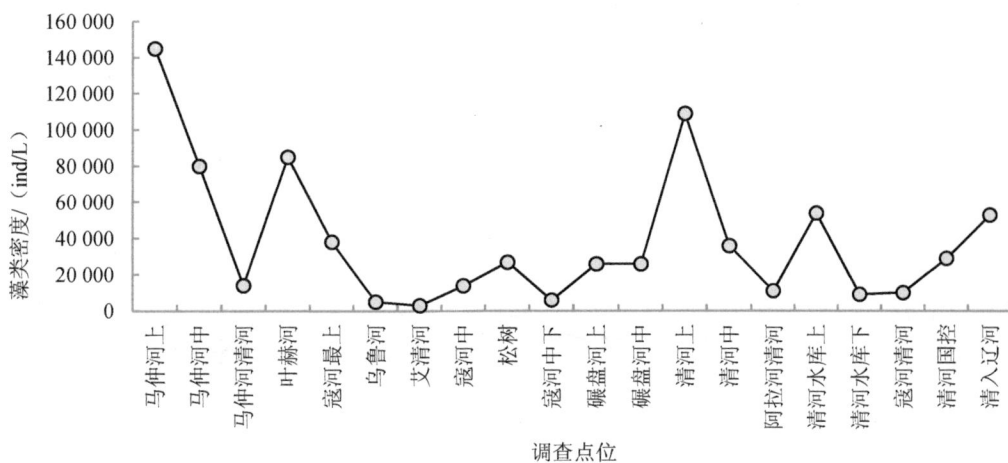

图 4-9　浮游藻类密度变化情况

4.3.3　浮游藻类多样性指数变化情况

本次清河调查点位的浮游藻类的香农多样性指数在 0.67～2.93，平均为 2.14。其中寇河中指数最高，为 2.93，其次是马仲河清河，为 2.84，清河中指数最低，为 0.67。总体上，浮游藻类多样性水平总体较高，与 10 年前的数据对比显著提高，也进一步证明，流域水质环境的总体改善，对浮游藻类的生物多样性提高具有重要作用。各调查区浮游藻类多样性指数变化情况如图 4-10 所示。

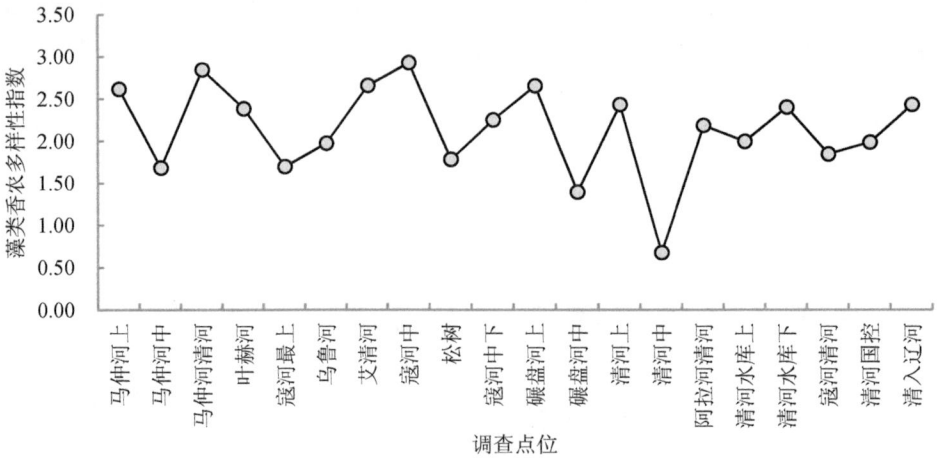

图 4-10　浮游藻类多样性指数变化情况

4.3.4　浮游藻类均匀度指数变化情况

本次清河调查点位的浮游藻类均匀度指数在 0.49～0.99，平均为 0.89。其中松树和阿拉河清河的均匀度指数最大，为 0.99，碾盘河中的均匀度指数最小，为 0.49，在各调查区之间，总体上变化不大，均匀度较为一致，碾盘河点位最小，具体原因有待进一步研究查证。浮游藻类均匀度指数变化情况如图 4-11 所示。

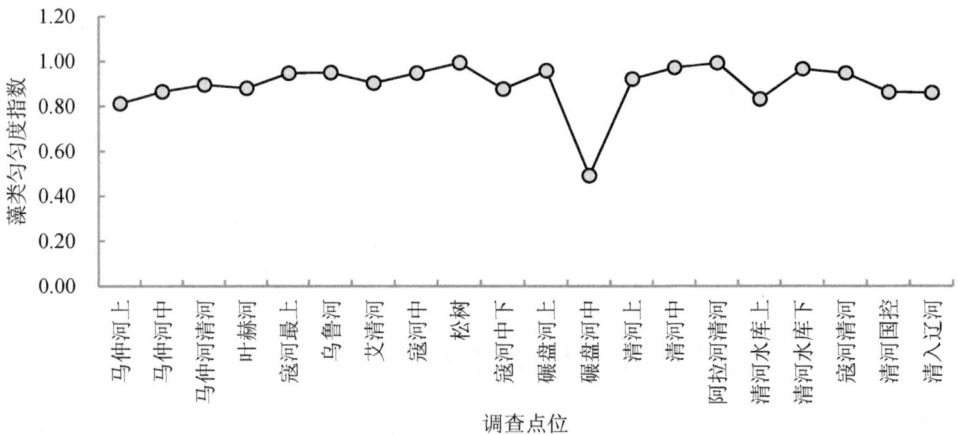

图 4-11　浮游藻类均匀度指数变化情况

4.3.5　浮游藻类辛普森多样性指数

本次清河调查点位的浮游藻类辛普森多样性指数在 0.04～0.49 之，平均为 0.14。其中碾盘河中最大，为 0.49，寇河中最小，为 0.04。辛普森指数反映为观察到同一物种的两个样方之间的概率，该结果表明碾盘河上游藻类组成较单一，也能反映出为什么该点均匀度较低。具体各点位浮游藻类辛普森多样性指数情况如图 4-12 所示。

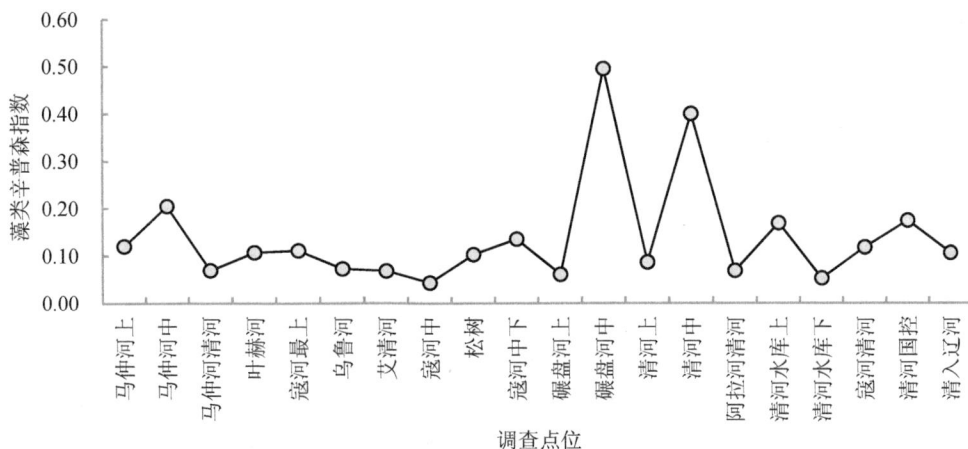

图 4-12　浮游藻类辛普森多样性指数情况

4.3.6　浮游藻类丰富度指数

本次清河调查点位的浮游藻类丰富度指数在 0.62～5.37，平均为 3.23。其中寇河中丰富度指数最大，为 5.37，清河中丰富度指数最小，为 0.62。总体数据波动较大。浮游藻类丰富度指数情况如图 4-13 所示。

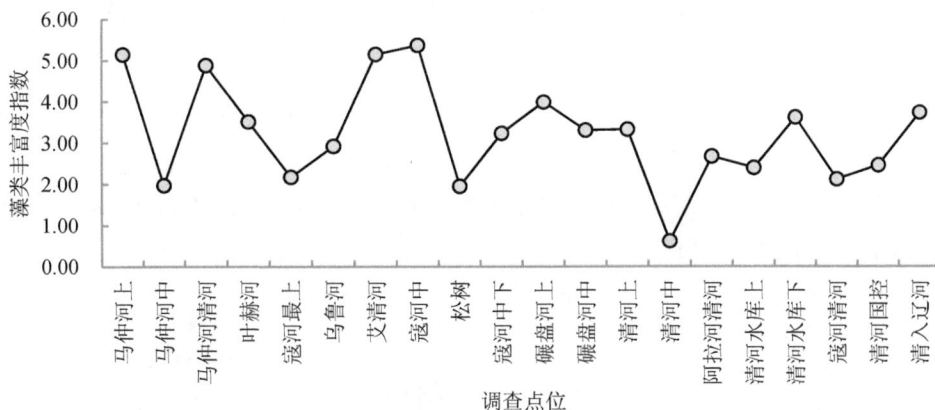

图 4-13　浮游藻类丰富度指数情况

4.3.7　浮游藻类优势种特征变化

各流域浮游藻类优势种共有 10 种，其中小环藻在马仲河上为优势种；梅尼小环藻在马仲河中、马仲河清河、叶赫河、碾盘河上、碾盘河中、清河上、清入辽河为优势种；简单舟形藻在寇河最上、松树、阿拉河清河、寇河清河、清河国控为优势种；针杆藻在乌鲁河为优势种；肘状针杆藻在艾清河为优势种；菱形藻在寇河中为优势种；线形菱形藻在寇河中下为优势种；中型脆杆藻在清河中为优势种；水棉在清河水库上为优势种；普通等片藻在清河水库下为优势种。

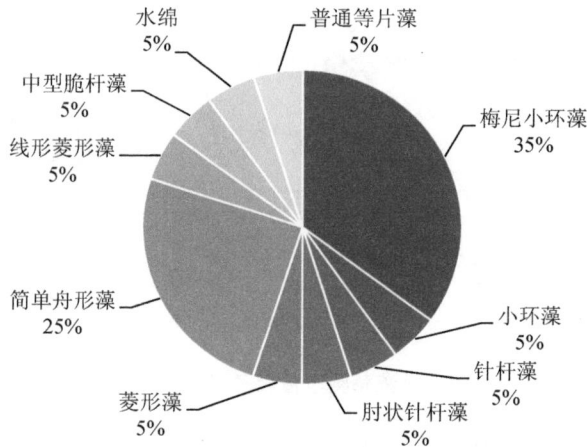

图 4-14   清河流域浮游藻类优势种

4.4   辽河干流浮游藻类 10 年变化趋势分析

2021—2022 年对辽河水系及其主要支流进行浮游藻类调查，监测到浮游藻类在辽河各调查点位共检出浮游藻类 8 门 221 种，其中硅藻门种类最多，87 种（39.37%）；其次是绿藻门，73 种（33.03%）；蓝藻门 33 种（14.93%）；裸藻门 16 种（7.24%）；甲藻门 5 种（2.26%）；黄藻门 4 种（1.81%）；隐藻门 2 种（0.90%）；金藻门 1 种。其中，辽河干流监测到 6 门 8 纲 12 目 22 科 42 属 74 种，较 2015 年提高了 32.14%，较 2011 年提高了138.71%（表 4-1 和图 4-15）。

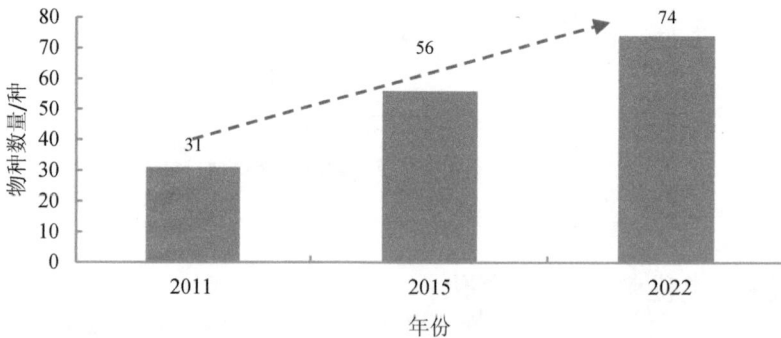

图 4-15   辽河干流浮游藻类变化趋势图

表 4-1　2020—2021 年辽河干流浮游藻类监测名录

门	种	拉丁名	2011 年	2015 年	2021 年
蓝藻门 Cyanophyta	蓝纤维藻	*Dactylococcopsis* sp.			√
	微囊藻	*Microcystis* sp.			√
	色球藻	*Chroococcus* sp.			√
	捏团粘球藻	*Gloeocapsa magma*（Breb.）Holl.			√
	居氏粘球藻	*Gloeocapsa kutzingiana* Näg.			√
	腔球藻	*Coelosphaerium* sp.		√	√
	银灰平裂藻	*Merismopedia glauca*（Ehr.）Näg.			√
	优美平裂藻	*Merismopedia elegans* A. Br.			√
	中华双尖藻	*Hammatoidea sinensis* Ley			√
	节球藻	*Nodularia* sp.			√
	鱼腥藻	*Anabaena* sp.	√		√
	螺旋藻	*Spirulina major* Kütz. ex Gomont.			√
	巨颤藻	*Oscillatoria princeps* Vauch.	√	√	√
	小颤藻	*Oscillatoria tenuis* Ag.		√	
	美丽颤藻	*Oscillatoria formosa* Bory.		√	√
	窝形席藻	*Phormidium faveolarum*（Mont.）Gom.		√	
	层理席藻	*Phormidium laminosum* Gom.		√	√
	小席藻	*Phormidium tenue*（Menegh.）Gom.	√	√	
甲藻门 Pyrrophyta	多甲藻	*Peridinium perardiforme*			√
	裸甲藻	*Gymnodinium aeruginosum* Stein			√
黄藻门 Xanthophyta	黄丝藻	*Tribonema* sp.		√	√
硅藻门 Bacillariophyta	颗粒直链藻	*Melosira granulata*（Ehr.）Ralfs		√	√
	变异直链藻	*Melosira varians* Ag.	√	√	√
	小环藻	*Cyclotella bodanica* Eulenstein		√	
	梅尼小环藻	*Cyclotella meneghiniana* Kütz.	√	√	√
	星形冠盘藻	*Stephanodiscus astraea*（Ehr.）Grun.	√		
	湖沼圆筛藻	*Coscinodiscus lacustris* Grun.		√	
	长刺根管藻	*Rhizolenia longiseta* Zach.			√
	扎卡四棘藻	*Attheya zachariasi* Brun.			√
	普通等片藻	*Diatoma vulgare* Bory	√	√	
	环形扇形藻	*Meridion circulare*（Grev.）Ag.		√	
	脆杆藻	*Fragilaria* sp.	√	√	
	中型脆杆藻	*Fragilaria intermedia* Grun.			√
	肘状针杆藻	*Synedra ulna*（Nitzsch.）Ehr.		√	√
	尖针杆藻	*Synedra acus* Kütz.	√	√	√

门	种	拉丁名	2011 年	2015 年	2021 年
硅藻门 Bacillariophyta	针杆藻	*Synedra* sp.			√
	星杆藻	*Asterionella formosa* Hassall.		√	
	布纹藻	*Gyrosigma spencerii*（Quek.）Griff. & Henfr.	√	√	
	尖布纹藻	*Gyrosigma acuminatum*（Kütz.）Rabenh.			√
	美丽双壁藻	*Diploneis puella*（Schum.）Cl.	√	√	
	长蓖藻	*Neidium* sp.			√
	美壁藻	*Caloneis* sp.		√	
	短角美壁藻	*Caloneis silicula* var. *silicule*			
	双球舟形藻	*Navicula amphibola* Cl.		√	
	简单舟形藻	*Navicula simplex* Krassk.			√
	尖头舟形藻	*Navicula cuspidata* Kütz.			√
	舟形藻	*Navicula* sp.	√	√	
	卵圆双眉藻	*Amphora ovalis* Kütz.		√	√
	细小桥弯藻	*Cymbella pusilla* Grun.		√	
	桥弯藻	*Cymbella* sp.	√	√	
	偏肿桥弯藻	*Cymbella ventricosa* Kütz.			√
	胡斯特桥弯藻	*Cymbella hustedtü* Krassk.			√
	异极藻	*Gomphonema* sp.	√	√	
	扁圆卵形藻	*Cocconeis placentula*（Ehr.）Hust.	√	√	
	曲壳藻	*Achnanthes* sp.	√	√	
	长羽藻	*Stenopterobia intermedia*			√
	菱板藻	*Hantzschia* sp.		√	
	菱形藻	*Nitzschia stagnorum* Rabenh.	√	√	
	池生菱形藻	*Nitzschia linearis* W. Smith			√
	线形菱形藻	*Nitzschia linearis*			√
	波缘藻	*Cymatopleura* sp.	√	√	√
	粗壮双菱藻	*Surirella robusta* Ehr.	√	√	√
	圆形双菱藻	*Surirella ovata*		√	
裸藻门 Euglenophyta	长尾扁裸藻	*Phacus longicauda*（Ehr.）Duj.			√
	裸藻	*Euglena* sp.		√	√
	绿色裸藻	*Euglena viridis* Ehr.		√	
	近轴裸藻	*Euglena proxima* Dang.		√	
	多形裸藻	*Euglena polymorpha* Dang.		√	

门	种	拉丁名	2011 年	2015 年	2021 年
裸藻门 Euglenophyta	膝曲裸藻	*Euglena geniculata* Duj.		√	
	粗糙囊裸藻	*Trachelomonas clavata*		√	
	囊裸藻	*Trachelomonas* sp.			√
	珍珠囊裸藻	*Trachelomonas margaritifera* Conr.			√
	陀螺藻	*Strombomonas* sp.			√
绿藻门 Chlorophyta	拟球藻	*Sphaerellopsis* sp.	√		
	盘藻	*Conium pectorale* Muell.			√
	实球藻	*Pandorina morum*（Muell.）Bory	√	√	√
	空球藻	*Eudorina elegans* Ehr.			√
	杂球藻	*Pleodorina californica* Shaw		√	√
	粘四集藻	*Palmella mucosa* Kütz.			√
	弓形藻	*Schroederia setigera* Lemm.	√	√	√
	螺旋弓形藻	*Schroederia spiralis*（Printz）Korsh			
	拟菱形弓形藻	*Schroederia nitzschioides*（West） Korsch			√
	湖生小桩藻	*Characium limneticum* Lemm.			√
	小球藻	*Chlorella vulgaris* Beij.	√	√	√
	蹄形藻	*Kirchneriella lunaris*（Kirch.）Moeb.			√
	狭形纤维藻	*Ankistrodesmus angustus* Bern.		√	
	针形纤维藻	*Ankistrodesmus acicularis*（A. Br.） Korsch.	√		√
	镰形纤维藻	*Ankistrodesmus falcatus*（Cord.）Ralfs			√
	镰形纤维藻奇异 变种	*Ankistrodesmus falcatus* var. *mirabilis* G. S. West.			√
	纤维藻	*Ankistrodesmus* sp.			√
	集星藻	*Actinastrum hantzschü* Lag.		√	√
	单角盘星藻	*Pediastrum simplex*（Mey.）Lemm.			√
	二角盘星藻	*Pediastrum duplex* Mey.			√
	二角盘星藻纤细 变种	*Pediastrum duplex* var. *gracillimum* W. et G. S. West			√
	四角盘星藻四齿 变种	*Pediastrum tetras* var. *tetraodon* （Cord.）Rab.			√
	四角盘星藻	*Pediastrum tetras*（Ehr.）Ralfs			√
	弯曲栅藻	*Scenedesmus arcuatus* Lemm.		√	√
	二形栅藻	*Scenedesmus dimorphus*（Turp.）Kütz.	√	√	√

门	种	拉丁名	2011 年	2015 年	2021 年
绿藻门 Chlorophyta	四尾栅藻	*Scenedesmus quadricauda*（Turp.）Bréb	√	√	√
	斜生栅藻	*Scenedesmus obliquus*（Turp.）Kütz.			√
	双对栅藻	*Scenedesmus bijuga*（Turp.）Lag.			√
	韦斯藻	*Westella botryoides*（W. West）Wild.			√
	微芒藻	*Micractinium pusillum* Fres.	√	√	√
	丝藻	*Ulothrix* sp.	√	√	
	竹枝藻	*Draparnaldia* sp.	√	√	√
	刚毛藻	*Chladophora* sp.		√	
	水绵	*Spirogyra* sp.		√	
	新月藻	*Closterium* sp.	√	√	
	纤细新月藻	*Closterium gracile* Bréb.			√
	鼓藻	*Cosmarium* sp.	√		
	纤细角星鼓藻	*Staurastrum gracile* Bréb.			√

浮游藻类群落组成由"硅藻型"向"绿藻-硅藻型"发展，根据三次调查发现，硅藻门物种数量最多，为 42 种；其次是绿藻门，为 38 种；蓝藻门为 18 种，裸藻门为 10 种，甲藻门为 2 种，黄藻门为 1 种，浮游生物种属结构更为丰富多样。

4.4.1 物种频率和优势种分析

2011 年辽河干流浮游藻类群落出现频率大于 75%的有 4 种，分别为梅尼小环藻、尖针杆藻、舟形藻和小席藻，隶属于硅藻门和蓝藻门；2015 年出现频率大于 75%的有 4 种，分别为梅尼小环藻、尖针杆藻、肘状针杆藻和舟形藻，均隶属于硅藻门；2021 年出现频率大于 75%的有 3 种，为梅尼小环藻、小席藻和四尾栅藻，分别隶属于硅藻门、蓝藻门和绿藻门。2020—2021 年浮游藻类出现频率的变化说明辽河干流浮游藻类群落趋于多样化。

2011 年辽河干流各断面浮游藻类群落的优势种为梅尼小环藻和尖针杆藻，均隶属于硅藻门；2015 年优势种为梅尼小环藻、尖针杆藻、肘状针杆藻和舟形藻，均隶属于硅藻门；2021 年优势种为梅尼小环藻、颗粒直链藻、裸甲藻、小席藻和四尾栅藻，分别隶属于硅藻门、甲藻门、蓝藻门和绿藻门。10 年间梅尼小环藻优势种地位没有改变，说明浮游藻类群落结构相对稳定。

除清河、绕阳河以外，各断面浮游藻类种类数均有所增加，其中增长幅度最大的为柳河断面，达 625%，其次为红庙子断面，增幅达 600%。

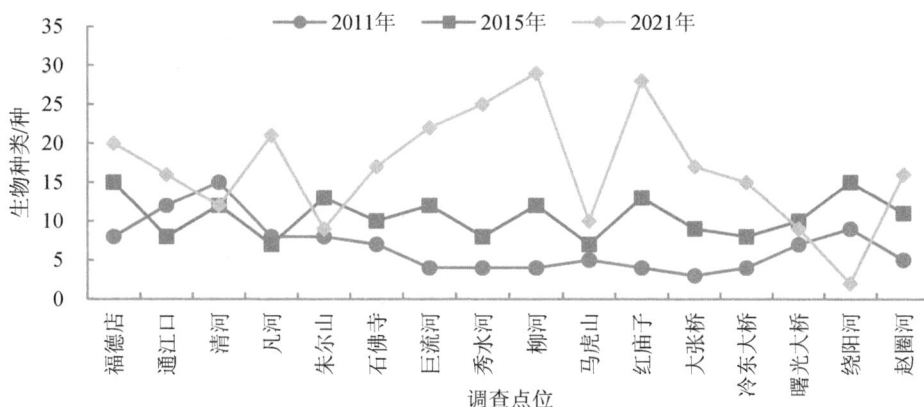

图 4-16　2011—2021 年浮游生物种类构成变化情况

4.4.2　空间分布变化分析

　　总体来说，2011—2021 年，辽河干流上游的浮游生物种类数目总数量高于下游，其中柳河和红庙子监测点 3 次采样总浮游生物种类的数量最多，而马虎山监测点的最少。

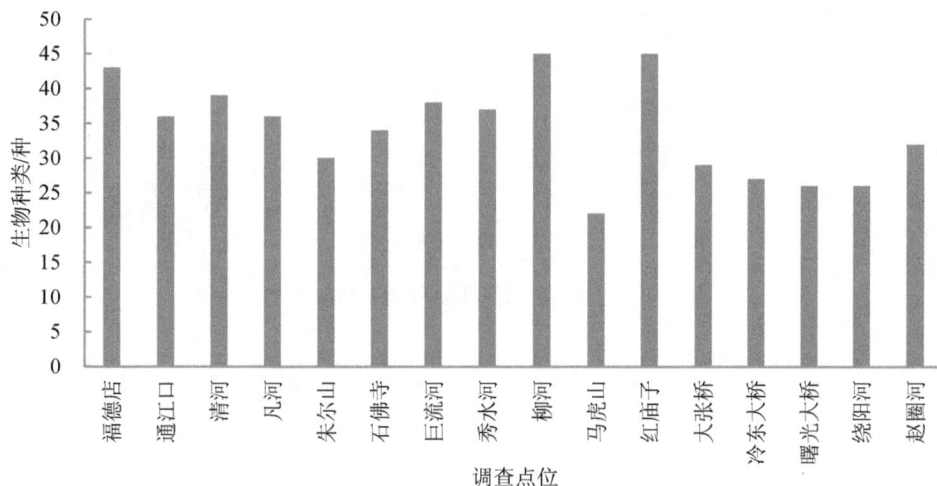

图 4-17　辽河干流浮游生物空间分布

4.4.3　浮游生物多样性指数变化特征

　　2011—2021 年，辽河干流浮游生物多样性整体呈增加趋势，但是其指数最高都没有超过 3，没有达到"清洁"水平。

　　2011 年浮游藻类多样性指数在 0.41～2.94，平均为 1.31；2015 年在 0.53～2.72，平

均为 1.71；2021 年在 0.53～2.79，平均为 1.84，3 个年度辽河干流多样性指数呈缓慢增加趋势，且均指示为中污染水平。

4.4.4 支流河口与干流比较

除 L15 绕阳河口外，其余支流入干流样点（L3 清河、L4 凡河、L8 秀水中、L9 柳河）浮游生物多样性指数均有所增加。在干流监测点中，降低的点有 L5 珠尔山、L6 石佛寺，L14 曙光大桥下降效果最明显；上升的点有 L1 福德店、L7 巨流河、L11 红庙子、L12 大张桥、L13 冷东大桥、L16 赵圈河，其中增长幅度最大的为 L12 大张桥断面，达 400%；L2 通江口和 L10 马虎山则趋于平稳（图 4-18）。

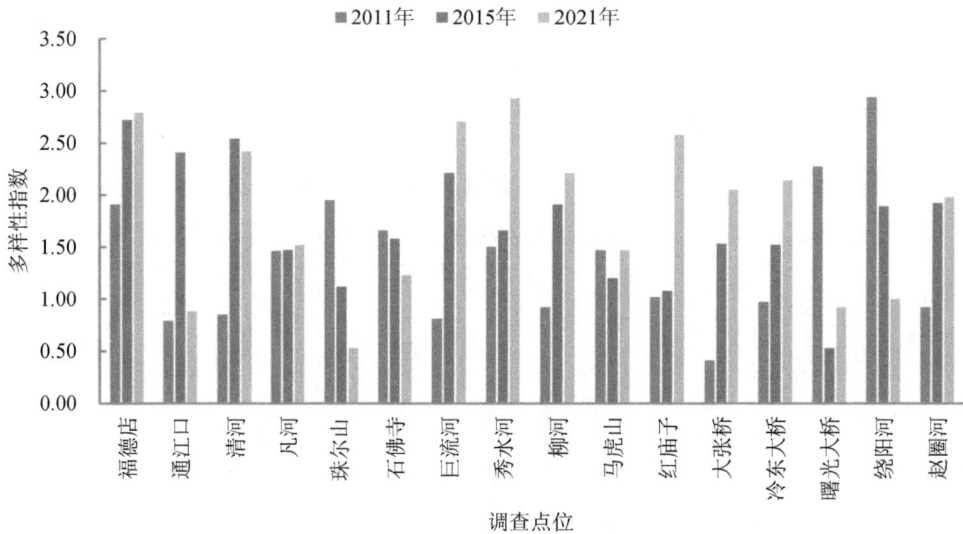

图 4-18　辽河干流 10 年间浮游藻类多样性指数变化

第5章 辽河水系底栖动物调查与特征分析

5.1 国内外研究进展

河流生态学相关研究最初主要集中于水生昆虫学与渔业生物学，有关水生动物的研究始终在水生态系统的相关研究中处于重要地位，而河流生境中分布最广泛且最重要的生物类群之一就是底栖动物，因此，底栖动物一直以来都是国内外学者关注的热点研究方向。

5.1.1 相关概念

底栖动物是指其生命周期的全部或大部分时间聚居于水体底部淤泥、石块和砾石的表面或其空隙，以及固着于水生植被表面的水生动物类群。底栖动物不是分类学概念，它属于生态学的范畴，主要包括水生昆虫、软体动物、环节动物及寡毛类四大类群。底栖动物是淡水生态系统的重要类群之一，也是所在水域生物群落的重要组成成分，具有评估生态系统与水环境健康状况的作用，对水生态系统的物质循环与能量流动有着重要意义。

德国学者 Haeckel 于 1891 年首次提出底栖生物（benthos）这个概念，底栖动物是指生活在水体底栖区的全部生物群落，包括底栖动物、底栖植物、细菌等。对于底栖动物，只要是大部分或全部生命周期在水体底部基质中度过的水生动物，都可归类为底栖动物（zoobenthos），没有严格的动物类群限制。在海洋底栖动物研究中，从个体较大的脊索动物、底栖鱼类到需要借助显微镜辨认的原生涡虫、轮虫等都属于底栖动物的范畴，因此，底栖动物个体差异很大，组成复杂。而在淡水相关研究领域中，底栖动物通常只包括无脊椎动物（invertebrate）。

5.1.2 底栖动物分类方法

依据底栖动物的生活史，它的生长需经历几个阶段才可以完成生命周期，并且在不同的生命阶段个体的尺寸大小存在差异。为了便于室内研究以及野外标本采集，将筛网孔径的大小作为区分底栖动物的衡量标准，根据底栖动物能否通过不同孔径大小的筛网将其分为大型底栖动物、中型底栖动物、小型底栖动物三大类。其中大型底栖动物是指不能通过孔径为 500 μm 筛网的底栖动物个体；将可以通过孔径为 500 μm 筛网但不能通过孔径为 42 μm 筛网的底栖动物称为中型底栖动物；而能通过孔径为 42 μm 筛网的底栖动物视为小型底栖动物。底栖动物根据其生活的水域不同又可分为海水底栖动物与淡水底栖动物。其中，淡水底栖动物主要由寡毛类、软体动物及水生昆虫等类群组成，其食物来源多为枯枝落叶、藻类、水生植物和浮游生物等有机碎屑，这些动物又是鱼类等其他高等水生生物的天然食物。

除以上分类方法外，大型底栖动物还可以根据生活习性和食性划分为不同类群：

（1）生活型分类

生活型是一种生态分类单位，在长期进化过程中为适应特定生境，而表现出来的外貌特征或生活习性的异同。不同物种的生物通过趋同适应可能成为同一生活型，反之，同一物种在不同生长发育阶段也可能表现出不同的生活型。以大型底栖动物生理行为为基础，按照形态或行动方式划分生活型，对了解生物群落组成及分析种间关系有重要意义。

大型底栖动物的栖息形式多为固着于坚硬底质或突出物上，或埋没于泥沙等松软的底质中，按照相对于底质表面的栖息位置，底栖动物的生活型可分为底上型和底内型。底上型包括：①底上附着型，于岩石、植被等基体上临时或终生附着生活，能抵抗较强水流冲击，但逃逸能力较差，在淡水中，主要包括某些蜉蝣目（Ephemeroptera）幼虫、翅目（Plecoptera）幼虫、软体动物中的腹足纲（Gastropoda）等；②底上匍-漫游型，喜爱生活在沙、泥等底质上，善于爬行，如等足目（Isopoda）的所有种类；③底上游泳型，能控制自身运动速度和方向，在水体中相对自由地游动，如十足目（Decapoda）中的虾类。底内型包括：①底内潜穴型，依靠挖掘将身体潜入泥沙中，包括某些环节动物和软体动物中的瓣鳃纲（Lamellibranchia）等，如沙蚕（*Nereis succinea*）和河蚬（*Corbizula fluminea*）；②底内穴居型，在潮间带或有潮水涨落的河川、湖泊里，一些蟹类往往栖息在高低潮水位线间，筑造较深的洞穴，以刮食或滤食藻类及有机碎屑为生。

（2）功能摄食群分类

具有相似生态功能或者利用相同资源的类群即为功能群（functional feeding），摄食功能群（functional feeding groups，FFGs）的概念最初由 Cummins 等提出，依据食物资源类型及摄食方式差异，来反映大型底栖动物群落结构和生境适应性特征。功能摄食群分类强调群落的集体功能，弱化了单个物种的影响，一定程度上降低了底栖物种的鉴定难度。FFGs 对生境变化的响应是各底栖类群的综合表征，比个体及种群的反应更重要，抗时空干扰性更强，使相关研究更具有稳定性和可测性。Barbour 等将大型底栖动物分为 8 个功能摄食类群：①直接收集者（gatherer/collector，GC）；②过滤收集者（filter/collector，FC）；③捕食者（predators，PR）；④刮食者（scrapers，SC）；⑤撕食者（shredders，SH）；⑥杂食者（omnivore，OM）；⑦寄生者（parasite，PA）；⑧钻食者（piercer，PI）。在淡水生态系统中，一般以前 5 类为主要的功能摄食类群。

5.1.3　底栖动物生态功能

底栖动物的存在直接或间接地影响着其他水生生物的繁殖与生存，对水生态系统的物质循环和能量流动具有无法替代的价值。在反映河流生态系统结构、功能和健康水平等方面是不可替代的重要生态类群，底栖动物类群几乎存在于所有自然水体中，它们分布广泛、数量庞大，长期生活在水与基质交界面，在食物链中起到承上启下的作用，底栖动物作为水生态系统的一个重要组成部分，在维持生态系统平衡和水质净化等方面具有关键性作用。同时，流域环境特征的变化也会影响底栖动物的生长和种群演替，改变底栖动物的群落结构。其生态功能可归纳为以下几点：

（1）环境作用

底栖动物群落的演替需要较长时间，且底栖动物种类多、分布广，易于采集、辨认，由于不同种类底栖动物对环境变化的敏感程度和对污染物的耐受度不同，底栖动物经常作为环境监测的指示型生物，用来评价水污染状况。人们根据底栖动物的优势物种、种群结构、数量、多样性等的变化，结合各种指数指标（如生物多样性指数、生物完整性指数、耐受度指数等），可以判断水质情况、生态系统功能等。生物指数法已成为河流健康评价及水质污染指示的重要手段。例如，蒋万祥等调查了新薛河底栖动物的时间和空间变化，并以此为依据判断各取样断面的生态系统是否健康；张敏等通过调研发现香溪河库湾的底栖动物优势种群从摇蚊科向水丝蚓和肥满仙女虫演变，并根据底栖动物密度和物种丰富度的变化情况，判断三峡水库水生态系统的稳定性；Hirabayashi 等通过调研发现日本 Noiiri 湖水蚓数量增加，得出河底 DO 浓度降低、有机质含量增加的结论；Dijkstra 等通过调查 Hammerfest 海港底栖动物有孔虫的种类和数量，评估持久性有机污染物和重金属污染情况对生态环境的影响。环境因子的变化对底栖动物也具有一定影响，例如，赵凤斌等调查了上海八条河道，得出 TN、DO、盐度等是对底栖动物群落影响最大的环境因素，并得出水丝蚓是水体富营养化的典型生物，吻沙蚕等是水体轻度污染的指示型生物的结论。

（2）生物链富集

除利用底栖动物做环境污染指示外，还有底栖动物食物网、营养级方面的研究。底栖动物位于生态系统食物链的关键环节，不仅以底泥、藻类营养物质等为食，还是高营养级动物重要的食物来源。因此，研究能量和生物量在食物链中的传递和富集，探究污染物在底栖动物体内的积累具有重要的实际意义。例如，Grabicova 等调查了南波西米亚地区一条受污水处理厂出水影响的河流中的 70 种药物在底栖生物中的赋存情况，根据生物富集系数评估标准，发现阿奇霉素和舍曲林具有生物累积性；Yi 等探究了重金属在扬子江底泥、底栖动物、鱼类这条食物链的传播路径和浓度，发现底栖动物对重金属有很大的传播风险，相较于外部环境更能影响高营养级物种对污染物的摄入。食物链的更替对于流域环境治理、生态环境修复具有指导意义。例如，蔡文倩等调查渤海地区底栖动物食物链的更替，提出渔业的过度捕捞破坏了优势种食物链结构，同时硅藻食物链的削弱反映出水体富营养化程度和氮磷浓度的升高，并最终通过食物链的传递，影响该海域营养级的变化。

（3）污染物去除作用

近年来，利用微生物、植物、动物等生物体的活动去除污染物，或通过降解转化将有毒物质无害化的技术在环境污染修复中得到广泛应用。动物修复技术应用相对较少，但也得到越来越多的重视。许多底栖动物分布广泛，抗毒性、耐污性强，对水体污染物具有一定的富集累积、稳定或降解作用，还可以利用底栖动物与生态系统各环境因子间的相互作用，达到污染物去除和环境优化的目的。底栖动物利用其摄食及排泄、吸收和降解作用，可将水体或底泥中的营养元素转移至生物体内，从而降低水体中污染物浓度，加速水体自净。底栖动物还可以利用动物的掘穴等生物扰动作用改变沉积物性质，调节沉积物—水体的物质和能量交换，影响污染物归趋，改变水生系统中 ORP 等条件，从而使系统中的颗粒物更易被分解利用，进而改变污染物的性质以达到降解效果。利用底栖动物修复受损生态环境成本低，还可以保护生态系统。目前，水生植物—动物联合净化技术也得到了广泛应用，但是，现在对底栖动物净水的研究主要集中在毒理学（对污染物的生理响应），以及探究动物的投加量和种类对污染物的去除作用，在土壤重金属、石油污染修复中应用也较多，但关于底栖动物对污染物迁移转化方面的研究鲜有报道。

许多底栖动物，如河蚌、牡蛎、田螺、泥鳅等都具有一定的净水作用。滤食性的贝类可以降低水生态系统中藻类和叶绿素 a 含量，例如，高月香等发现螺蚌可以明显降低水体中的高锰酸盐和蓝藻含量，并且可将水中叶绿素 a 含量降低 23.4%；Zuo 等研究发现河蚌、中华长臂虾、摇蚊幼虫、水丝蚓 4 种底栖动物对藻类具有一定的抑制率。底栖动物对水中的氮、磷也具有一定的净化作用，还可以吸收水中的溶解性有机物，或将不可溶性有机物转变为小颗粒物，有利于微生物进一步去除，例如，刘飞等证明底栖动物螺蛳可有效去除养殖池塘底泥中的有机质；张文艺等发现田螺对 COD 的去除率可达 79.9%，对 TP、TN 去除率分别为 87.3% 和 88.7%，并且田螺和泥鳅两种底栖动物组合会进一步提高 COD 去除效果；McLaughlan 等发现，河蚌对氮、磷的吸收量可以达到 100.9 mg/g 和

9.3 mg/g 干重（DW），斑马贻贝可去除水中 90%的有机碳，并且一只河蚌一天可以净化 40 L 水；Ray 等发现牡蛎可使虾养殖废水中的氮、磷浓度分别降低 72%和 86%。目前水生植物—动物联合净化富营养化水体的技术也得到了广泛应用。

（4）对微生物的作用

底栖动物还可以通过自身活动，以及与微生物的寄生、捕食等关系改变水生态系统微生物群落结构，进而影响污染物转化。例如，Lukwambe 等发现改变微生物的群落结构和组成，可以提高了硝化菌数量，增加了酶的活性，进而影响污染物去除；Lunstrem 等研究发现，牡蛎密度越大，生物沉积作用越强，基质氧浓度越低，而硝化和反硝化速率随牡蛎密度增加呈先增加后减少的趋势，反硝化速率最高达 19.2 μmol/（m²·h）。

5.1.4 底栖动物影响因素

受固有自然变异和人为干扰的影响，大型底栖动物群落具有一定的时空分布规律。Yang 等的研究发现，在时间分布上，大型底栖动物受自然因素影响较大，而在空间分布上，则受人类活动的影响较大。在自然过程和人为干预下，大型底栖动物对栖境的适宜性，以及人类活动对底栖动物造成的影响和对此响应一直以来都是研究的重点和热点。

（1）栖境因素

栖境主要由底质、水流和水质等构成，这些因子也是用来预测底栖生物群落组成和空间分布的最佳参数。每种大型底栖动物都有其栖境最适值及其适宜区间，栖境复杂性很大程度上决定着大型底栖动物群落结构。一般而言，大型底栖动物丰富度随着生境多样性的增加而增加；栖境条件越偏离自然及大多数物种的正常适宜区间，优势种密度越大，物种丰富度越小；维持相同栖境条件的时间越长，底栖生物群落就越丰富和稳定。

底质：底质是大型底栖动物的直接接触面，也是应对环境突变及躲避捕食生物的场所。Minshall 指出，底质异质性对多数水生生物有益，Cardinale 等通过控制斑块内沉积物颗粒范围，增加基质的异质性，发现底栖动物代谢率和初级生产力增加。不同底质类型中的底栖动物多样性及优势种存在明显趋异性，Costa 和 Melo 研究表明，底栖动物群落结构在同一河流不同基质之间的差异可能大于不同河流之间的差异。段学花等总结了大型底栖动物多样性随粒径变化的普遍规律，是一个先减后增再减的趋势。许多国内外研究也佐证了这一规律，淤泥质中的底栖物种数和密度比卵石底质中要小；沙质底质稳定性较差，同时缺少植物残体输入，底栖物种数量较少；多数底栖动物喜爱栖息于卵石且有水生植物生长的底质中，这类生境中往往食物充足，有利于抵抗水流冲击，物种组成也相对丰富。优势种方面，在卵石底质中，以双壳类为主的过滤收集者和一些刮食者占据绝对优势；在淤泥底质中，寡毛类等直接收集者占绝对优势；在沙质底质中，通常仅出现沙蚕，以及部分软体动物。

水流：水流在物质运输和能量转移上占据主导地位，通过构建水流过程函数和模型，可以预测河道形态、干扰状态和生物的时空分布等特征。瑞士学者 Ambiihl 于 1954 年系统论述了水流作为生态因子的重要性。水流包括流速和水深，流速对大型底栖动物的影响机制分为直接机制和间接机制，一些不适应高流速的底栖动物直接被冲刷到下游地区，水流还决定了沉积物颗粒大小和底栖动物的摄食条件。激流下水流更频繁地冲刷硅藻和其他附生植物，从而限制藻垫多样性的形成和增殖能力。Green 等观察到不同流速模式下原生苔藓植物的微生境不同，从而影响 EPT 分类群和一些摇蚊亚科的分布和丰度。陈含墨等在全球范围内 7 条流经不同气候带的大型河流内发现，大型底栖动物群落在河流纵向上表现出类似的分异格局，食物充足区高流速河段以抗冲刷能力强的蜉蝣目为主，低流速河段以寡毛类和摇蚊更为常见，而且出现以固着藻类为食的刮食者。一些深水湖泊存在热分层结构，表水层是温暖表层，往下依次是斜温层和底部静水层，水越深温度越低，溶解氧含量和食物资源也相应减少。Zbikowski 等研究了波兰北部 13 个浅水湖泊的底栖动物的组成，发现在湖底光照条件良好的湖泊中，大型植物的生长有效改善了食物和氧气条件，底栖动物种类最多；在 0.9～1.2 m 深且以浮游植物为主的湖泊中，湖底光照较好，沉积物需氧量（SOD）低，底栖动物种类丰富但密度较低；在 2.2～3.8 m 深的湖泊中，湖底光照条件差，SOD 含量高而溶解氧含量低，底栖动物群落稀疏，摇蚊和幽蚊幼虫出现频率较高。

水质：沉积物中的有毒物质对大型底栖动物有直接毒害作用。沈洪艳等测试了淡水单孔水丝蚓、伸展摇蚊幼虫与沉积物中重金属浓度的关系，结果表明，Pb、Ni、Zn 和 Cu 对两种底栖动物均表现出较为明显的毒性效应。水体富营养化是淡水水生生物多样性保护面临的主要压力之一，富营养化程度过高时，大型无脊椎动物群落对溶解氧的利用效率降低，最为典型的是双壳类，为了应对捕食者攻击，双壳类动物会中断运动、吸氧和进食，通过收缩软组织和关闭瓣膜来保护自己。实验证明，双壳类在低氧条件下比高氧条件下更容易打开瓣膜，缺氧使双壳类动物的抗捕食能力降低。除此之外，大型底栖动物分布还受到食物资源和其他与营养水平相关的动态因子影响。Pan 等在长江流域对 20 个湖泊的研究表明，大型无脊椎动物种群丰富度随富营养化梯度的增加而降低，但在中等富营养化水平下密度达到最小，然后增加。刮食者密度在中等富营养化水平下突然下降，不再增加，而收集者（主要是颤蚓科和摇蚊科）和捕食者则沿着富营养化梯度不断增加。

（2）人为因素

目前，全球正迈向前所未有的城市化进程中，特别是在新兴发展中国家。建筑业的快速发展增加了对沙子的需求，滥采现象屡禁不止，穷尽式开发使自然资源过度消耗。为满足生产生活用地，湖泊被填埋、河流形态被改变，流域土地利用的变化导致水质状况和底栖动物生境的不断恶化。水利工程（如水库、水电站、筑坝、围堤等）的建设削弱了水文连通过程、通过水文地貌作用改变底栖环境的异质性，使底栖动物群落多样性受损。

采砂活动：采砂尤其是机械采砂活动深度大，对底质搅动破坏力度强，不仅直接对底栖动物造成瞬间性毁灭伤害，更会严重破坏生物栖息地。Osterling 等发现，采砂显著提高了采砂区及附近水体中悬浮颗粒物浓度，限制滤食性动物（如双壳类）的摄食行为，影响过滤收集者的存活率。Zou 等研究了洪泽湖大规模采砂活动前后大型底栖动物群落的变化，发现在直接采砂区水体浊度上升，沉积物特性改变，大多数大型无脊椎动物分类类群以及生物学性状都出现了相当大的变化；而在直接采砂区附近，水体浊度上升，但沉积物特性不变，双壳类和多毛类的密度显著下降，甲壳类的数量有所增加。

土地利用：Fu 等在东河流域的研究发现，与其他土地利用类型相比，林地具有水温明显偏低、pH 和溶解氧含量偏高、基质粗等特点；相反地，城镇用地的电导率、氮磷化合物含量显著高于其他土地类型；随着城镇用地和农业用地比例的提高，撕食者和捕食者的丰度与密度呈下降趋势。Paula 等以荷兰的 20 条低地河流为研究对象，以 5 种土地利用类型的沉积物特性为预测变量，以大型无脊椎动物生物指数为响应变量，建立多元回归模型，并通过分析模型发现，在土地利用类型主要为农田和污水处理厂的溪流中，水体碳氮比较低，寡毛类和摇蚊的丰度较高；在土地利用类型主要为森林的溪流中，EPT 类群（目、翅目和毛翅目）的丰富度与植物基质盖度呈正相关。

水利建设：水利设施的建设改变了水文节律和情势，阻碍营养物质转移输入和生物体洄游通道。陈浒等发现乌江梯级电站的运行使底质环境趋于同质化，底栖动物密度和多样性指数降低，组成类群结构趋于简单，以寡毛类和摇蚊类为主。李晋鹏等在漫湾库区的研究表明，水文状况和泥沙淤积情况与水坝调度密切相关，蓄水前后大型底栖动物群落结构变化明显，密度和生物量沿库区生境的纵向梯度呈上升趋势。

5.1.5 底栖动物指示作用

大型底栖动物组合应用于湖泊健康评估源自 1922 年，德国学者 Thienemann 描述了底栖摇蚊物种组成和湖泊营养化之间的经验关系，根据摇蚊物种的出现与否来判定水体富营养化程度，但这种传统的定性评价方法准确性并不高。Wiederholm 等基于这一理念，为摇蚊和寡毛类群分别设定质量指标值，开发基于这两个分类群的底栖质量指数（BOI），其间基于大型底栖动物耐污值（Goodnight-Whiteley 指数、Trent 指数和 BI 指数等）及多样性（Simpson 指数、Shannon-Wiener 指数和 Margalef 指数等）的指数也在不断被开发和应用。

以大型底栖动物为指示生物的多参数指数法（Multi-Metric Indices，MMI）和多变量指数法（multivariate index，MI）是目前应用最为广泛的生物完整性评价方法。

底栖动物除活动外，多栖息于岩石、泥沙中，或寄居于植物以及其他底栖动物体内，迁移能力较弱。大型底栖动物是湖泊生态系统的关键环节，既参与水—沉积物界面的养分循环和能量流动，也是鱼类、鸟类等高营养级生物的天然饵料，对维持生态系统结构和功能具有重要意义。大型底栖动物生命周期长且生活在水面以下，能够响应一定时空范围内水体化学、物理、生物因子的变化，通过群落变迁反映自然压力与人类胁迫的累积效应，兼具回顾性和前瞻性。其迁移能力有限，易于捕获，对环境变化敏感，因此是最普遍使用的指示类群，基于大型底栖动物构建的生物指标得到了广泛的应用和推广。

由于底栖动物数量多、迁移能力弱、活动范围有限、生命周期长以及栖息地比较固定，加之其繁殖、生长、群落结构的演替及群落结构的变化与水环境因子等因素密切相关，不同种属对栖息环境的优劣性反应灵敏。当栖息地条件发生变化时，各底栖动物类群对不同栖境的适宜性及对污染物的耐受力和敏感程度表现出不同的响应，对环境条件的变化具有良好的指示作用，是至关重要且又无法替代的指示物种。此外，底栖动物广泛分布于河流、湖泊和水库等水域环境中，其群落结构的状况是长期环境效应累积的表现，表征的是不同水域环境的长期状况，是基于环境因子长时间的累积作用逐步形成的，可见底栖动物群落结构的变化特征能够综合反映河流水环境的不同属性。底栖动物因其独特的生物属性与环境条件的变化产生较好的契合响应关系，被广泛应用于水环境监测和水域生态系统健康水平的评估中。研究底栖动物群落结构组成及其分布规律与水环境因子之间的相关关系，不仅可以了解生态系统中的物质循环、能量流动及信息传递特征，而且其指示作用还可以直接或间接反映栖息环境的好坏程度，同时为流域水生态系统的保护及受损河流生态的有效修复提供理论支撑。

5.1.6 底栖动物多样性研究进展

目前，关于底栖动物群落结构特征及其生物多样性与水环境因子之间相关性的研究已成为水生态系统生物监测与评估的热点。国外许多国家对底栖动物群落结构及其功能特征的研究相对较早，早在 20 世纪初期就已经开始这方面的探索，美国、欧洲等发达国家和地区利用底栖动物群落结构特征及其生物多样性对河流水环境的生态学评价开展了大量研究，且对大型底栖动物不同类群群落结构特征及相关演替研究较为深入，并取得了一定成果。研究涵盖群落物种的组成、分布、种群密度、生物量以及季节性和年际变化，以及不同水体类型中群落组成结构特征等。Vijapure Tejal 等对印度西北部海域的 5 个采样点进行了季节性调查，在 33 个大型底栖动物分类单位中，多毛类为优势类群，且空间变异性显著。Jyoti Mulik 等研究了 3 种不同改造下的热带河口大型底栖动物群落时空动态的结构因子，季节性调查显示，所有河口的盐度对大型底栖生物群落结构的影响较其他驱动因素占比更大。因此，河口大型底栖动物的时空格局主要由盐度决定。

我国在河流底栖动物群落结构及其功能特性等方面的研究起步相对较晚，于 20 世纪 80 年代初期基于底栖动物生物学指数对江河湖泊水环境的特性展开生物学评价研究。霍堂斌等采用综合生物污染指数、科级生物指数、Pielou 均匀度指数及 Shannon-Wiener 多样性指数对松花江干流水环境进行生物学评价，结果表明指数的评价结果与水体理化指标的监测结果基本吻合。许浩等通过对比太湖不同湖区的 Shannon-Wiener 多样性指数、Pielou 均匀度指数、优势种等生物指数的变化特征，探究底栖动物群落结构及其多样性特性与水环境因子之间的关系，发现营养水平、河床底质类型、水生植被的分布稀疏是影响底栖动物群落结构及其生物多样性的关键环境因子。陈浒等通过对乌江流域底栖动物群落特征的采样调查，利用 Shannon-Wiener 多样性指数、Goodnight-Whitley 修正指数、生物学污染指数对研究区域的水质进行生物学评价，显示流域不同断面水质分别受到轻度、中度、严重污染。由此可见，不同水域底栖动物群落结构特性与水环境的健康水平及栖境条件紧密相关。因此，开展底栖动物群落结构特性及其与环境因子之间相关性的生态学研究，对水生态系统的保护、管理及修复具有重要的指导意义。

大型底栖无脊椎动物（Macroinvertebrates）作为水生生物群落的重要成员，通常具有较高的生物多样性，是维持所处生态系统功能完整性的关键生物之一。河流中的各种碎屑物，如河岸带凋落物、各种有机物颗粒以及许多藻类等，共同构成其主要食物来源。而底栖动物自身又为河流生境中的鱼类和众多湿地鸟类提供了食物。它们通过摄食、挖掘及筑巢等行为，直接或间接扰动着水生态系统，是许多物质循环和能量流动过程中承上启下的活跃的消费者和分解者。同微生物在陆地生态系统物质分解过程中发挥的主要作用一样，大型底栖动物正是水生生态系统该重要过程的主要承担者。因此，大型底栖动物对整个河流生态系统中的物质循环和能量流动过程起到了十分重要的作用，它们不同的类群组成能够决定河流生态系统中物质循环以及能量流动的方向。大型底栖动物群落结构及分布特征可以反映出河流生态系统不同的生境特点，同时能依此较为全面地判断整个河流生态系统的健康状态。由此可见，开展大型底栖动物群落的生态学研究，不仅能进一步明确河流生态系统中物质循环和能量流动的相关机制，也能为河流的保护、利用及管理工作提供重要的指导性意见。

国内外已经广泛开展了对于大型底栖动物群落结构的研究，对不同类群群落结构特征及相关演替情况的研究较为深入，并取得了丰硕的成果。研究主要涵盖以下几方面：群落物种的组成、分布、种群密度、生物量以及季节性和年际变化；各水体类型中，群落组成结构特征的异同等。大型底栖动物的密度和生物量，由于河流生态系统的复杂性，会随季节更迭而产生相应变化，学者们大多以四季对时间变化进行描述。而针对河流生态系统，也可分为枯水期、平水期和丰水期进行描述。底栖动物在水体中的各种生命活动，如摄食和排泄等，能加快有机碎屑分解，同时有效促进水体中营养盐释放与存贮的循环速度。他们的群落结构，在不同的生境条件及季节表现出明显的差异性，即其物种组成情况、密度和丰度等各不相同，表现出与环境因子的高度相关性。底栖动物的生存环境中，环境因子繁多，且不同的环境因子对其产生的影响不同，有着相当复杂的影响机制。由此可见，研究环境因子对底栖动物群落特征的影响具有重要价值，不仅给河流生态系统的科学管理提供了参考，也为开展底栖动物群落的保护提供研究基础，并且一直是热门的研究方向。针对底栖动物群落结构特性的研究主要涵盖群落组成、现存量（物种数、密度、生物量）、生物多样性及时空动态变化趋势等方面。各水域环境所能承受的环境压力、水电梯级开发、畜牧养殖业等众多人类活动的持续性干扰，致使分布于不同区域的底栖动物群落结构及其多样性存在异同，表明底栖动物变化规律与水环境因子之间具有较高的相关性。影响底栖动物生长、繁殖的环境因子繁多，且不同水环境因子对其产生的影响各异，表现出较为复杂的响应机制。以影响底栖动物生活史的环境影响因子的尺度来分，可分为宏观尺度、微观尺度和中小尺度；依据具有生命特征与否来分，可归类为非生物理化因子和生物因子。

依据现代化的监测技术与方法对水体中的污染物进行理化监测来评价水质的健康水平，只能反映水质的瞬时状态，而不能表征污染物对水环境及水生生物的长期累积效应，将传统的理化指标检测与生物监测相结合，可以更加全面地衡量水环境与水生态系统的长期累积状态。以底栖动物客观评价其所在水域环境健康状况的水质生物学评价已成为评估河流水质健康水平的重要手段，被广泛应用于水域生态监测与水生态系统健康评估当中。与鱼类、藻类等其他同样具备指示作用的水生生物对比，底栖动物在河流水质污染程度评估方面具有其独特的生物属性，栖息环境相对稳定、分布范围广且易采集、生活周期长且迁移能力弱、具有较广的营养级与耐污能力，对外界的干扰能迅速作出准确的响应。水环境的健康程度直接影响底栖动物群落结构的空间分布特征，由此可见，底栖动物在响应水质污染负荷及长期监测的累积效应方面具有不可估量的作用。

基于底栖动物群落结构变化特征评价水质污染和水生态系统的整体状态，有助于对水环境的污染状况与营养水平作出客观评价。利用底栖动物进行水质评价的方法包括生物多样性指数（Biodiversity index）、相似性指数（Similarity index）、现存量指数（Existing stock index）和生物指数（Biotic index）四大类。

①生物多样性指数：Shannon-Weaver 多样性指数、Margalef 丰富度指数、Pielou 均匀度指数、Simpson 多样性指数。

②相似性指数：Sorensen 相似性指数与 Jaccard 相似性指数是衡量两个生物群落组成

的相似程度的指标。当环境条件相近时，生物群落物种组成也趋于一致。通过比较一些特殊种或所有种的数量、而积相似性，可以得到被污染区域的污染程度及其对生物群落的影响程度。

③现存量指数：Carlander 生物量指数。

④生物指数：Beck 指数、综合污染指数、科级生物指数等。

近年来，国内外学者从不同层面对底栖动物进行了较多的研究，霍堂斌等通过对松花江干流底栖动物的群落结构调查研究，采用 BI 指数与 FBI 指数对松花江干流水质进行评价，两者评价结果基本一致，并与化学指标监测结果基本吻合。马秀娟等通过探究于桥水库底栖动物群落结构，利用 Shannon-Wiener 多样性指数、Margalef 丰富度指数、Goodnight-whitley 修正指数、科级生物指数、生物学污染指数和综合污染指数对该研究区域的水质进行评价，结果表明，水库整体水质处于轻—中污染水平。Duran M 等采用 5 项生物指数和 Gammarus：Asellus 比值（G：A）与理化指标研究了水域的水质健康水平，结果表明，利用生物指数检测水质的评价结果与理化指标的检测结果一致。

底栖动物作为河流生态系统的重要组成成员之一，与河流生态系统的物质循环、能量流动、信息传递等密切相关。底栖动物不仅寿命周期长、迁移能力有限，其生物量和分布特征与水环境息息相关，而且不同种属对栖息环境的优劣性反应灵敏程度不同，能够较好地反映生境的变化情况，因其本身具有的独特生物属性，常被视为水环境监测的重要指标。国内学者对底栖动物生态特性的研究相对国外起步较晚，近年来，随着底栖生物学在国内的普及，我国学者逐渐加大了对底栖动物群落栖息地、底栖动物种群与环境因子间的关系、利用底栖动物生物指数评价水环境等研究的关注力度。但是，底栖动物的研究具有区域性差异，我国对于江河流域底栖动物生态特性的研究相对较少，多集中在浅水湖泊等静水水域，对流动水域的河流底栖动物群落结构的研究仍缺乏综合了解。

Zhao Xie 等探究了太湖大型底栖动物群落的分布、季节变化及其对环境因子的响应及群落指标与环境因子之间的关系，选取丰度、多样性、功能摄食类群、优势度等 12 项能反映太湖大型底栖动物群落特征的指标进行季节性调查，ISA 结果表明群落指数的区域和季节变化差异显著。Yan Jia 等利用 1959—2015 年四个时期的资料，研究了长江口及其邻近海域大型底栖动物群落的长期变化，以多毛类为优势类群，四个时期之间存在显著差异，CCA 和 RDA 结果表明，温度、盐度和深度对大型底栖动物群落有显著影响。K优势度曲线、ABC 曲线和 Shannon-Wiener 指数的结果表明，该底栖动物研究区的生态状况正在恶化。

查阅文献可知，辽河干流在 2009 年共采集到大型底栖动物 7 500 余头，隶属 3 门4 纲 10 目 24 科 40 种。2011 年调查结果显示，大型底栖动物为 4 门 7 纲 16 目 37 科93 属 135 种，铁岭地区干流的底栖动物以轻度污染指示种纹石蚕为主，底栖动物生物量较多，是值得关注的区域。

史书杰在对渤海大型底栖动物的研究中得出结论：均匀度指数和脱镁叶绿素 a、叶绿素 a 与沉积物含水量呈显著负相关，和 pH 呈显著正相关。均匀度指数还与水深、底温、底盐和中值粒径呈正相关，此外均匀度指数和有机质含量和粉砂—黏土含量呈正相关。丰富度指数和沉积物含水量、中值粒径呈显著负相关，和水深、底温、叶绿素 a 和中值粒径呈负相关关系，和底盐、有机质和粉砂—黏土含量呈正相关关系，物种数和丰富度指数分布趋势相似，这是因为两种生物多样性指数的生态学含义是一致的，但是物种数的大小会受到取样大小的影响，而丰富度则消除了这一缺点。

马骏在对沈阳辽河保护区生物多样性调查及生态现状初步评价中的检测结果为底栖动物 4 科 4 属 5 种。其中河蚌可作为底栖动物标志性物种，列为今后的长期监测对象。根据底栖动物 Shannon-Wiener 多样性指数，马虎山地区底栖动物数量较为丰富，通江口区域底栖动物数量较为匮乏。

5.2 底栖动物总体组成特征

在辽河流域各点位共检出底栖动物 3 门 117 种，其中节肢动物门种类最多，98 种（83%）；其次是环节动物门 10 种（9%）；软体动物门 9 种（8%）。各门类物种数如图 5-1 所示。

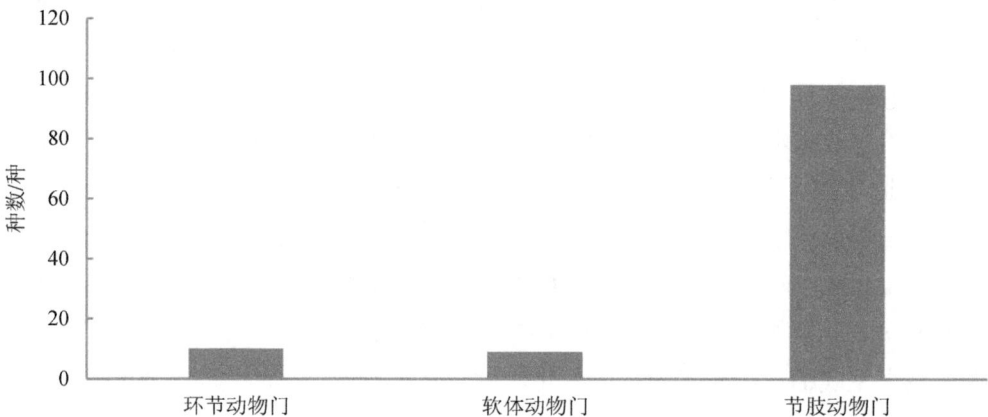

图 5-1　辽河流域底栖动物各门类物种数

本次调查各点位的底栖动物种类数在 2～55 种，平均值为 9。福德店的底栖动物种类最多，为 55 种，寇河中下底栖动物种类最少，为 2 种。各调查点位底栖动物种类变化情况如图 5-2 所示。

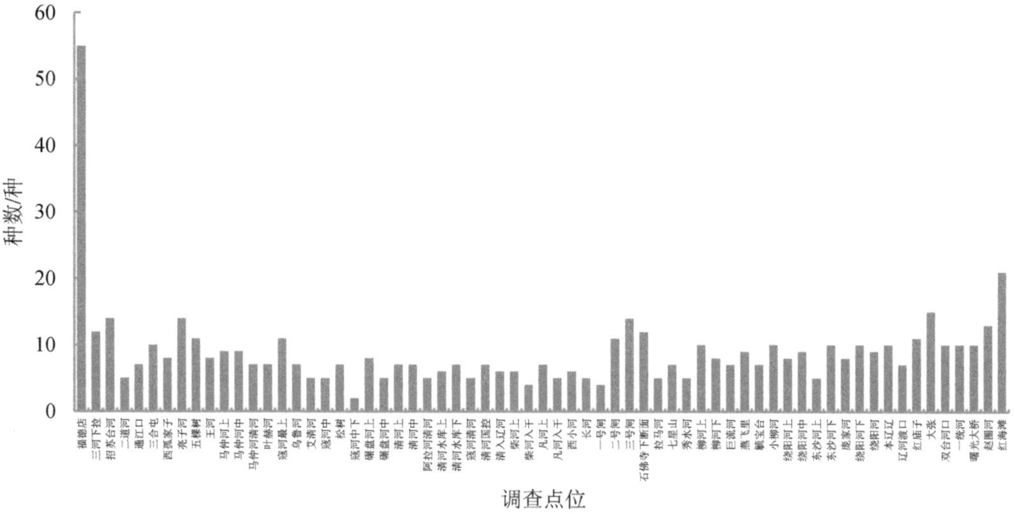

图 5-2　辽河流域各调查点位底栖动物种类数变化情况

5.3　底栖动物多样性指数变化情况

本次调查辽河流域各点位的底栖动物的香农多样性指数在 0.61～2.88，平均为 1.6。总体上辽河流域各调查点位的香农多样性指数不高，福德店最高，为 2.88，寇河中下的香农多样性指数最低，为 0.61。辽河流域各调查点位的底栖动物香农多样性指数变化情况如图 5-3 所示。

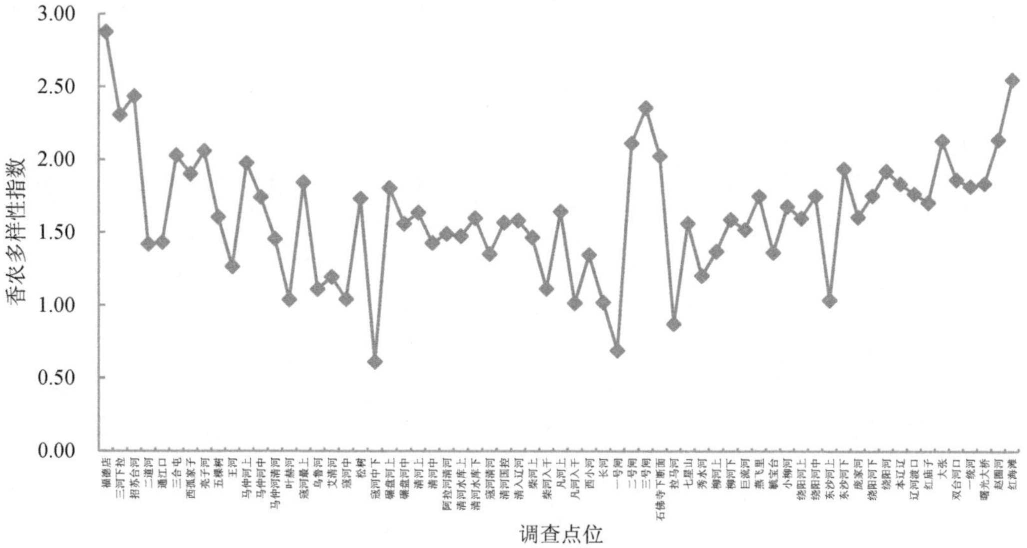

图 5-3　辽河流域各调查点位底栖动物香农多样性指数变化情况

5.4 底栖动物均匀度指数变化情况

本次调查辽河流域各点位的底栖动物的均匀度指数在 0.5～0.97，平均为 0.78。总体上各调查点位底栖动物均匀度指数变化相对较大，碾盘河中的底栖动物的均匀度指数最高，为 0.97，一号闸的均匀度指数最低，为 0.5。辽河流域各调查点位的底栖动物均匀度指数变化结果如图 5-4 所示。

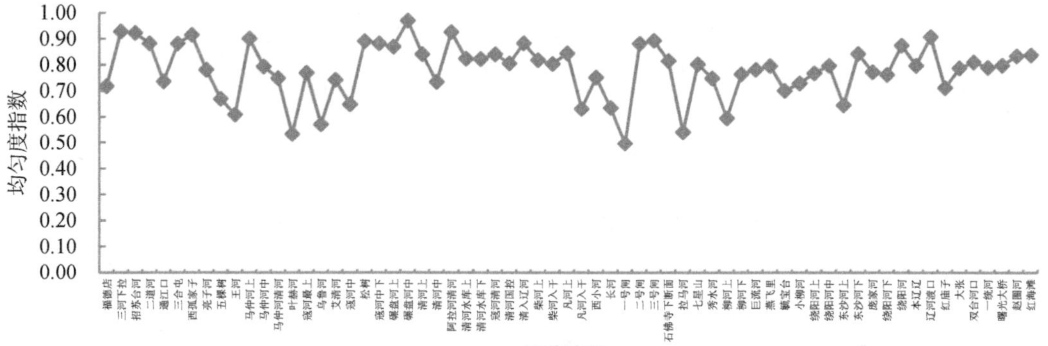

图 5-4 辽河流域各调查点位底栖动物均匀度指数变化结果

5.5 底栖动物辛普森多样性指数变化情况

本次调查辽河流域各点位的底栖动物的辛普森多样性指数在 0.07～0.65。辛普森多样性指数最高为一号闸（0.65），最低为招苏台河（0.07）。辽河流域各调查点位底栖动物辛普森多样性指数变化情况如图 5-5 所示。

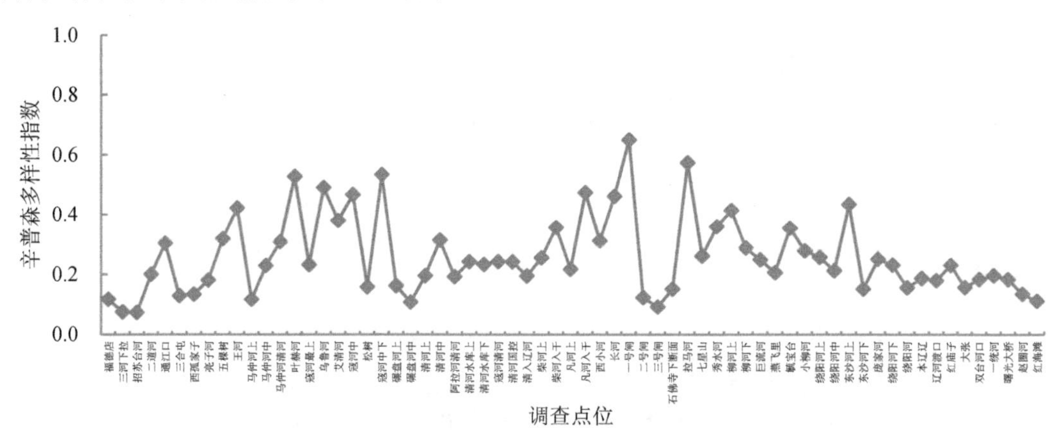

图 5-5 辽河流域各调查点位底栖动物辛普森多样性指数变化情况

5.6　底栖动物丰富度指数变化情况

　　本次调查辽河流域各点位的底栖动物的丰富度指数在 0.43～7，平均为 2.17。底栖动物的丰富度指数变化范围较大，福德店的丰富度指数最高，为 7，寇河中下的丰富度指数最低，为 0.43。辽河流域各调查点位底栖动物丰富度指数变化情况如图 5-6 所示。

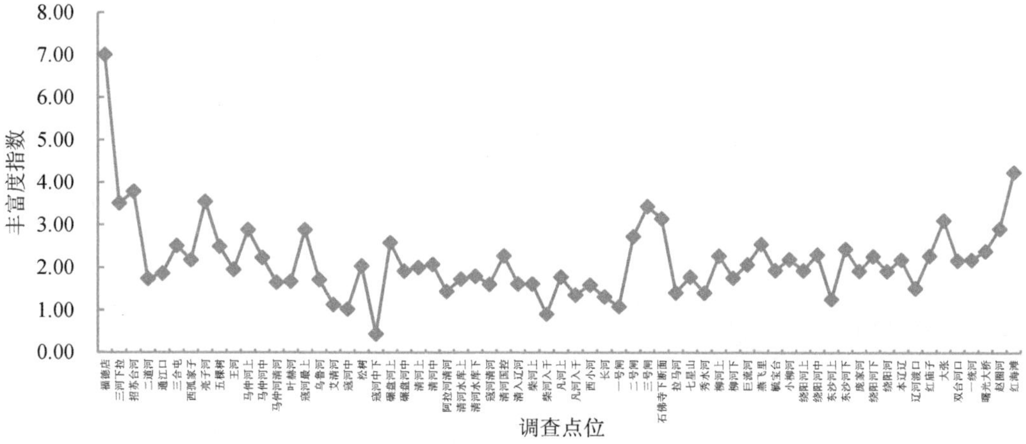

图 5-6　辽河流域各调查点位底栖动物丰富度指数变化情况

第6章 辽河水系鱼类调查与特征分析

鱼类是水生态环境健康的重要表征指标，鱼类的物种组成、分布等可用于评价辽河的水生态功能和河流健康水平，本次在调查鱼类的多样性、种属特征的同时，也对鱼类食性、鱼类水层分布情况、鱼类外来入侵物种的有无进行了调查，为进一步研究辽河水生物多样性、水生态恢复情况等提供重要科学依据。

6.1 国内外研究进展

6.1.1 相关概念

鱼类是水生态系统的重要组成部分，是水生食物网的调控者和最终出口，对维持水生态系统稳定有重要作用。鱼类也是人类重要的蛋白质来源，有着巨大的社会经济价值。在环境因子的影响下，鱼类会产生各种适应性变化。同时，作为顶级群落的鱼类对其他类群的存在和丰度有着重要的影响。鱼类主要通过摄食活动影响其饵料生物的群落结构（如浮游植物、浮游动物和底栖动物的群落结构等）和水体的各项理化因子（如水体营养盐浓度和透明度等）。不同食性（生活习性）的鱼类对生态系统的影响程度和途径也有所不同。

6.1.2 我国鱼类物种及主要分布

生物多样性是生物及其与环境形成的生态复合体以及与此相关的各种生态过程的总和，由遗传多样性、物种多样性和生态系统多样性等部分组成。物种多样性是环境因子、生物因子共同作用的结果，其中环境因子是首要因素，生物因子是次要因素。生物多样性是人类生存与可持续发展的重要物质基础和实现条件之一。我国鱼类物种多样性特别丰富。据《中国脊椎动物大全》和《中国动物志》粗略统计，中国现有鱼类3 862种，占世界鱼类总数的20.3%，占中国脊椎动物总数的60.8%，分布在中国淡水（包括沿海河口）的鱼类共有1 050种，分属18目52科294属。其中纯淡水鱼类967种，海河洄游性鱼类 15 种，河口性鱼类 68 种，内陆水域中长江有鱼类 297 种，珠江 275 种，黄河 128 种，黑龙江 92 种，我国台湾省 81 种，青藏高原 71 种。中国淡水鱼类的分布区划分别属于世界淡水鱼类区划的全北区和东洋区，以云南省腾冲、下关、通海、富源，沿南岭到浙江天台山一带为两区的分界线，即以北地区属于全北区，以南地区属于东洋区。

6.1.3　辽河流域鱼类多样性研究

辽河流域鱼类资源丰富，历史上曾多达 106 种。由于经济社会的快速发展，水质污染、过度捕捞等原因极大改变了辽河流域鱼类的栖息生境，对鱼类的种类组成、群落结构和生物多样性均产生了显著影响。

近年来，辽河流域水生态环境明显改善，鱼类生物多样性显著提升。裴雪姣等于 2009 年 8 月在辽河流域 33 个站点采集了鱼类数据，共采集到鱼类标本 2 090 尾，25 种，隶属 4 目 7 科。2010—2011 年，刘斌等对辽河干流自然保护区开展了鱼类调查，在辽河保护区内设置 8 个调查点位，调查共捕获鱼类 4 978 尾，28 种，隶属 6 目 8 科 26 属。刘越等在 2020 年 7 月（夏季）、9 月（秋季）和 11 月（冬季）分别对辽河流域的鱼类资源开展了调查，共采集鱼类 32 种，隶属 5 目 10 科 30 属。其中鲤形目最多，共计 21 属 23 种，占 65.63%；鲈形目 5 属 5 种，占 15.63%；鲇形目 2 属 2 种，占 6.25%；鲑形目和鳉形目各 1 属 1 种，各占 3.13%。结果显示，辽河流域鱼类在生活类型、摄食以及繁殖方式等方面呈多样性，辽河流域的鱼类区系复合体以晚第三纪早期区系复合体和中国平原区系复合体为主。

6.1.4　辽河流域鱼类种属概述

鲤形目（Cypriniformes）是脊索动物门，脊椎动物亚门，硬骨鱼纲辐鳍鱼亚纲的 1 目，仅次于鲈形目的第二大目。也是现生淡水鱼类中最大的 1 目，有 6 科 256 属 2 422 种。主要分布于亚洲东南部，其次为北美洲、非洲及欧洲。有大型食浮游植物的鲢、食草的草鱼及食固着藻类的齐口裂腹鱼等。

鲤形目鱼类适应性很强，既有耐非洲及东南亚热带高水温的鲃亚科鱼类，也有耐西伯利亚严寒的鮈属等；既有平原鱼类，又有能适应海拔 5 200 m 高寒山区的高原鳅属；有大型平原上层水域的鲢、鳙、鳡鱼等，终生不入海。

鲇形目（Siluriformes）是硬骨鱼纲的 1 目，世界有 31 科约 2 200 种。"鲇"常写作"鲶"。因两颌多具发达的须（多者 4 对），在过去分类系统中被称为丝颌类，又因鳔借一列韦氏小骨与内耳相连，而和鲤形目、鲑鲤目及电鳗目一起组成骨鳔类。鱼体大多裸露无鳞，有的被以骨板。头骨无顶骨，下鳃盖骨等。上颌骨一般退化变小，无齿，仅作为上颌须的须基。第二节、三节、四节椎骨愈合为复合椎骨，第一节及第五节椎骨常分别固连或愈合于其前后。齿发达，眼小，胸鳍及背鳍常有用于自卫的硬刺，刺基分别与喙骨或背鳍基板形成特殊的制动装置，一旦竖起，外力不易使之复原，脂鳍常存在。

鲇形目绝大多数生活于淡水，仅海鲇科广布于热带和亚热带海域，鳗鲇科分布于印度洋—西太平洋近海，大洋洲只有以上 2 科；南美洲有 13 科；亚洲有 12 科；非洲有 6 科（其中 3 科与亚洲共有）；北美洲只有鲴科，39 种；欧洲无特有科，仅有鲇科的 2 种。中国有 11 科近 100 种。

鳉形目（Cyprinodontiformes）是硬骨鱼纲辐鳍亚纲的 1 目，主要为亚洲、非洲及美洲热带的淡水鱼类。大颌鳉亚目无犁骨及上匙骨，无侧线；有 3 科，分布于亚洲，中国只有青鳉科 1 科 1 属 2 种。鳉亚目有犁骨及上匙骨，头部有侧线；有 6 科，其中著名的有四眼鱼科的四眼鱼和胎鳉科的食蚊鱼，均为小型鱼类。

鳉形目包括 2 亚目 9 科 85 属 680 种。鳔无管鳍无鳍棘；口有齿；腭骨上通常具小刺；无侧线或仅头部有侧线；背鳍 1 个，位后；腹鳍腹位，鳍条至多 7 条；无中喙骨及眶蝶骨；上颌骨不形成口上缘；鳃条骨 4～7 条；胸鳍有辐鳍骨 4 条；椎突与椎体同骨化；脊椎 26～53 个；有上、下肋骨，而无肌间骨刺。骨无骨细胞。

鲑形目（Salmoniformes）是脊索动物门、脊椎动物亚门、硬骨鱼纲的 1 目，有 9 个现生亚目 25 科 146 属 510 种，纯淡水种类 82 种。中国现有 7 亚目 18 科约 91 种，其中一半是深海鱼。本目鱼类上颌缘一般由前颌骨与上颌骨构成，具齿；一般有前后脂眼睑；多数有脂鳍，位于背鳍后或臀鳍前；发光器有或无；鳔如存在，大多具鳔管；一般被圆鳞；通常胸鳍位低，腹鳍腹位。

鲑形目原来十分庞杂，包括水珍鱼、胡瓜鱼、巨口鱼、星衫鱼、平头鱼等多种类群。现今鲑形目仅剩下以最后 3 节脊椎骨向上弯，齿发达，两颌、犁骨、腭骨和舌上均有齿，有前鳃盖骨，具中乌喙骨为主要特征的原鲑科 11 属 68 种。在我国仅分布有溯河性鲑科鱼类 2 属 5 种。严格地说，这些鱼类并不都真正分布于我国海域，而主要分布于日本海，通常分布于 45°N 以北冷水域。但它们洄游至我国江河。

鲑形目多为冷水性鱼类。栖息于淡水、海水中。有些是溯河洄游性鱼类，如鲑科的大麻哈鱼能长途溯江河生殖洄游，昼夜行进 30～50 km。幼鱼在江河生活 1～4 年后到江海生活 3～5 年，成熟后回出生地产卵。洄游性种类在环境隔绝和食物丰富的情况下易变成陆封型，一般为肉食性。

刺鱼目（Gasterosteiformes）硬骨鱼纲的 1 目，包括管吻鱼科、刺鱼科及下褶鳗科共有 8 属约 10 种。

刺鱼目鱼类上颌能伸缩，前颌骨的上升突起很发达；无后匙骨；有围眶骨多块；有鼻骨及顶骨；前方的椎骨不细长；体细长形；背鳍一个，位后，与臀鳍相对；腹鳍亚胸位或无；背鳍前方背面常有游离硬鳍棘；口小，位吻端，大多为海鱼类。管吻鱼科为北太平洋近岸海鱼；吻细长；体也细长且侧有骨质棱鳞，前背游离棘为 24～26 个，背鳍条约有 10 个，腹鳍 I-4，尾鳍分支鳍条 13 条，鳃膜条骨 4 个，只有 2 属 2 种，体最长 170 mm。刺鱼科吻钝短，体侧有无骨板状鳞，前背游离棘 3～16 个，腹鳍有一鳍棘及 I-2 鳍条，鳃膜条骨 3 条，有 5 属 7 种，产于北半球；中国有九刺鱼属。下褶鳗科体细长；无骨板及鳍棘；背、臀鳍条各约 20 个；无腹鳍，只有下褶鳗 1 种，为海鱼，产于朝鲜、日本到鄂霍次克海。

鲻形目（Mugiliformes；mugiliform fishes）是脊索动物门、脊椎动物亚门、硬骨鱼纲的 1 目。

鲻形目包括鲻科、舒科和马鲅科 3 科 21 属 145 种。舒科完全为海产种类，其他 2 科均产于海水或咸淡水，仅鲻科有纯淡水种类。鲻形目鱼类大部为食用鱼，鲻科种类已发展成为国际养殖对象。中国鲻科有 5 属 28 种，以东海、南海海域种类为多。其中鲻为世界性热带、温带广分布海鱼；鲛广布于中国及朝鲜、日本各沿海海域，为中上层近海栖息种类，可溯入江河，有趋光性。以藻类、浮游生物及有机物碎屑为食。

鲻形目鱼类由于肉质肥嫩，养殖成本不高，成为重要的养殖对象。马鲅科鱼类大部分产于近海，一些种类可进入江河口，中国产有 2 属 3 种，其中四指马鲅，体型较大，可达 2 m 以上，食用经济价值较高。舒科多为近海小型鱼类，中国产有 1 属 6 种，大部产于南海及我国台湾海域，渤海海域只有 1 种。

鲈形目（Perciformes）是辐鳍鱼纲中的一个目，其形状、大小各异，几乎在所有的水中生态环境中都有出现。最早知道的鲈形目化石产自瑞典晚古新世，但保存很差且不完整，鲈形目化石广泛分布在第三纪。

鲈形目有 25 亚目 160 科 1 539 属 10 033 种，含淡水种 2 040 种，分类十分复杂，是世界上鱼类中种类最多的 1 目。因鳍具鳍棘，又称为棘鳍类。上颌骨通常不参加口裂边缘的组成；背鳍一般为 2 个，互相连接或分离，第一背鳍为鳍棘（有时埋于皮下或退化），第二背鳍为鳍条；尾鳍分支鳍条不超过 17 条。腰骨通常直接连于匙骨上；头骨无眶蝶骨，有中筛骨，后颞颥骨常分叉；肩带无中喙骨；无韦氏器；一般有上、下肋骨。绝大多数分布于温热带海区，仅少数如鲈科、丽鲷科等生活在淡水水域，很多是重要经济鱼类，包括约 16 科。

鲈形目是鱼类中种类和数量最多的一个目，为多源性类群，故很难用简单的性状描述全面概括其鉴别特征。本目大多数物种具有以下特征：鳔无鳔管。背鳍、臀鳍、腹鳍一般均具鳍棘，通常有 2 个背鳍，第 1 背鳍全部由鳍棘组成；无脂鳍；腹鳍通常胸位，有时喉位，具 1 枚鳍棘，鳍条不超过 5 条；尾鳍通常发达，鳍条不超过 17 条。上颌口缘由前颌骨组成。眼与头骨皆对称。无眶蝶骨，有中筛骨，后颞骨通常分叉。肩带无中乌喙骨。无韦伯氏器。有背、腹肋骨，无肌间骨。

　　鲈形目鱼类个体大小变异很大。大者如金枪鱼，小者如矮鰕虎鱼，一般鱼类体长在 30～250 cm。

　　主要分布于温热带海洋内，在高纬度地区所占比例不大。鲈形目鱼类绝大多数是海产鱼，仅少数如鲈科、丽鲷科等生活在淡水水域。一般分布在温热带海区。

　　合鳃目（Synbranchiformes）是硬骨鱼纲辐鳍亚纲的一个目鱼类。体型似鳗，光滑无鳞。鳃常退化，鳃裂移至头部腹面，左右两鳃孔连接在一起形成一横缝，故称合鳃目。无鳔。奇鳍变为皮褶。口裂上缘由前颌骨组成。鱼体呈鳗形，两侧鳃裂在腹面连合成一横缝，故称无偶鳍，背、臀、尾鳍连在一起并萎缩成皮褶状。鳃不发达，由口咽腔代行辅助呼吸，故可较长时间离水。鳞细小或无鳞，无鳔。我国只产一种，即黄鳝，栖于池塘、稻田或小河中，常潜伏于泥穴中。在浅水中能竖立身体的前半部，口离水面呼吸空气。生殖情况甚为特殊，是唯一的淡水雌性先熟的雌雄同体鱼类。幼时为雌性，生殖一次后，转变为雌雄间体，最后变为雄性。野外捕得的黄鳝，性别明显与体长相关：较小个体主要是雌性，较大个体主要为雄性。组织学研究证明，在性转化过程中，生殖腺经历了雌性、近乎中间性的雌性、中间性、近乎中间性的雄性和雄性 5 个阶段。不同阶段的性腺组织产生的主要类固醇由雌激素转变为雄激素。

　　合鳃目广泛生活于江河、湖沼、沟渠及稻田中，底栖生活。由于它具有肉味鲜美、经济价值高、便于活体运输等优点，已日渐成为重要的养殖鱼类之一。我国除西北高原地区外，各地区均有黄鳝的记录，特别在珠江流域和长江流域，更是盛产黄鳝的地方。在国外，主要分布于泰国、印度尼西亚、菲律宾、印度和朝鲜等地。

6.2　调查范围与方法

　　在 2021—2022 年春、夏、秋三季，选择流域内橡胶坝上下游各 500 m 区域以及石佛寺库区、盘山闸、河口区、清河流域开展鱼类监测。参考《生物多样性观测技术导则——内陆水域鱼类》（HJ 710.7—2014），采用网捕、小型电鱼机捕捞和走访当地居民调查等方式开展监测。

6.3　鱼类种属构成特征分析

　　各监测点累计监测到鱼类 53 种，隶属 9 目 16 科：鲤形目最多，共 2 科 31 种；其次为鲈形目，4 科 9 种；鲇形目 2 科 4 种；鳉形目 2 科 3 种；鲑形目，2 科 2 种；刺鱼目、鲻形目、鲱形目、合鳃目均为 1 科 1 种。其中，鲤科为优势种，共 19 属 26 种，其次为鳅科，5 属 5 种。与 2021 年以前相比，辽河突吻鮈、棒花鮈、中华鳑鲏、兴凯鱊、花斑副沙鳅等鱼类的发现频度明显升高，其他鱼类差异可能因鉴定详细程度不同而造成（图6-1）。

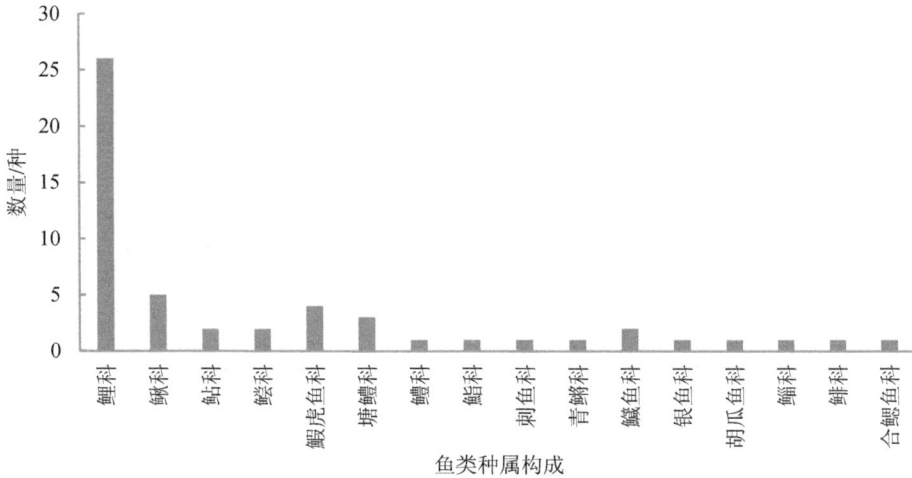

图 6-1　辽河鱼类科种分布情况

在鱼类分布方面，各点位调查结果表明，鱼类数量变化较大。在辽河保护区上游福德店—沈北段监测到鱼类种类数量最多，可达 40 种，沈阳—盘锦城市段监测到鱼类种类数量最少，仅为 23 种。根据调查并结合相关研究资料，在辽河上游（福德点—沈北段）各类生态综合整治工程、湿地工程、生物多样性保育区等较多，同时本段多为远离城市段，受人类生活扰动较小，加之 10 多年辽河干流封育等保护工作，因此恢复效果显著，本段也是动植物丰富度等指标较高的地段。相比中下游（沈阳—盘锦段），本段多流经城市周边，受人类社会活动影响较重，同时由于城市排水、农田面源污染、各类养殖排水等的潜在影响较重，加之各类污染物到下游的累积效应，各类环境因素和人类影响等综合作用的结果，导致本区段的鱼类物种数量较少。尤其是对洄游鱼类而言，各类闸坝的存在，是导致水生态完整性较差的主要原因。

6.4　鱼类食性分析

本次调查共发现鱼类 53 种，在食性种类分布上，以杂食性和肉食性鱼类居多（分别为 24 种和 23 种）。其中，草食性鱼类 6 种，主要以草鱼、青鳉为主；杂食性鱼类 24 种，以鲤鱼、鲫鱼等为主；肉食性鱼类共发现 23 种，其中，大型鱼类为乌鳢，但在调查过程中，发现其存量较少，不能对鱼类生态系统构成威胁。

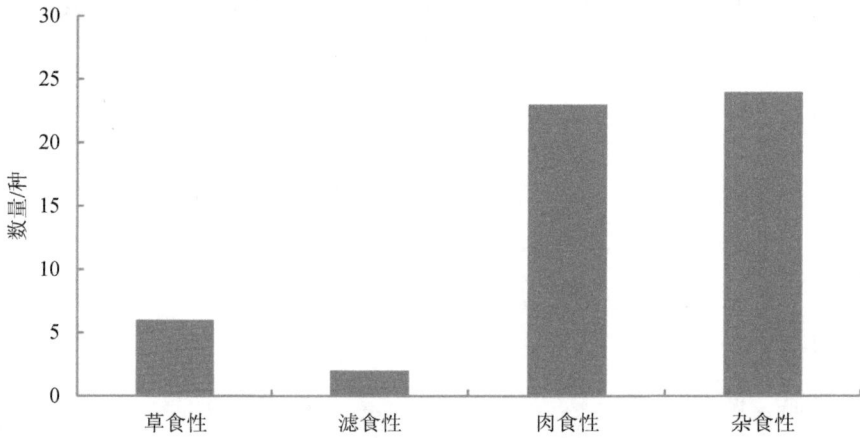

图 6-2　辽河鱼类食性分布情况

6.5　鱼类水层分布

在鱼类水层分布上主要以下中层鱼类为主，共计 45 种，其中以鲤鱼、鲫鱼等杂食性鱼类为主；中层鱼类主要为鲢鱼、草鱼等；上中层鱼类共计 25 种，以鳌鱼、麦穗等为主。各水层鱼类组成比较合理，符合北方河流鱼类的基本情况。

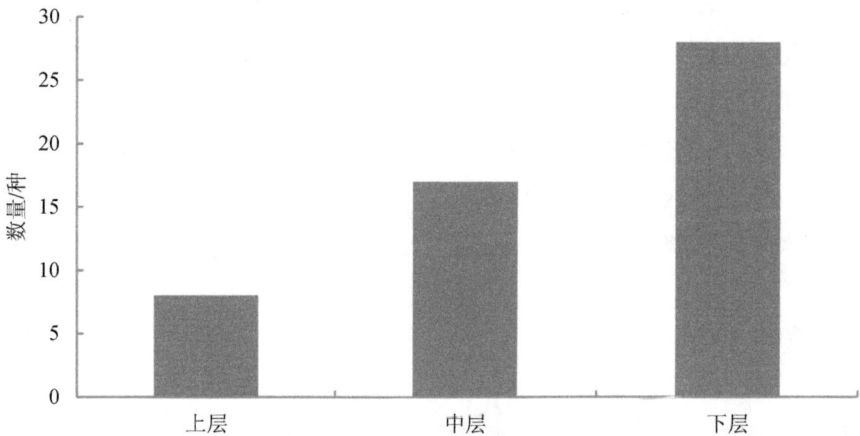

图 6-3　辽河鱼类水层分布情况

表 6-1 2021—2022 年辽河保护区鱼类种属信息

目	科	属	种	拉丁名	水层	食性
鲤形目	鲤科	鲫属	鲫	*Carassius auratus*	下	杂
		鲤属	鲤	*Cyprinius carpio*	下	杂
			镜鲤	*Cyprinus carpio* var. *specularis*	中、下	杂
		鲦属	鲦	*Hemicculter leuciclus*	上	杂
		鲌属	红鳍鲌	*Chanodichthys erythropterus*	上	动
			翘嘴鲌	*Culter alburnus*	中、上	动
		鳘属	鳘	*Hemiculter leucisculus*	上	杂
		鲂属	鲂	*Megalobrama skolkovii*	中、下	杂
		马口鱼属	马口鱼	*Opsariichthys bidens*	中、上	杂
		鱊属	兴凯鱊	*Acheilognathus chankaensis*	上	植
		棒花鱼属	棒花鱼	*Abbottina rivularis*	下	动
			辽宁棒花鱼	*Abbottina liaoningensis*	下	杂
		鮈属	细体鮈	*Gobio tenuicorpus*	中	动
			棒花鮈	*Gobio rivuloides*	下	杂
			犬首鮈	*Gobio cynocephalus*	中	动
		蛇鮈属	蛇鮈	*Saurogobio dabryi*	下	动
		似鮈属	似鮈	*Pseudogobio vaillanti*	下	杂
		突吻鮈属	辽河突吻鮈	*Rostrogobio liaohensis*	中	杂
		麦穗鱼属	麦穗鱼	*Pseudorasbora parva*	上	动
		雅罗鱼属	东北雅罗鱼	*Leuciscus waleckii*	上	杂
		草鱼属	草鱼	*Ctenopharyngodon idellus*	中、下	植
		鲢属	鲢	*Hypophthalmichthys molitrix*	上、中	植
		鳙属	鳙	*Aristichthys nobilis*	上、中	动
		鳑鲏属	彩石鳑鲏	*Rhodeus lighti*	下	植
			中华鳑鲏	*Rhodeus sinensis*	下	植
			黑龙江鳑鲏	*Rhodeus sericeus*	下	杂
	鳅科	条鳅属	北方条鳅	*Nemachilus nudus*	下	杂
		花鳅属	北方花鳅	*Cobitis granoei*	下	杂
		泥鳅属	泥鳅	*Misgurnus anguillicaudatus*	下	杂
		副泥鳅属	大鳞副泥鳅	*Paramisgurrnus dabryanus*	下	杂
		副沙鳅属	花斑副沙鳅	*Parabotia fasciatus*	下	动
鲇形目	鲇科	鲇属	鲇	*Silurus asotus*	下	动
			怀头鲇	*Silurus soldatovi*	中、下	动
	鲿科	黄颡鱼属	黄颡鱼	*Pelteobagrus fulvidraco*	下	杂
		拟鲿属	乌苏拟鲿	*Pseudobagrus ussuriensis*	下	动

目	科	属	种	拉丁名	水层	食性
鲈形目	鰕虎鱼科	吻鰕虎鱼属	子陵吻鰕虎鱼	*Ctenogobius giurinus*	下	动
			褐吻鰕虎鱼	*Rhinogobius brunneus*	下	动
		栉鰕虎鱼属	普氏栉鰕虎鱼	*Ctenogobius pflaumi*	下	杂
			褐栉鰕虎鱼	*Ctenogobius brunneus*	下	动
	塘鳢科	黄黝属	黄黝	*Hypseleotris swinhonis*	下	动
		鲈塘鳢属	葛氏鲈塘鳢	*Perccottus glehni*	下	动
		沙塘鳢属	沙塘鳢	*Odontobutis yaluensis*	下	动
	鳢科	鳢属	乌鳢	*Channa argus*	下	动
	鮨科	鳜属	鳜	*Siniperca chuatsi*	下	动
刺鱼目	刺鱼科	多刺鱼属	中华多刺鱼	*Pungitius sinensis*	中	动
鳉形目	青鳉科	青鳉属	青鳉	*Oryzias latipes*	上	植
			中华青鳉	*Oryzias sinensis*	上	动
	鱵鱼科	下鱵鱼属	沙氏下鱵鱼	*Hyporhamphus sajori*	中、上	杂
鲑形目	银鱼科	大银鱼属	大银鱼	*Protosalanx hyalocranius*	中	杂
	胡瓜鱼科	公鱼属	池沼公鱼	*Hypaomesus olidus*	中	杂
鲻形目	鲻科	鲛属	鲛	*Liza haematocheila*	中	杂
鲱形目	鲱科	斑鰶属	斑鰶	*Konosirus punctatus*	中、上	杂
合鳃目	合鳃鱼科	黄鳝属	黄鳝	*Monopterus albus*	下	动

第7章 辽河水系水生生物多样性驱动力分析

7.1 国内外研究进展

7.1.1 相关概念

生物多样性能够维持适宜的生存气候，保护水源、土壤，保持生态系统的稳定性，对人类社会的生存和发展具有十分重要的价值。驱动力主要是指致使某种现象或某种变化突然出现的原因，主要包括自然因素以及人为因素。近年来，人们关于生物多样性的研究重点逐渐转向驱动因子对生物多样性变化的影响机制方面。

7.1.2 生物多样性驱动力相关研究

自然方面，其中影响河流生物多样性的一个重要驱动因子是河流的弯曲性，弯曲性是自然河流的重要特征。弯曲的河流在流经的沿途能够形成河湾、沼泽和浅滩等丰富多样的生物栖息地，对提高生物多样性具有重要意义。弯曲河道能够产生复杂的水流条件，这也与河流生物多样性密切相关。韦昌旭将流速变化多样的河段作为试验河段，与流速变化单一的对照河段进行对比，结果表明，试验河段河岸植被的丰富度指数和多样性指数明显高于对照河段，而均匀度指数与对照河段相似，藻类、底栖动物的多样性指数、丰富度指数和均匀度指数均高于对照河段。人为方面，一些对水体水质及水生生物多样性进行了长时间的调查研究，结果表明，人类活动作为重要的驱动因子，对水生生物多样性产生了影响。刘慧丽等以鄱阳湖流域内的柘林湖为例，通过对柘林湖的形成及湖泊水系生态环境演变进行探讨，分析近 30 年来该湖水系生态环境的变化及其关键驱动力因子，研究表明，柘林湖水生生物多样性有下降趋势，水质先变差后改善，其变化的驱动力主要是流域内人口数量增加、城镇化工业化进程加快、入湖污染负荷逐年增长、滨湖区生态安全屏障受人为破坏以及资源的不合理开发等。2018 年 3—6 月，韩谐对长江源区 10 条典型河流的水环境和浮游生物群落进行了系统调查，探讨了浮游生物群落海拔模式以及驱动因子。结果表明，人类活动与基本环境因子（陆地生产力和坡度）的协同效应是影响长江源区浮游植物群落分布的驱动因素。人类活动是影响浮游植物群落沿海拔梯度变化的主要驱动力，随着海拔的降低，人类活动对研究区域水生生态系统的干扰逐渐加剧。此外，人为的水利工程也是一个重要的驱动因子，能够对河流生物多样性产生影响。王强等通过对重庆东河白里电站和红花电站影响河段河流生境和鱼类的调查，研究引水式小水电对山地河流鱼类群落的影响，结果表明，其影响河段鱼类多样性普遍偏低，对生物多样性产生不利影响。张根等以长江南京新济洲河段为例，介绍了河道整治工程对河道生物多样性的影响。这些工程在发挥积极作用的同时，也改变了河道原来的天然情况，使河流的生物多样性降低。

对于水生生物多样性的研究，目前最常用的方法是调查法，主要通过志书查阅、走访调研和采样调查等途径。在调查准备阶段，充分利用以往文献资料对研究区域内的各类生物进行分类，并形成分类系统。重点调查物种构成及其在不同河流水体的分布等情况，结合调查结论，分析评价流域内水生生物现状，明确生物多样性所受威胁的驱动因子，进而明确流域内需保护的重要生态系统、重点保护物种和多样性保护重要区域。关于对驱动力的分析，大多数研究采用传统的相关性分析、主成分分析以及回归分析等数理统计分析方法，如金岩丽等对 2001—2018 年三江源地表水动态变化及驱动力进行分析，在驱动力分析部分，采用简单线性相关分析法，此方法是研究随机变量之间相关关系的一种统计方法，可用来表示两个要素之间相关的紧密程度，主要通过对相关系数的计算与检验来测定。钟尊倩等对海口市近 30 年来湿地变化及其驱动力进行分析，主要采用主成分分析法，此方法是重要的降维方法，能从原来错综复杂的多个变量中线性变换出少数重要变量（主要变量），已广泛应用于人口统计、数量地理和数理分析等学科或领域。周渝等对重庆都市区生态系统服务价值时空演变及其驱动力进行研究，采用相关性分析和建立回归方程模型的方法对驱动力进行分析，相关性分析分别将研究时间段内每年研究区与社会因子指标，做两两双变量分析，剔除相关性较低的因子；回归分析是在相关性分析的基础上选取研究年限内社会经济因子作为自变量，ESV 为因变量进行逐步回归，建立 ESV 与社会经济因子之间的线性回归方程。

7.1.3　生态系统评估相关研究

在气候变化和人类活动干扰的双重影响下，全球河流水生态系统都受到了不同程度的干扰和损害，其中水生生物多样性的减少，是其中的一个重要表现。因此，保持河流生境健康，对河流管理以及河流内各种生物的生存起到了决定性的作用。有效地评估河流生境质量，有助于识别导致生态系统受损的驱动因素，对流域内生物多样性保护具有重要的指导作用。国外对于河流评估有比较成熟的方法，如美国使用的生物评估草案

（RBP）、英国使用的生物评估草案（RBP）以及澳大利亚的河流状况指数（ISC）等，都已成为有效的工具。

我国在古代就对生态系统功能很重视，但对其研究起步比较晚。中国古代对"风水林"的建立和保护反映了人们对森林保护居住地的认知。1980 年，我国著名经济学家许涤新率先开展生态经济学研究，首次将生态因素与经济因素综合考虑。1984 年，马世骏发表了题为"社会经济自然复合生态系统"的文章，标志着生态学家开始涉足经济学领域。我国南方的桑基鱼塘建设就是典型的例证。

20 世纪 90 年代起，各界专家、学者着手研究适合我国的生态指标体系。1994 年，马克平等首次列举了生物多样性的监测指标。1999 年，张峥等学者提出了适用于我国湿地生态系统的评价指标体系；曾志新建议根据各指标的影响力差别对指标进行评分，以此评价物种多样性；2001 年，郭中伟等利用遥感技术对森林生态系统进行观测；2006 年，万忠成等对辽宁省内的生态功能进行区域性划分，并提出具有针对性的多样性保护措施。南京环境科学研究所应原国家环保总局要求，制定了符合我国特点的生物多样性综合评价指标体系，确定了 7 个评价指标以及 7 个指标在评价中的权重，并于之后的 3 年中逐步完成了国内 16 个省份的生物多样性评估工作。2007 年，万本太等以全国 31 省份为评估单元，开展了全国生物多样性评价，依次选取了物种丰富度、生态系统类型、植被的垂直层谱、评估单元的特有物种和外来入侵物种 5 个指标进行生物多样性的评价。2008 年，朱京海等对辽宁沿海湿地进行了生物多样性评价，提出了适用于当地实际自然状况的 4 个评价指标。张群等对辽河保护区的生态系统现状进行了介绍。

辽河流域的生态多样性研究及评价主要针对以下 4 个方面：①鱼类、底栖动物等水生生物相关研究。刘欢通过构建针对水生生物多样性的可持续评估指标体系，开展了辽河流域铁岭段水生生物多样性综合评价；王艳杰采用聚类分析研究了大型底栖动物群落特征；王路平开展了关于锐钛型纳米二氧化钛富集河蚌及底栖动物群落的研究；张赛赛等探讨了在评价浑河河流的生态健康状况时鱼类生物完整性指数的应用；宋智刚等则采用鱼类生物完整性指数对辽河太子河流域的生态健康状况进行评估；裴雪姣采用鱼类生物完整性指数对辽河流域健康开展了评价；徐成斌对辽河流域水质生物和河流大型底栖动物完整性指数进行了评价。②微生物相关研究。关萍等利用辽河保护区原生动物多样性对水质进行评价；张群等对辽河保护区内土壤可培养真菌多样性进行了研究；尹宁宁对辽河口湿地微生物的生态分布和影响湿地微生物分布因素的探究；李辉开展了对辽河口芦苇湿地的微生物群落特征影响因素和反硝化的研究；董晓开展了对辽河口湿地土壤中氨氧化菌群数量分布、影响因素，及氨氧化菌群群落结构的动态变化的研究；王育来探讨了利用可移动基因片段对沉积物微生物的污染系统修复和控制方法理论价值和实践意义；姚杰对辽河保护区内芦苇、菖蒲和香蒲 3 种植物根际的微生物群落特征展开了研究。

③植物相关研究。张进献以辽河源 8 种典型森林群落类型为研究对象对森林群落生物多样性和生产力进行了研究；陈平采用逐步回归法对辽河源 5 种典型森林群落类型的 α、β 多样性指数和土壤因子关系进行了分析。④其他研究。于立霞以水质为主体对辽河口生态环境进行综合评价；杨丽娜通过模糊综合评判模型及层次分析法对辽河口生态环境开展了评价；赵秀敏运用 GIS 和 RS 对辽河源头生态系统功能演变和成因进行了分析；陈爽基于 ArcGIS 对辽河流域水生态系统功能区划开展了研究；刘素平通过辽河流域三级水生态功能分区对辽河的生态功能进行阐释；魏冉通过辽河流域三级水生态功能对水生态进行安全评价；王金龙通过辽河流域三级水生态功能对水生态服务功能开展了评价；吕纯剑基于辽河流域三级水生态功能对河流健康进行了评价；马汪莹对辽河保护区土地利用变化进行分析，并对辽河保护区的生态系统服务价值进行测算评价；邵志芳利用集对分析模型对大辽河口生态系统的健康状况进行了评价；林倩通过 3S 技术对辽河口湿地景观演变分析及生态系统健康进行了评价；潘天阳根据辽河滩地生态恢复中应遵循的理念提出了辽河生态廊道恢复的具体策略。

7.2　生物多样性驱动因子识别方法与模型

7.2.1　主成分分析法

主成分分析法也被称为主分量分析法，最早于 1901 年由美国统计学家 Pearson 引入生物学理论研究。1933 年，Hotelling 将此思想在心理学研究中进一步发展。1947 年，Karhunen 应用概率论的思想对其再次研究，随后，Loe've 将该理论进一步充实和完善。其原理是利用降维的思想把原来众多具有一定相关性的指标重新组合成一组新的相互无关的综合指标来代替原来的指标，达到简化计算的目的，同时不影响分析结果。

以上思想用数学的方法可以理解为：少数综合指标 z_i（$i=1$，2，$\cdots$，p，$p \leqslant m$）反映 m 个原始指标 x_j（$j=1$，2，$\cdots$，m）所携带的信息，也就是间接利用标准化指标 x_j^* 表示的综合指标 z_i 的方程：

$$\begin{cases} z_1 = b_{11}x_1^* + b_{12}x_2^* + \cdots + b_{1m}x_m^* \\ z_2 = b_{21}x_1^* + b_{22}x_2^* + \cdots + b_{2m}x_m^* \\ \cdots\cdots \\ z_p = b_{p1}x_1^* + b_{p2}x_2^* + \cdots + b_{pm}x_m^* \end{cases}$$

其中，z_1，z_2，$\cdots$，z_p 就是第一主成分，第二主成分，$\cdots$，第 p 主成分。z_1 包含原始指标的总信息量最多，即方差最大，且与其他的 z_i（$i=1$，2，$\cdots$，p，$p \leqslant m$）无关；z_2 是

除 z_1 外的方差最大者，且与其他 z_i（$i=1$，2，…，p，$p \leq m$）无关；其余依此类推。同时以主成分的累计方差贡献率超过一定的值（一般 75%～85%）原则确定主成分个数。

（1）主成分分析法模型

假设 n 种样品，m 个变量 x_1，x_2，…，x_m，整理原始统计资料如下矩阵：

$$X = \begin{pmatrix} x_{11} x_{12} \cdots x_{1m} \\ x_{21} x_{22} \cdots x_{2m} \\ \cdots \\ x_{m1} x_{m2} \cdots x_{mm} \end{pmatrix} = (X_1 X_2 \cdots X_m)$$

一般来说，不同指标具有不同的量纲和数量级，在应用主成分分析法时，为了避免量纲和数量级引发的新问题，首先采用标准化处理方法对数据进行去量纲化处理，以消除由于量纲的不同带来的不合理影响。

假设经过标准化处理后的无量纲化数据为 $X^* = (X_1^* X_2^* \cdots X_m^*)$ 通过主成分分析法对数据矩阵 X 的各指标向量 X_1^*，X_2^*，…，X_m^*，做线性变换得到综合指标向量为

$$\begin{cases} F_1 = a_{11} x_1^* + a_{12} x_2^* + \cdots + a_{1m} x_m^* \\ F_2 = a_{21} x_1^* + a_{22} x_2^* + \cdots + a_{2m} x_m^* \\ \cdots \\ F_m = a_{m1} x_1^* + a_{m2} x_2^* + \cdots + a_{mm} x_m^* \end{cases}$$
$$\text{s.t} \quad a_{i1}^2 + a_{i2}^2 + \cdots + a_{im}^2 = 1$$

系数 a_{ij} 由以下原则确定：

①F_i 与 F_j（$i \neq j$，i，$j = 1$，2，…，m）不相关。

②F_1 是 X_1^*，X_2^*，…，X_m^* 所有线性组合中方差最大的，F_m 是与 F_1，F_2，…，F_{m-1} 都不相关的 X_1^*，X_2^*，…，X_m^* 的所有线性组合中方差最大的。

（2）主成分分析法步骤

①指标"正向化"处理。即将逆指标转化为正指标，使各指标具有同向可比性。正向化处理方法如下：

对数据中的正向指标和负向指标进行处理，消除正向和负向指标差异的影响。所谓正向指标是指标值越大越好的指标；负向指标是指标值越小越好的指标；还有一类指标是越接近某一常量越好的指标，称为"固定型适度指标"。

②指标"标准化"处理。消除相对指标与绝对指标在量纲和数量级上的差别。用 Z-score 方法进行标准化处理，公式如下：

$$x_{ij}^* = \frac{x_{ij} - \overline{x}_i}{\delta_i}$$

式中，x_{ij}^* 为标准化值；x_{ij} 为原始数据；$\overline{x}_i$ 与 δ_i 分别为第 j 个指标的样本均值和标准差。

③求特征值及特征向量：用标准化数据计算其相关系数，进而求出特征值，然后可得相应的特征向量。

④确定主成分个数：遵循累积方差贡献率大于 85%的原则，选取包含绝大部分信息的前几个主成分，舍弃后面的其他主成分。

⑤确定各主成分的权重：以各主成分方差贡献率为权重来计算被评价样本的综合得分。

（3）主成分分析法实现方法

SPSS（社会科学统计软件包）软件是世界上最早、最优秀的分析软件之一，广泛应用于自然科学、技术科学、社会科学等各个领域，并在国际学术界享有很高的声誉。主成分分析法可以借助该软件进行分析。

①建立原始变量矩阵 X：新建数据文件，在"Variable View"中定义好指标，在"Data View"中输入相应数据。

②对原始变量矩阵进行标准化处理：Analyze→Descriptive Statistics→Descriptive，弹出对话框后选择所要标准化的变量，并将标准化数值保存为变量（Z），按"确定"进行输出，得到标准化矩阵 ZX。

③求出标准化矩阵 ZX 的相关系数矩阵及其特征根和特征向量：Analyze→Data Reduction→Factor Analyze，弹出对话框后选择标准化后的新变量，然后在"Descriptives"对话框中选择输出 "Correlation Matrix"，再从 "Extraction"对话框中选择"Principal Components"，按"Continue"返回"Factor Analyze"对话框，点击"OK"，即可得到输出结果。

④确定主成分个数：依据累积方差贡献率大于等于 85%的原则，确定主成分个数。这表示所选取的主成分代表了原始变量 85%以上的信息，可以满足评价要求。

⑤确定主成分表达式：将因子载荷矩阵中的数据粘贴到数据编辑窗口（设为新变量 Bi），然后利用"Transform → Compute Variable"，在"Compute Variable"对话框中输入"A1=B1/SQR（特征值）"，即可得到特征向量 A_i。主成分 F_i 表达式即为特征向量 A_i 与标准化值 ZX_i 相乘再求和。

7.2.2　熵权综合指数法

熵本来是一个热力学概念，由香农（Shannon）最先引入信息论，现已在工程技术、社会经济等领域得到广泛的应用。

根据信息论基本原理，信息是系统有序程度的度量，而熵是系统无序程度的度量，两者绝对值相等，但符号相反。它最初描述的是一种单向不可逆转的能量传递过程，后来随着熵的思想和理论的发展，熵的概念逐步形成了 3 种思路，即热力学熵、统计熵和信息熵。信息熵越少，系统无序化程度越大；信息熵越大，系统无序化程度越小。某项指标的变异程度越大，该指标提供的信息量越大，该指标的权重也越大；反之，某项指标的变异程度越小，该指标提供的信息量越小，该指标的权重也越小。所以可以根据各项指标的变异程度，利用信息熵这个工具，计算出各指标的权重，为多指标综合评价提供依据。

简言之，熵权综合指数法是根据评价指标的数据离散程度来进行赋权的一种客观计算权重的方法。

首先对原始数据进行无量纲处理，消除物理量影响，计算第 j 个指标下，第 i 个指标的特征比重或贡献度：

$$p_{ij} = \frac{x'_{ij}}{\sum\limits_{i=1}^{n} x_{ij}}$$

计算第 j 个指标的熵值：

$$e_{ij} = -\frac{1}{\ln n} \sum\limits_{i=1}^{n} p_{ij} \ln(p_{ij}) \quad (0 \leqslant e_j \leqslant 1)$$

进行差异性系数计算：

$$g_i = 1 - e_i$$

确定评价指标的权重 W_j：

$$W_j = \frac{g_i}{\sum\limits_{i=1}^{m} g_j} \quad (j = 1, 2, 3, \cdots, m)$$

最后将得到的指标权重 W_j 与第 j 个指标下，第 i 个指标的特征比重 p_{ij} 相乘得出各个评价对象的综合得分：

$$S = \sum_{j=1}^{m} W_j \times p_{ij}$$

7.2.3 相关性分析法

相关性分析法是分析客观事物之间关系的统计分析方法，其中，计算相关系数可以精确地展现变量之间的统计关系。相关系数以数值的方式精确地反映两个变量间线性相关的强弱程度。对不同类型的变量采用不同的相关系数类型，但相关系数的意义是相同的。相关系数的取值范围是[-1，+1]；[0，+1]时表示两个变量存在正相关关系；[-1，0]时表示两个变量存在负相关关系；相关系数的绝对值大于 0.8 时，表示两个变量之间具有显著相关关系，相关系数的绝对值小于 0.3 时，表示两个变量之间的相关性较弱。

对原数据进行正态分布检验，对符合正态分布的样本计算 Pearson 相关系数，不符合正态分布的计算 Spearman 相关系数。

相关性分析方法可以借助 SPSS 软件完成：①对源数据利用 SPSS 非参数分析中的 K-S 法进行正态分布检验，判断数据是否为正态分布；②对于满足正态分布的变量，采用 Pearson 相关系数，对于不满足正态分布的变量，则采用 Spearman 相关系数；③根据相关系数绝对值的大小，判断数据的相关性水平。"Asymp.Sig.（2-tailed）"值即相关系数值。符号表示"正相关"或"负相关"。

7.3 辽河水系水质与水生生物相关性分析

利用 SPSS 软件对辽河干流水质指标和藻类、底栖动物及近河岸植被的种类、数量、多样性进行相关性分析。

7.3.1 水质与浮游藻类多样性相关分析

7.3.1.1 pH 对浮游藻类多样性影响

辽河水系断面 pH 对浮游藻类香农多样性指数呈负相关，并且达到显著水平，表明 pH 升高，会导致浮游藻类香农多样性指数降低。根据流域 pH 变化范围可知，碱性过高会影响藻类多样性指数，进而导致藻类构成单一，这也与调查结果一致。水质 pH 对浮游藻类密度、均匀度指数、丰富度指数的影响也呈负相关，但未达到统计学上的显著水平。

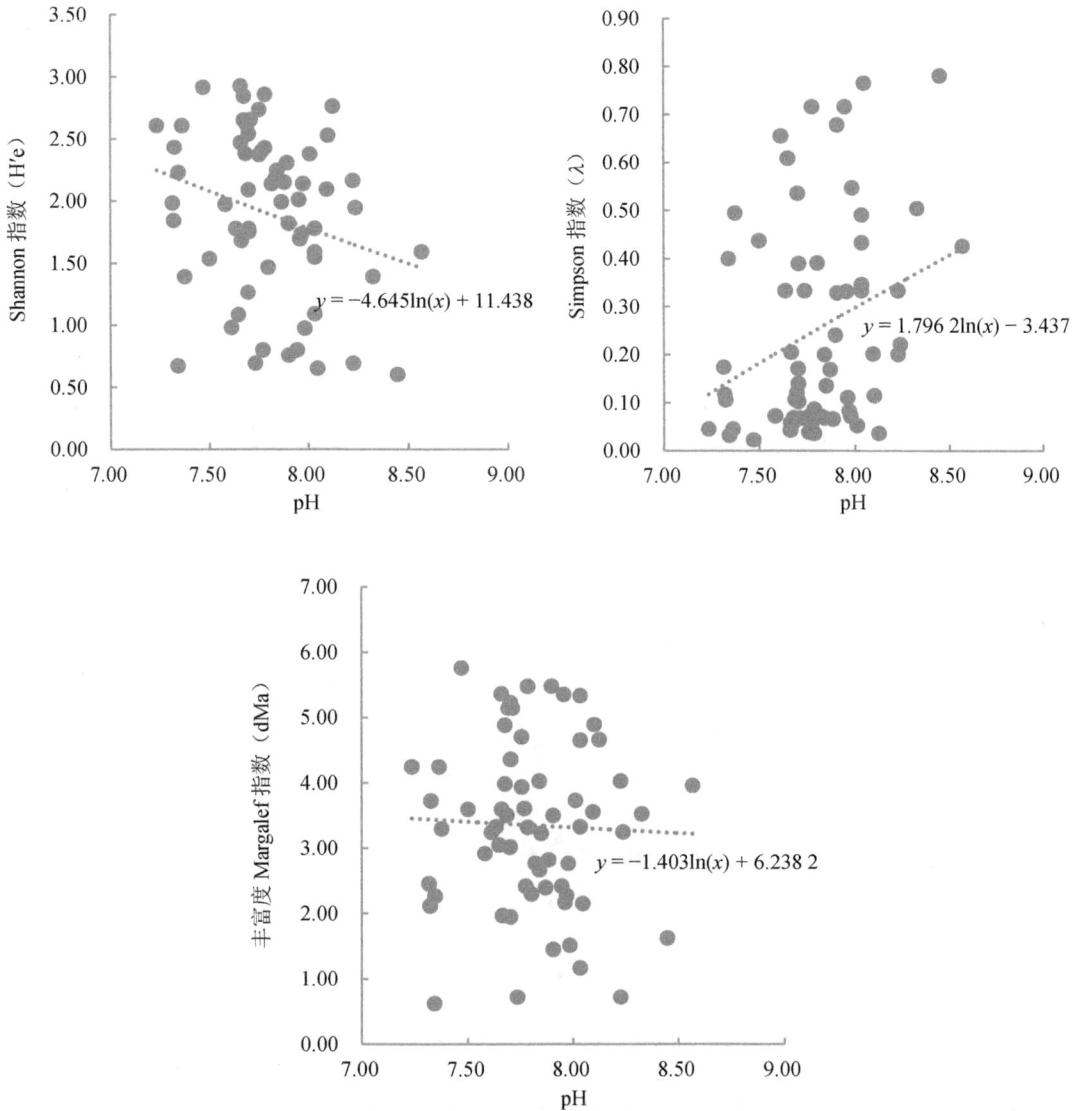

图 7-1　pH 与藻类多样性特征变化分析

7.3.1.2　溶解氧对浮游藻类多样性影响

溶解氧（DO）的变化对藻类生物多样性特征指标变化呈现出不同趋势，与藻类密度、丰富度指数等呈负相关，但未达到显著水平。而对藻类多样性指数、均匀度指数均呈正相关，但也未达到显著水平。此调查结果与其他研究表现出差异，通常情况下，藻类密度、丰富度等都可以为水质提供更多的 DO，推测造成该结果的原因可能是由于水质数据为全年平均，而藻类数据为季度平均结果。

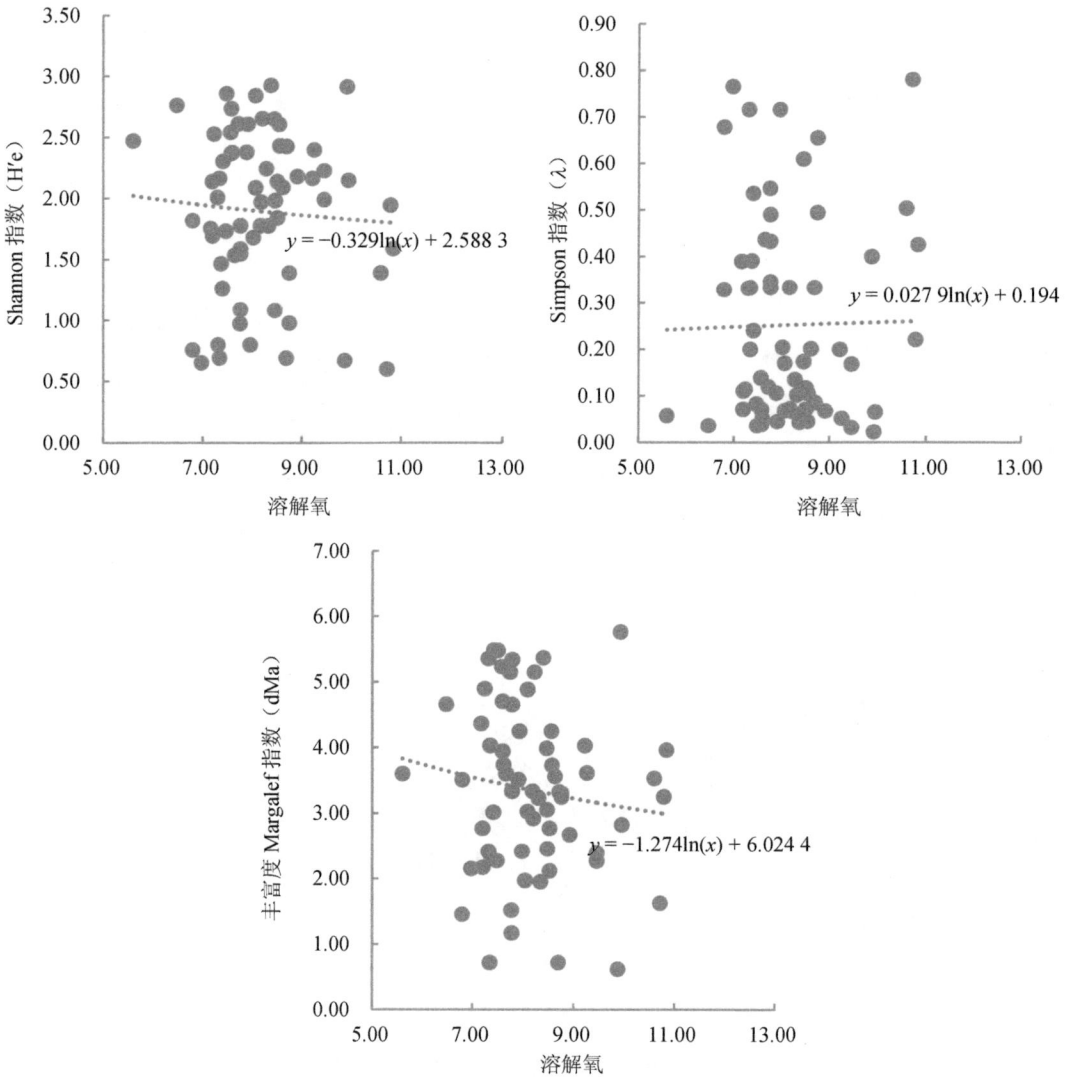

图 7-2 溶解氧对藻类多样性影响分析

7.3.1.3 高锰酸盐指数对浮游藻类多样性影响

高锰酸盐指数对藻类生物多样性特征指标变化影响显著，与藻类香农多样性指数、均匀度指标达到显著负相关，而与藻类辛普森指数达到极显著正相关，对藻类丰富度、密度虽然呈正相关，且未达到显著水平。高锰酸盐指数作用规律与 pH 相似，表明水环境中存在过多的高锰酸盐，对藻类总体数量的生长影响不明显，但对多样性的提高存在一定抑制作用。

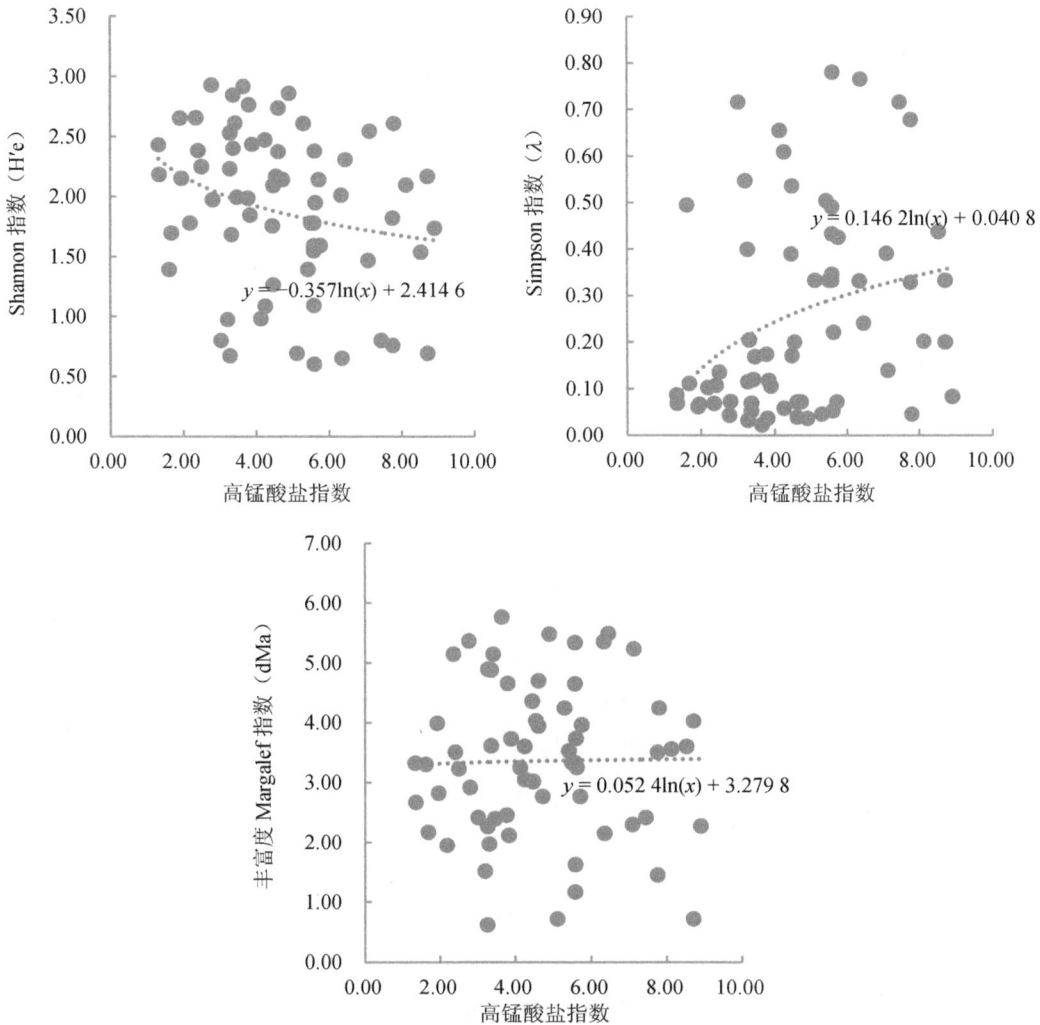

图 7-3　高锰酸盐指数对藻类多样性影响分析

7.3.1.4　化学需氧量对藻类多样性影响

化学需氧量（COD）对藻类生物多样性特征指标变化影响与其他水质指标略有不同，在对生物密度、丰富度作用方面表现出正相关，虽未达到显著水平，但在一定程度上体现了水生生物对水质生化指标的贡献。点位福德店的 COD 为 14.65，生物密度为 0.7×10^4 ind/L，曙光大桥的 COD 为 32.38，生物密度为 10.9×10^4 ind/L。在对藻类多样性和均匀度指数上，呈负相关，虽然对多样性指数影响不显著，但对藻类辛普森指数的影响达到统计学的显著水平。通江口的 COD 为 18.96，多样性指数为 2.37，均匀度指数为 0.92，辛普森指数为 0.07，而红海滩的 COD 为 23，多样性指数为 2.38，均匀度指数为 0.96，辛普森指数为 0.05。

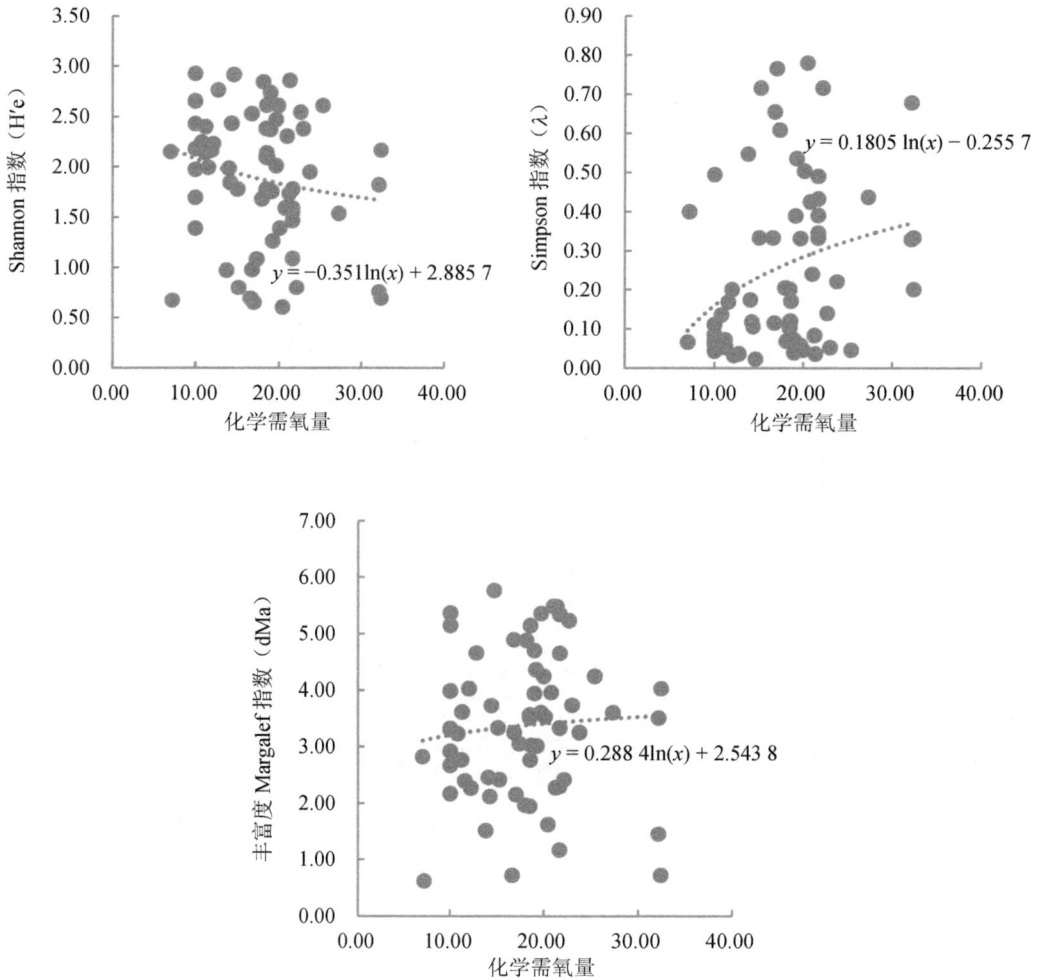

图 7-4 化学需氧量对藻类多样性影响分析

7.3.1.5 生化需氧量对藻类多样性影响

生化需氧量（BOD）对藻类生物多样性特征指标变化与化学需氧量（COD）的影响类似，但与藻类香农多样性指数、均匀度指数均呈负相关，并达到显著水平，表明水质指标的可生化性主要来源为水生生物，水生生物越高，生化需氧量越高，这也符合水质指标的一般规律。在对藻类密度、辛普森指数、丰富度上表现为正相关，但未达到显著水平。点位柴河入干的生化需氧量为 1.43，香农多样性指数为 2.23，生物密度为 $2.1×10^4$ ind/L，辛普森指数为 0.03，丰富度指数为 2.27；而燕飞里的生化需氧量为 4.18，香农多样性指数为 0.8，生物密度为 $10.8×10^4$ ind/L，辛普森指数为 0.72，丰富度指数为 2.42。

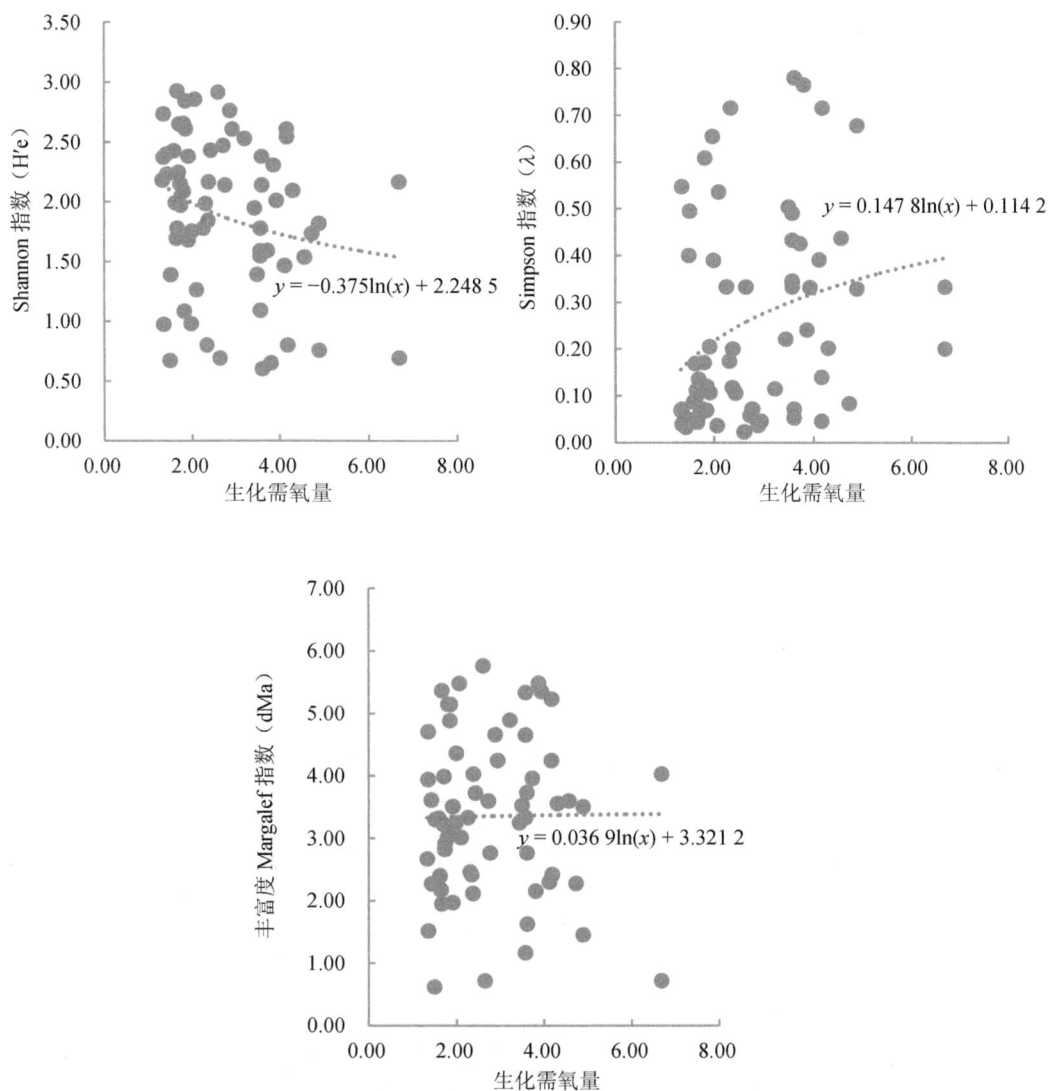

$$y = -0.375\ln(x) + 2.248\,5$$

$$y = 0.147\,8\ln(x) + 0.114\,2$$

$$y = 0.036\,9\ln(x) + 3.321\,2$$

图 7-5　生化需氧量对藻类多样性影响分析

7.3.1.6　氨氮对藻类多样性影响

氨氮对藻类生物多样性特征指标影响不显著，其中与藻类密度、多样性指数、辛普森指数、丰富度表现呈正相关，与均匀度指数表现呈负相关，但均未达到显著水平。点位福德店氨氮为 0.08，香农多样性指数为 2.92，生物密度为 0.7×10^4 ind/L，辛普森指数为 0.02，丰富度指数为 5.76，均匀度指数为 0.97；点位招苏台河氨氮为 4.39，香农多样性指数为 2.86，生物密度为 1.2×10^4 ind/L，辛普森指数为 0.04，丰富度指数为 5.48，均匀度指数为 0.975。

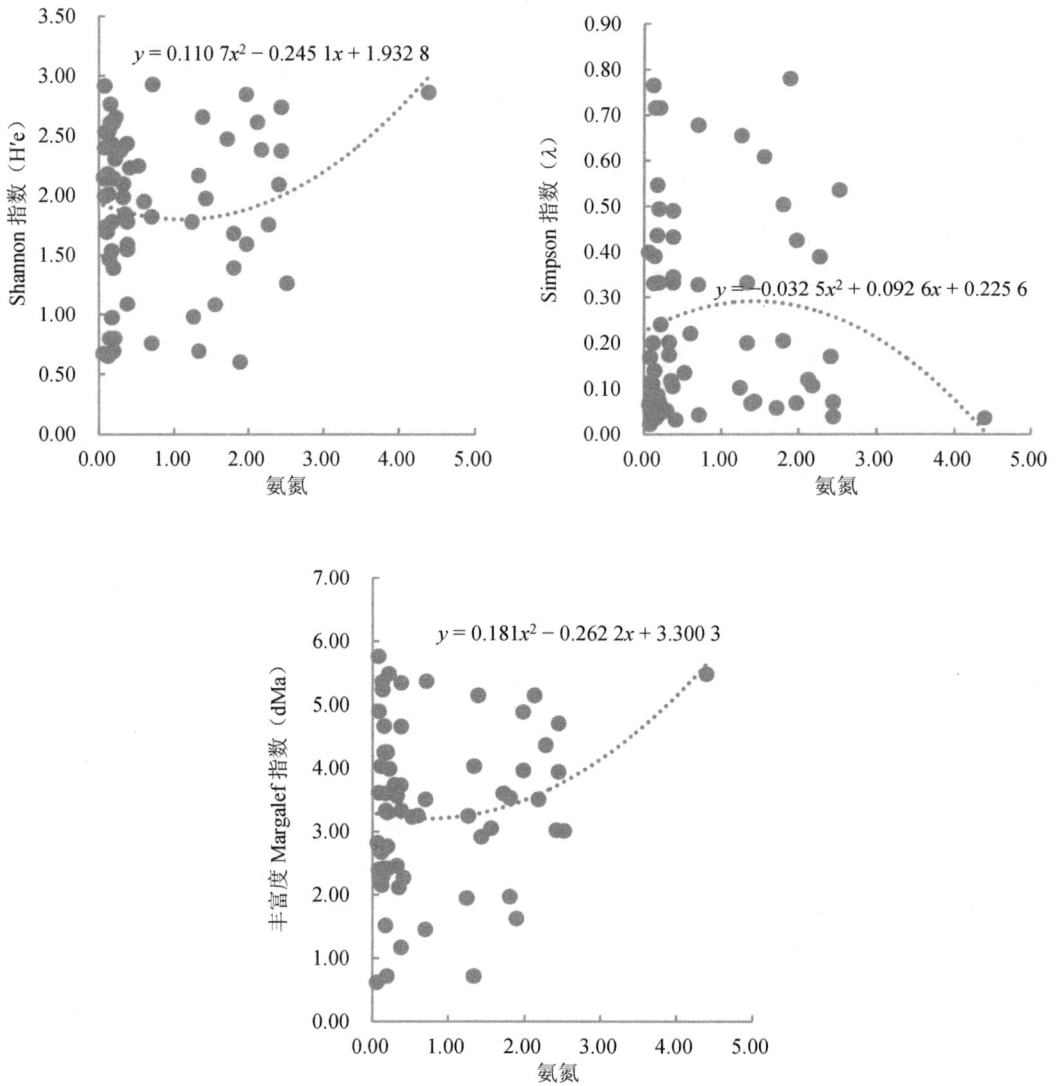

图 7-6 氨氮对藻类多样性影响分析

7.3.1.7 总磷对藻类多样性影响

总磷对藻类生物多样性特征指标变化影响不显著,其中与藻类密度、多样性指数、丰富度表现呈正相关,与均匀度指数、辛普森指数表现呈负相关,但未达到显著水平。点位福德店总磷为 0.1,香农多样性指数为 2.92,生物密度为 0.7×10^4 ind/L,辛普森指数为 0.02,丰富度指数为 5.76,均匀度指数为 0.97;点位招苏台河总磷为 0.57,香农多样性指数为 2.86,生物密度为 1.2×10^4 ind/L,辛普森指数为 0.04,丰富度指数为 5.48,均匀度指数为 0.975。

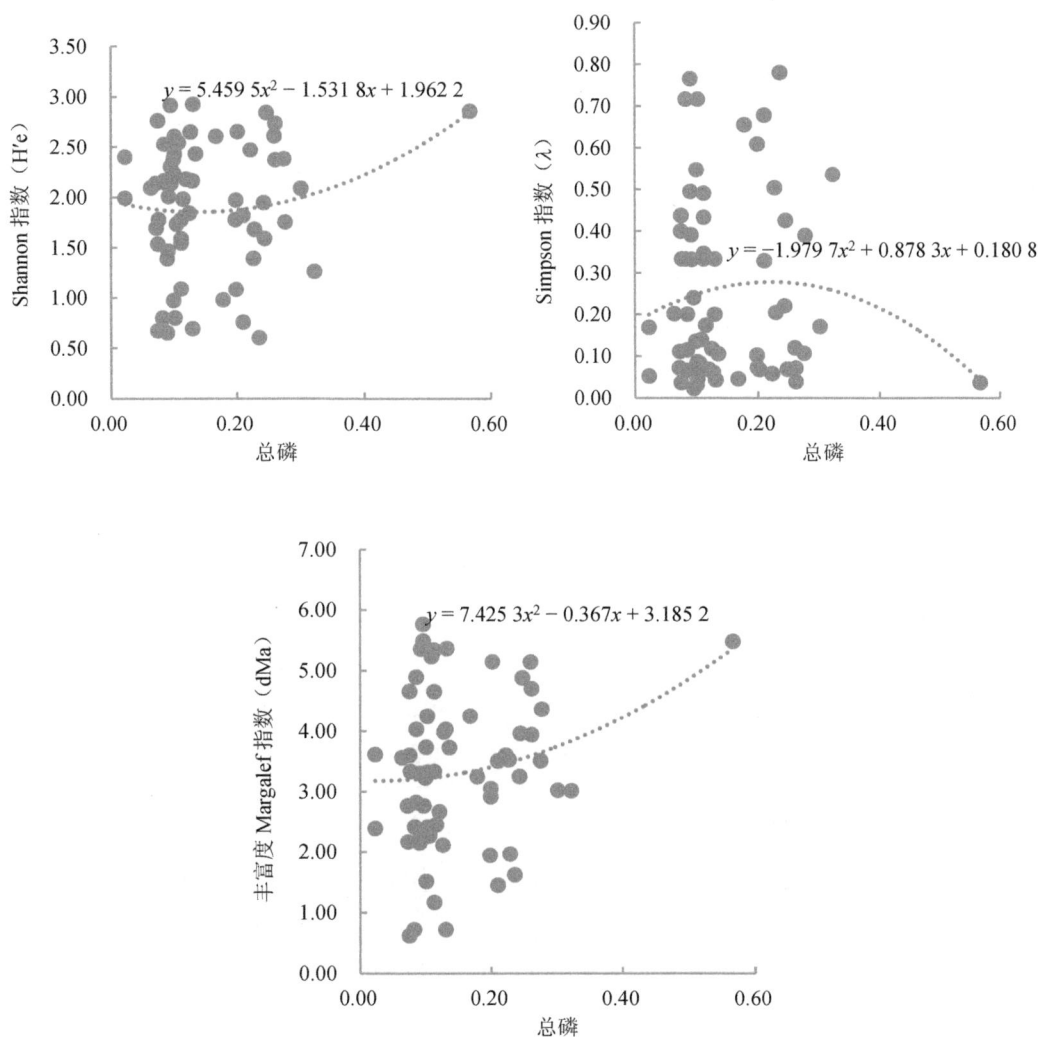

$y = 5.459\,5x^2 - 1.531\,8x + 1.962\,2$

$y = -1.979\,7x^2 + 0.878\,3x + 0.180\,8$

$y = 7.425\,3x^2 - 0.367x + 3.185\,2$

图 7-7 总磷对藻类多样性影响分析

7.3.1.8 总氮对藻类多样性影响

总氮对藻类生物多样性特征指标变化影响趋势与氨氮趋势一致,与藻类密度、多样性指数、辛普森指数、丰富度表现呈正相关,与均匀度指数表现呈负相关,但均未达到显著水平。点位福德店总氮为 2.2,香农多样性指数为 2.92,生物密度为 $0.7×10^4$ ind/L,辛普森指数为 0.02,丰富度指数为 5.76,均匀度指数为 0.97;点位招苏台河总氮为 11.1,香农多样性指数为 2.86,生物密度为 $1.2×10^4$ ind/L,辛普森指数为 0.04,丰富度指数为 5.48,均匀度指数为 0.975。

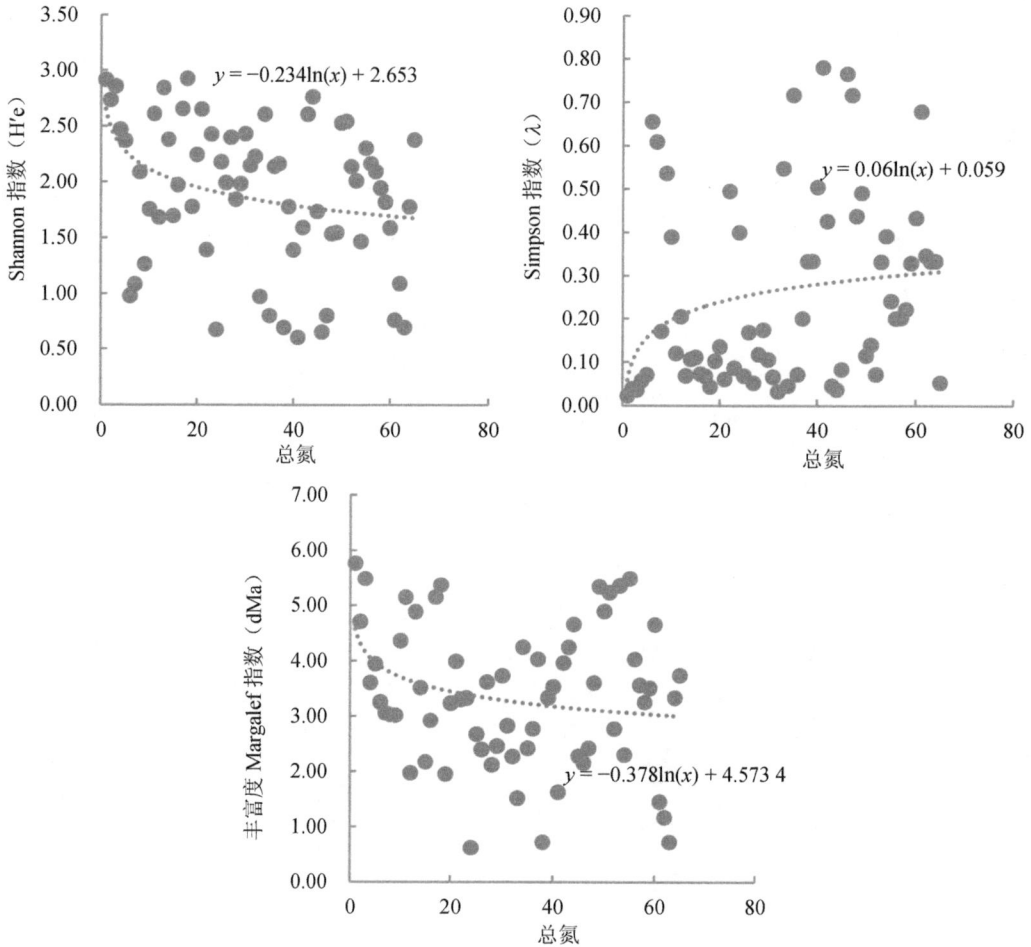

图 7-8 总氮对藻类多样性影响分析

7.3.2 水质与底栖动物多样性相关分析

7.3.2.1 pH 对底栖动物多样性影响

辽河流域水质 pH 与底栖动物种类、香农多样性指数呈正相关，表明一定程度的 pH 升高，可以引起底栖动物种类和香农多样性指数升高。但 pH 对底栖动物均匀度指数、辛普森指数呈负相关；pH 对底栖动物 Margalef 丰富度指数呈正相关，表明 pH 升高，会导致底栖动物 Margalef 丰富度指数升高。点位清入辽河 pH 为 7.32，底栖动物种类为 6，香农多样性指数为 1.58，Margalef 丰富度指数为 1.62，均匀度指数为 0.88，辛普森指数为 0.19；而曙光大桥的 pH 为 8.71，底栖动物种类为 10，香农多样性指数为 1.84，Margalef 丰富度指数为 2.39，均匀度指数为 0.80，辛普森指数为 0.18。

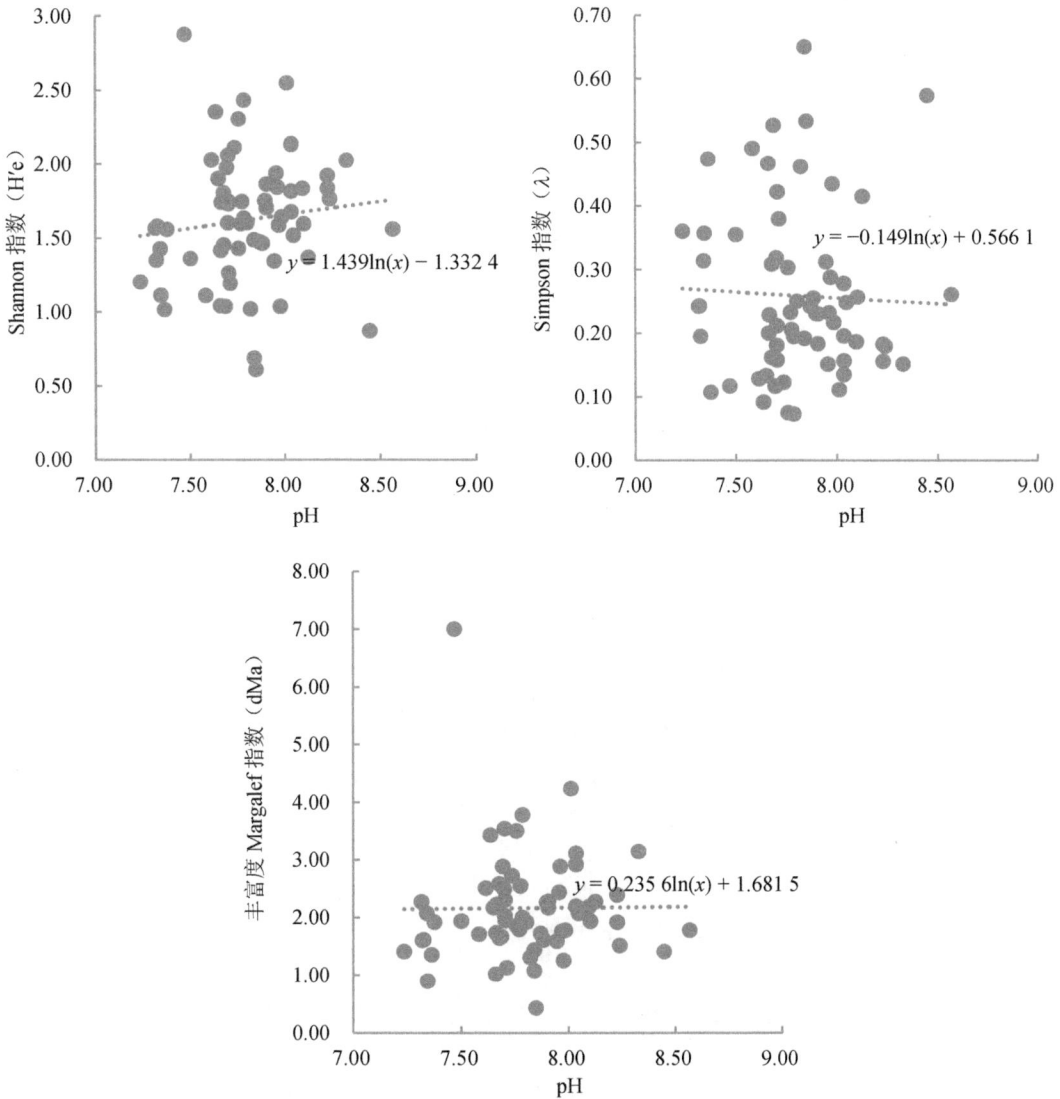

图 7-9　pH 与底栖动物多样性特征变化分析

7.3.2.2　溶解氧对底栖动物多样性影响

溶解氧（DO）与底栖动物种类、Margalef 丰富度指数呈负相关，并且达到显著水平，表明 DO 升高，会导致底栖动物种类数降低，底栖动物 Margalef 丰富度指数降低。DO 对底栖动物香农多样性指数呈负相关，对底栖动物均匀度指数、辛普森指数呈正相关，但未达到显著水平。

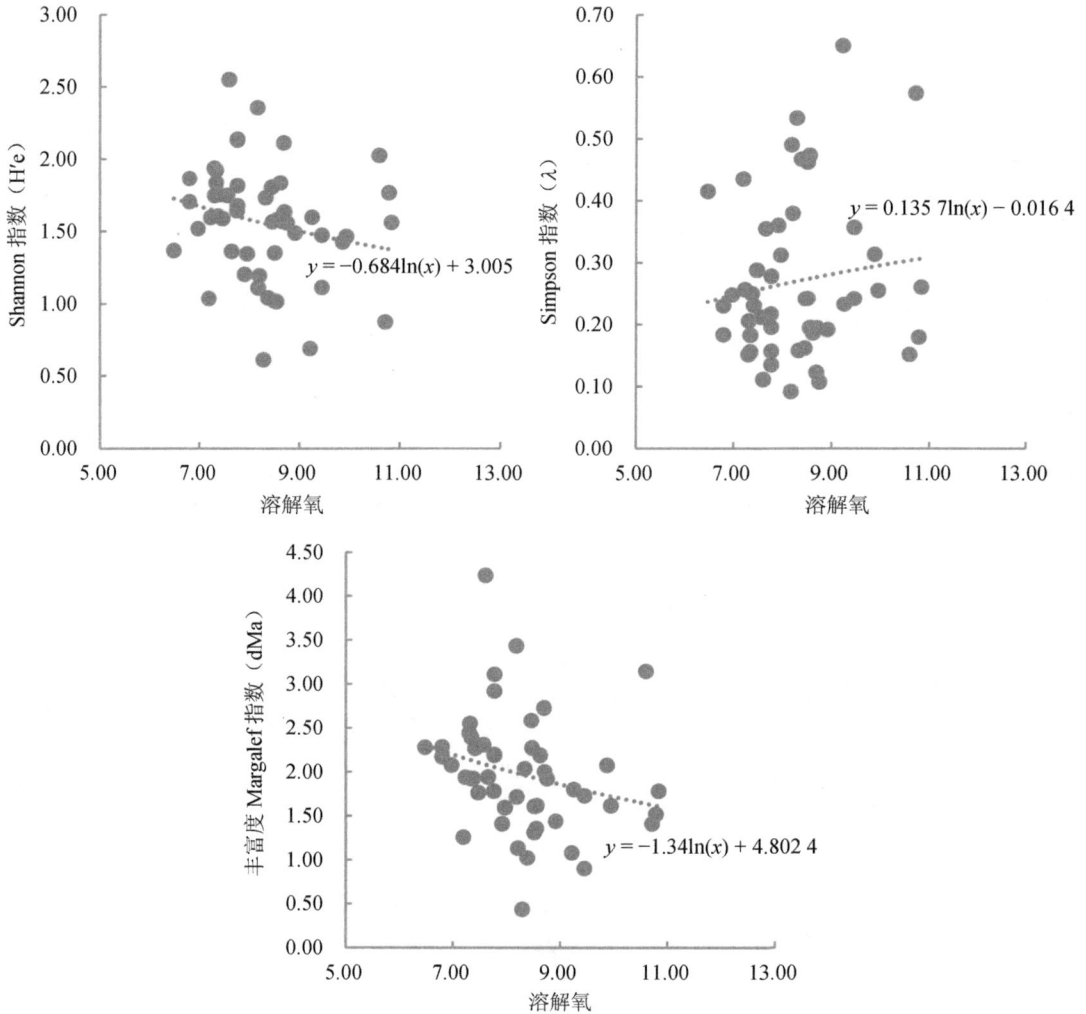

图 7-10　溶解氧对底栖动物多样性影响分析

7.3.2.3　高锰酸盐指数对底栖动物多样性影响

高锰酸盐指数与底栖动物种类、香农多样性指数呈正相关，并且达到显著水平，对底栖动物均匀度指数、辛普森指数呈负相关，对底栖动物 Margalef 丰富度指数呈正相关，表明高锰酸盐指数升高，会使底栖动物 Margalef 丰富度指数升高。流域高锰酸盐指数变化范围表明，高锰酸盐指数过高会影响底栖动物多样性指数，进而改变底栖动物物种构成情况，这也与调查结果一致。

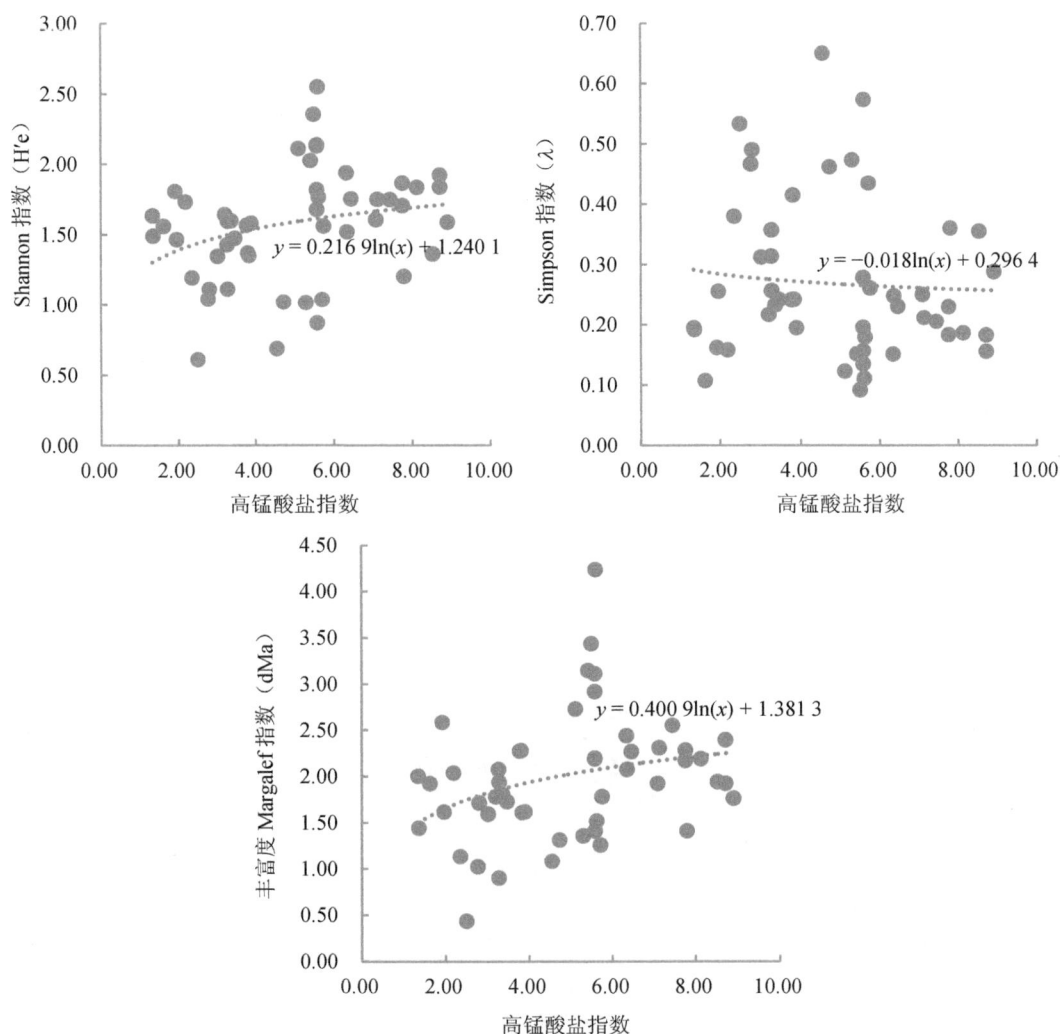

图 7-11　高锰酸盐指数对底栖动物多样性影响分析

7.3.2.4　化学需氧量对底栖动物多样性影响

化学需氧量（COD）与底栖动物种类、香农多样性指数呈正相关，并且达到显著水平，与均匀度指数、辛普森指数呈负相关，与 Margalef 丰富度指数呈正相关，但均未达到显著水平。化学需氧量会影响底栖动物种类数，进而丰富底栖动物生物种类。点位清河入辽的 COD 为 14.36，底栖动物种类为 6，香农多样性指数为 1.58，丰富度指数为 1.62，均匀度指数为 0.88，辛普森指数为 0.19；点位曙光大桥的 COD 为 32.38，底栖动物种类为 10，香农多样性指数为 1.84，丰富度指数为 2.39，均匀度指数为 0.80，辛普森指数为 0.18。

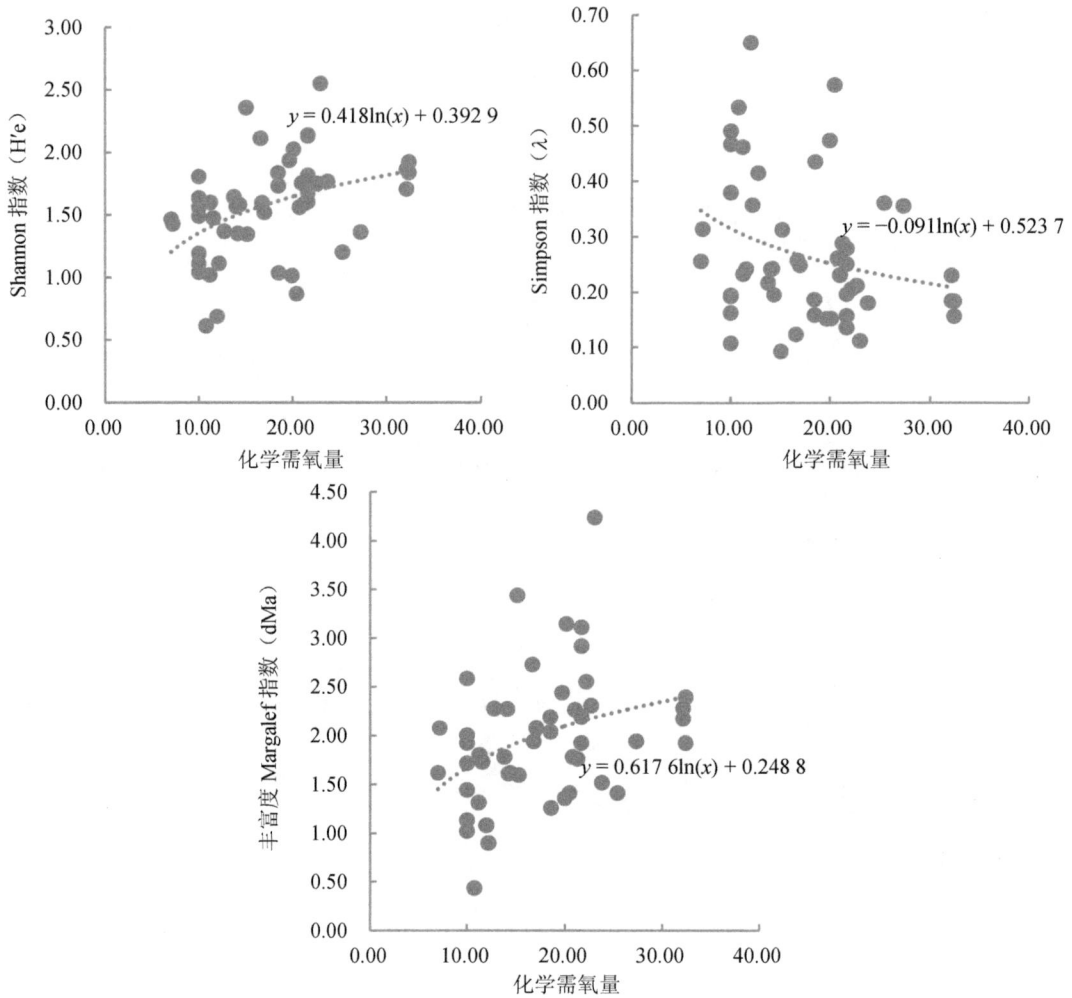

$y = 0.418\ln(x) + 0.392\,9$

$y = -0.091\ln(x) + 0.523\,7$

$y = 0.617\,6\ln(x) + 0.248\,8$

图 7-12　化学需氧量对底栖动物多样性影响分析

7.3.2.5　生化需氧量对底栖动物多样性影响

生化需氧量（BOD）与底栖动物种类呈正相关，并且达到显著水平，表明生化需氧量升高，会导致底栖动物种类数升高，与底栖动物香农多样性指数、Margalef 丰富度指数呈正相关，与底栖动物均匀度指数、辛普森指数呈负相关，但未达到显著水平。点位通江口的 BOD 为 1.35，底栖动物种类为 7，香农多样性指数为 1.43，丰富度指数为 1.86，均匀度指数为 0.74，辛普森指数为 0.3；点位三合屯的 BOD 为 1.97，底栖动物种类为 10，香农多样性指数为 2.03，丰富度指数为 2.51，均匀度指数为 0.88，辛普森指数为 0.13。

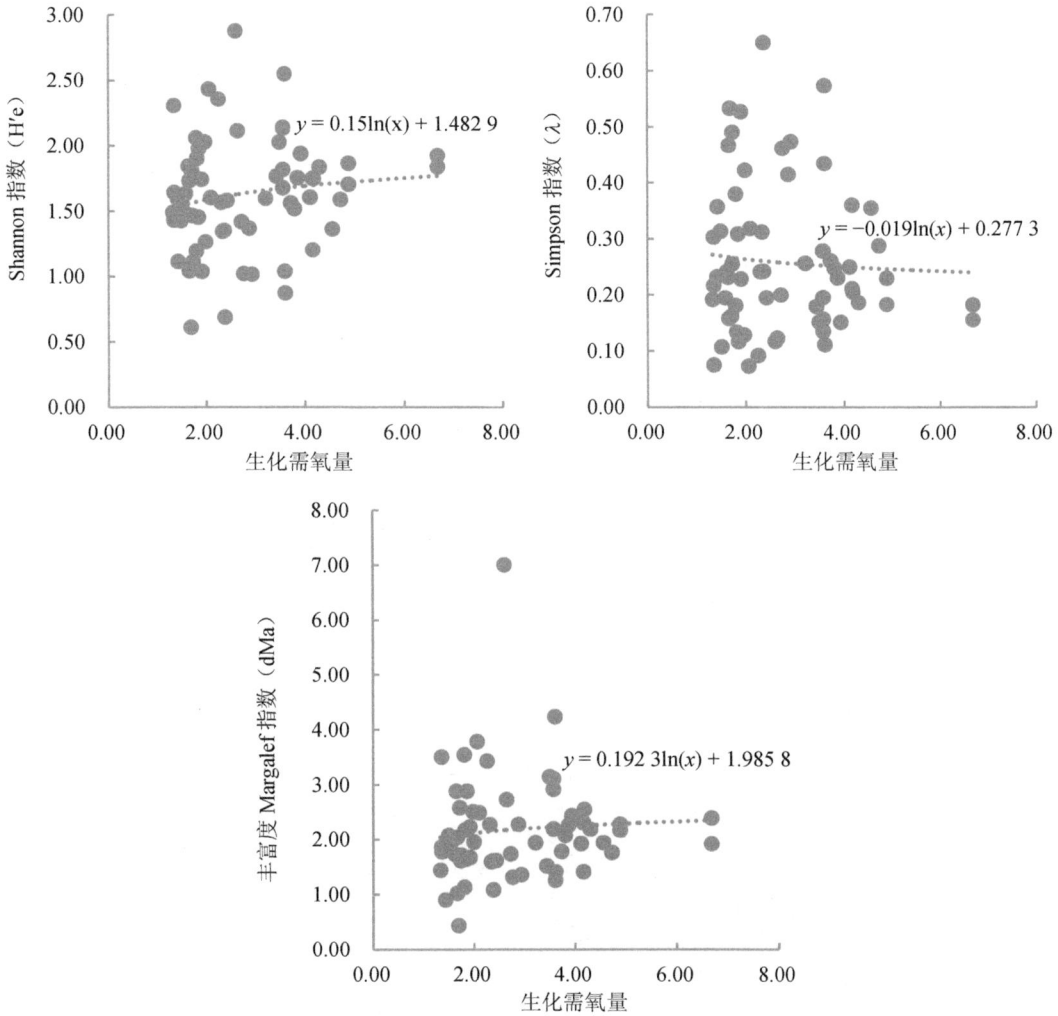

图 7-13　生化需氧量对底栖动物多样性影响分析

7.3.2.6　氨氮对底栖动物多样性影响

氨氮对底栖动物生物多样性特征指标变化影响不显著，其中与底栖动物种类、香农多样性指数、均匀度指数、Margalef 丰富度指数呈正相关，与底栖动物辛普森指数呈负相关，均未达到显著水平。点位凡河入干氨氮为 0.15，底栖动物种类为 5，香农多样性指数为 1.02，丰富度指数为 1.36，均匀度指数为 0.63，辛普森指数为 0.47；点位石佛寺下断面的氨氮为 1.80，底栖动物种类为 12，香农多样性指数为 2.03，丰富度指数为 3.15，均匀度指数为 0.82，辛普森指数为 0.15。

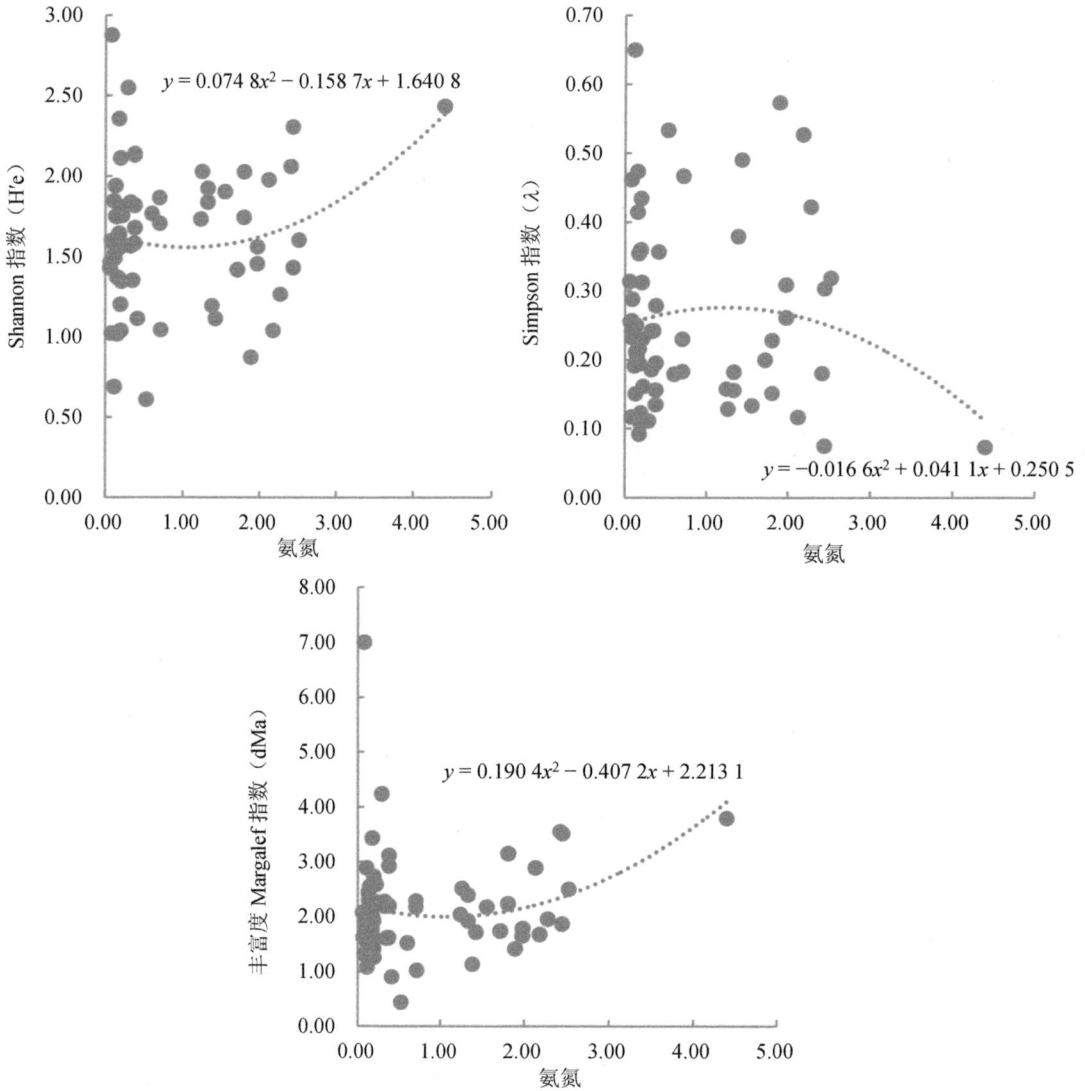

图 7-14　氨氮对底栖动物多样性影响分析

7.3.2.7　总磷对底栖动物多样性影响分析

总磷对底栖动物生物多样性特征指标变化影响趋势与氨氮趋势一致，其中与底栖动物种类、香农多样性指数、均匀度指数、Margalef 丰富度指数呈正相关，与底栖动物辛普森指数呈负相关，均未达到显著水平。点位凡河入干氨氮为 0.15，底栖动物种类为 5，香农多样性指数为 1.02，丰富度指数为 1.36，均匀度指数为 0.63，辛普森指数为 0.47；点位石佛寺下断面的氨氮为 1.80，底栖动物种类为 12，香农多样性指数为 2.03，丰富度指数为 3.15，均匀度指数为 0.82，辛普森指数为 0.15。

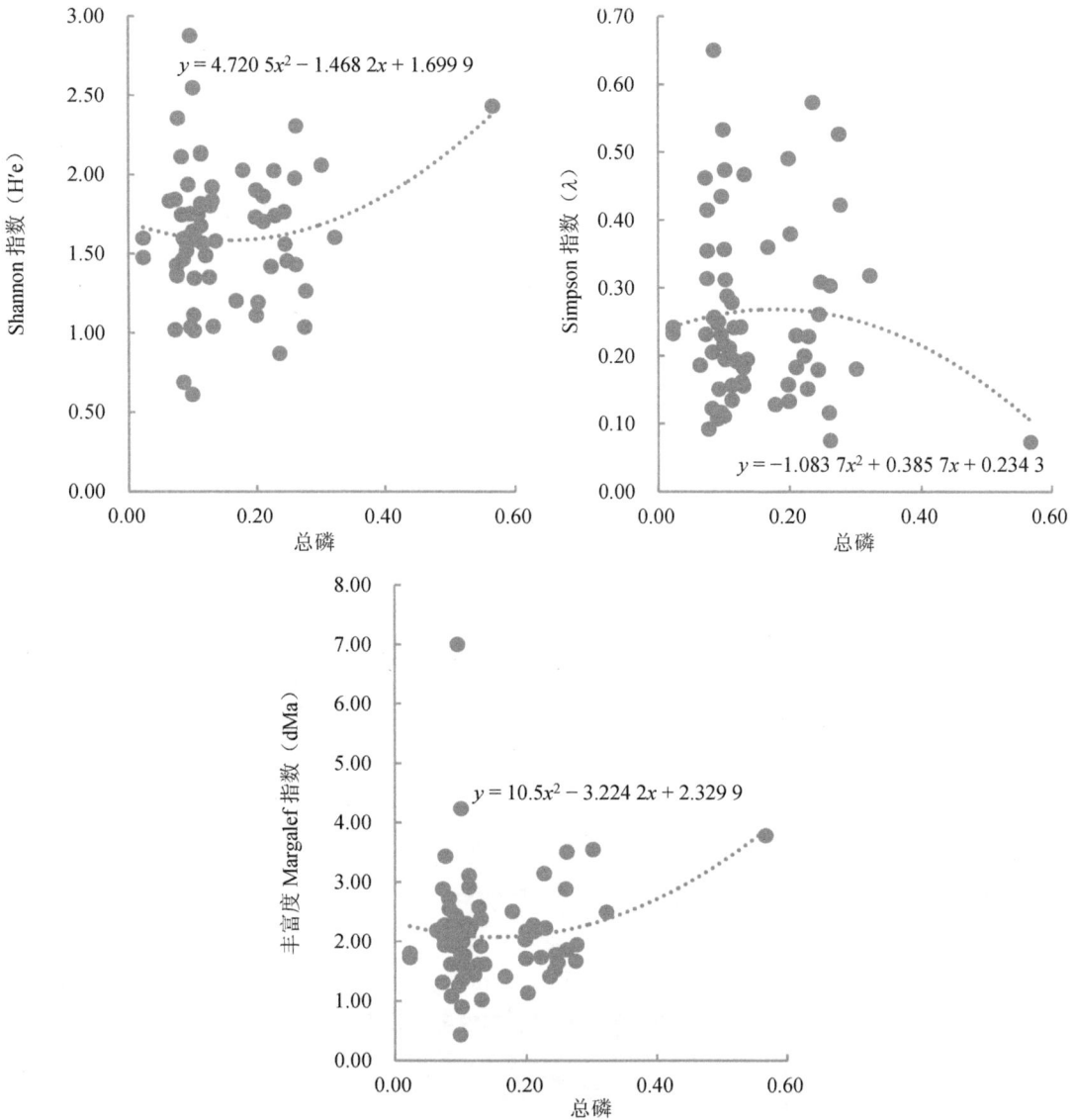

$y = 4.720\ 5x^2 - 1.468\ 2x + 1.699\ 9$

$y = -1.083\ 7x^2 + 0.385\ 7x + 0.234\ 3$

$y = 10.5x^2 - 3.224\ 2x + 2.329\ 9$

图 7-15　总磷对底栖动物多样性影响分析

7.3.2.8　总氮对底栖动物多样性影响分析

总氮对底栖动物生物多样性特征指标变化影响不显著，其中与底栖动物种类、香农多样性指数、辛普森指数、Margalef 丰富度指数呈负相关，与底栖动物均匀度指数呈正相关，但均未达到显著水平。

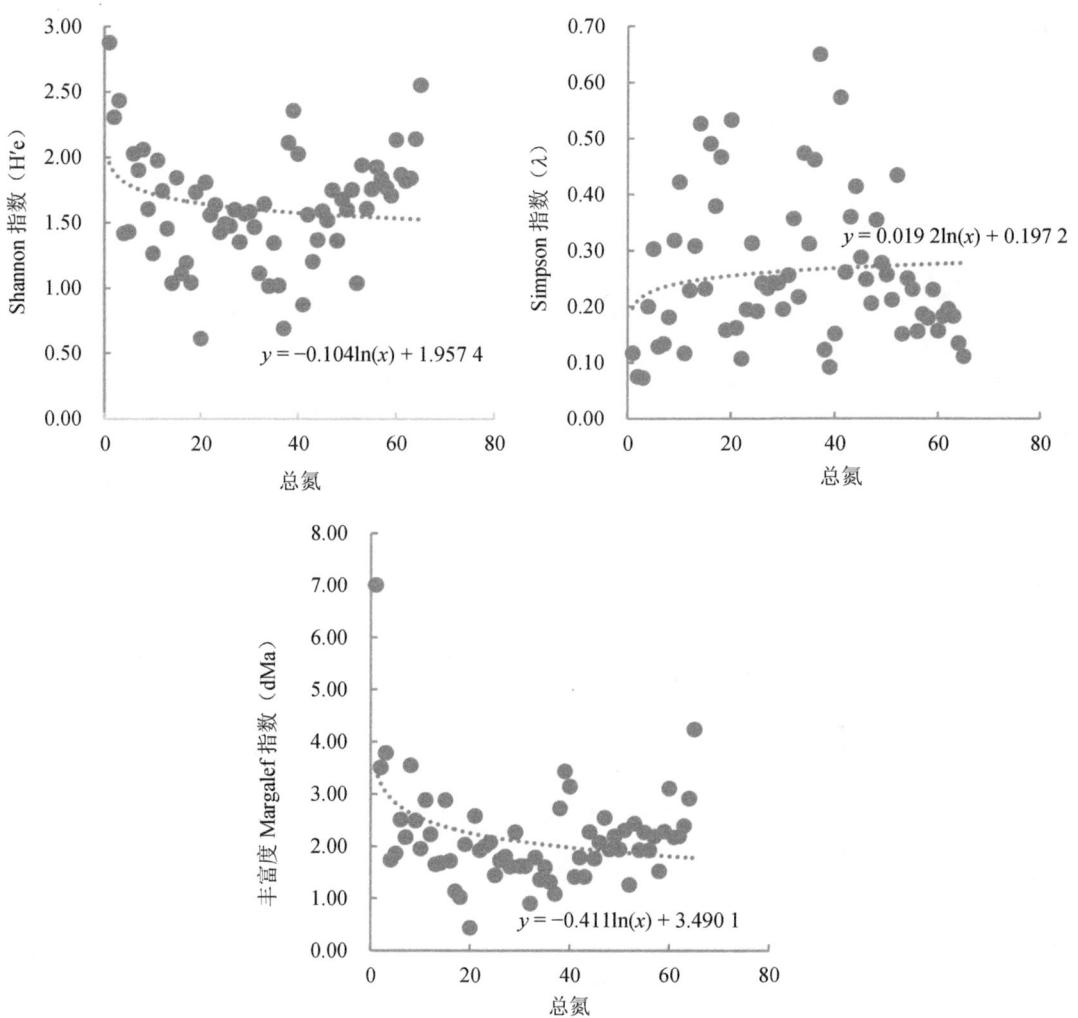

图 7-16 总氮对底栖动物多样性影响分析

7.3.3 水质与近河岸带植被特征相关性分析

7.3.3.1 pH 与河岸带植被特征的相关性

对水质 pH 与近河岸植被特征的相关性进行数理统计分析，结果表明，pH 与河岸植被盖度呈显著正相关，因此可以推断近河岸植被盖度在一定程度上有利于保持河流水质 pH 的适宜度。但近河岸植被的种类数量、香农多样性指数与 pH 呈正相关，河岸植被均匀度指数、Margalef 丰富度指数与水质 pH 呈负相关，且未达到显著水平，因此这类特征对河流水质 pH 影响较小。

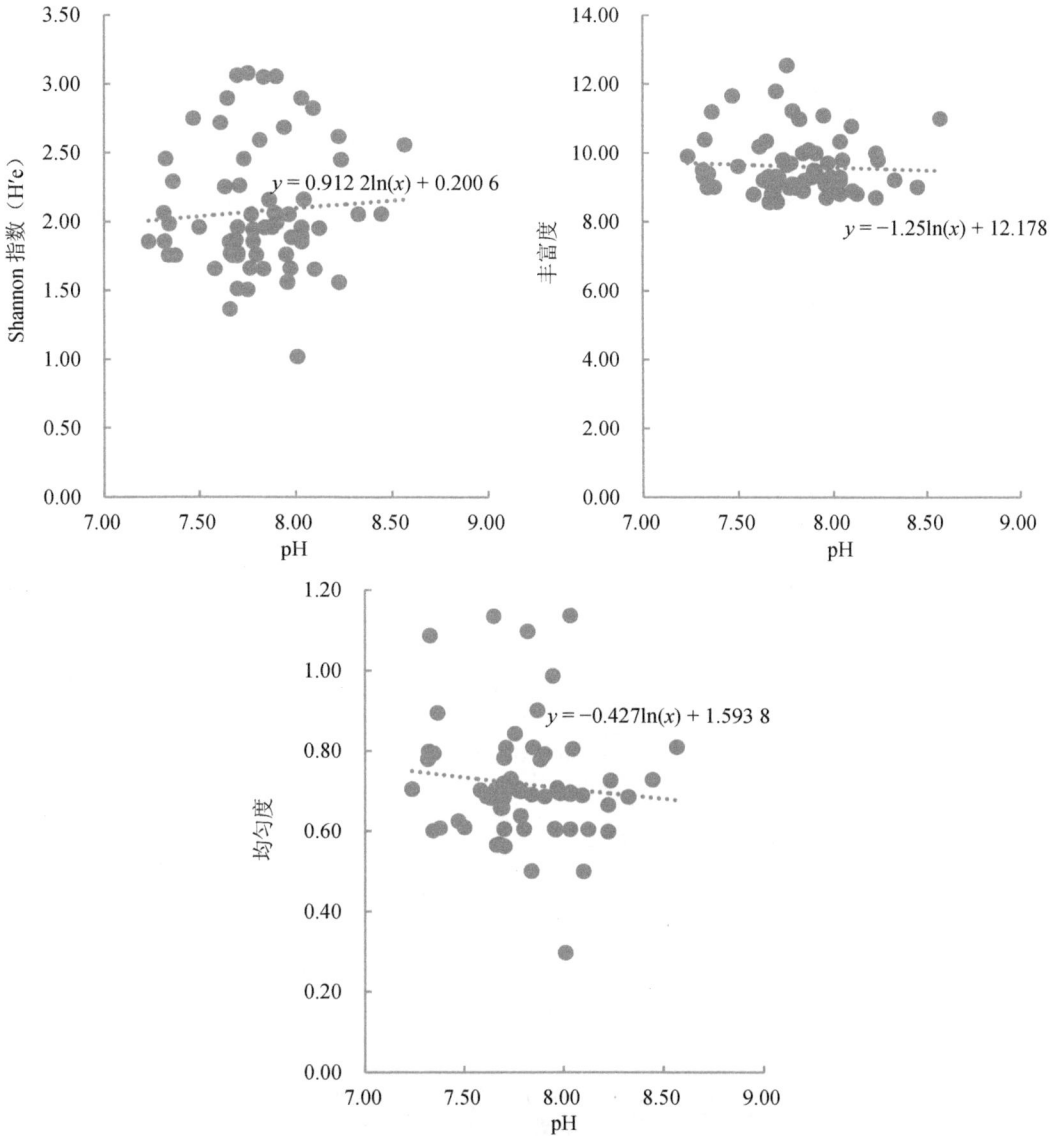

图 7-17　pH 与近河岸植被多样性特征变化分析

7.3.3.2　溶解氧与近河岸植被特征的相关性

对水体中溶解氧（DO）的浓度与河岸植被特征的相关性进行数理统计分析，结果表明，DO 与近河岸植被香农多样性指数、均匀度指数呈显著正相关，因此，了解河岸带植被香农多样性指数、均匀度指数对分析河流水体中的 DO 浓度有一定的作用。河岸植被种类、Margalef 丰富度指数与 DO 的浓度呈正相关，河岸植被盖度与 DO 呈负相关，但均未达到显著水平，这几项植被特征对水体中 DO 指标影响甚微。

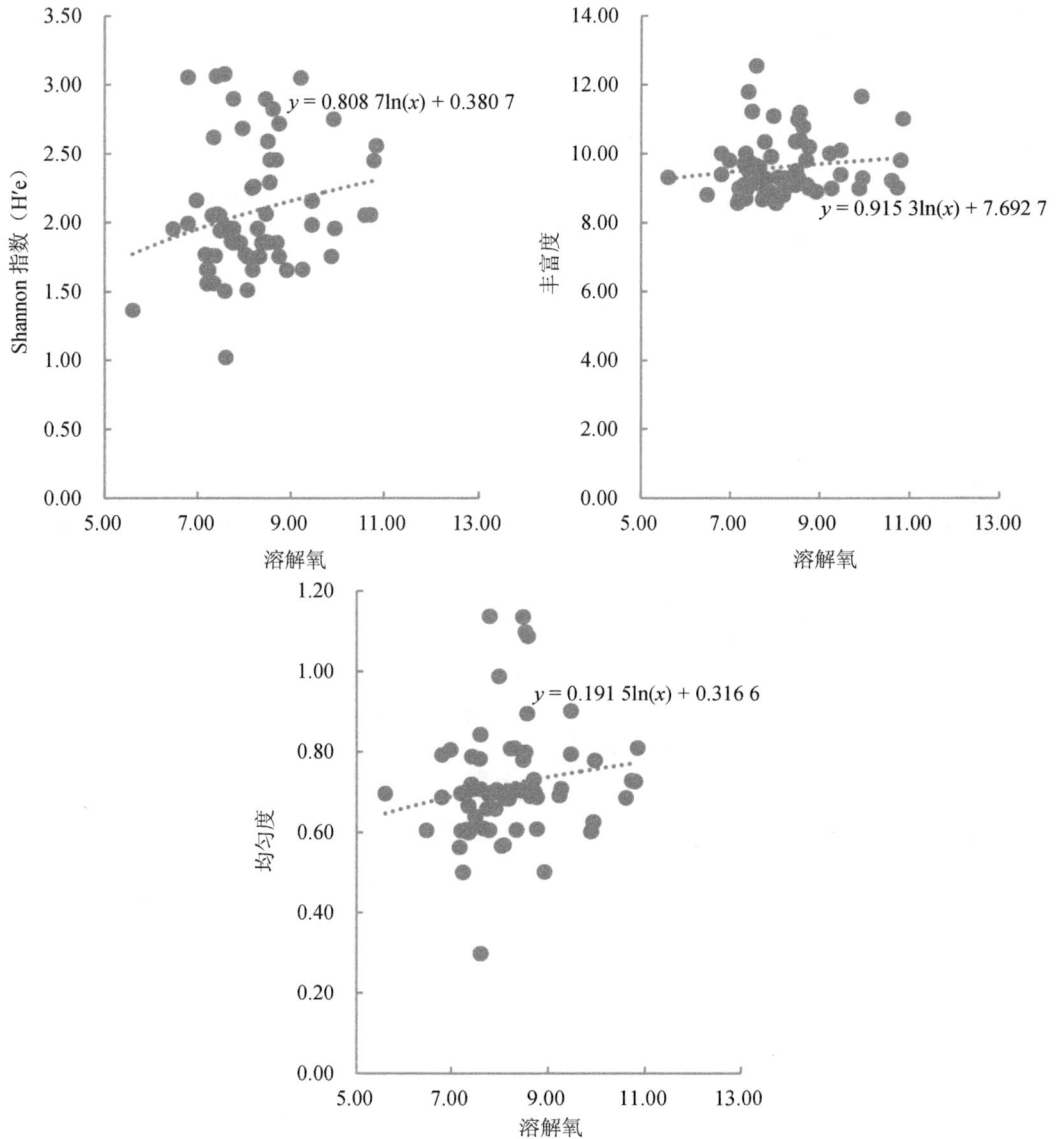

图 7-18　溶解氧对近河岸植被多样性影响分析

7.3.3.3　高锰酸盐指数与近河岸植被特征的相关性

通过对水质指标高锰酸盐指数与河岸植被特征的相关性进行数理统计分析，结果表明，高锰酸盐指数与河岸植被种类、香农多样性指数、丰富度指数、植被盖度均呈显著正相关。因此，掌握河岸植被种类数量与构成特征，在一定程度上有利于了解水体高锰酸盐指数的变化。但高锰酸盐指数与河岸植被均匀度未达到显著水平，因此植被均匀度特征变化对水体高锰酸盐指数影响较小。

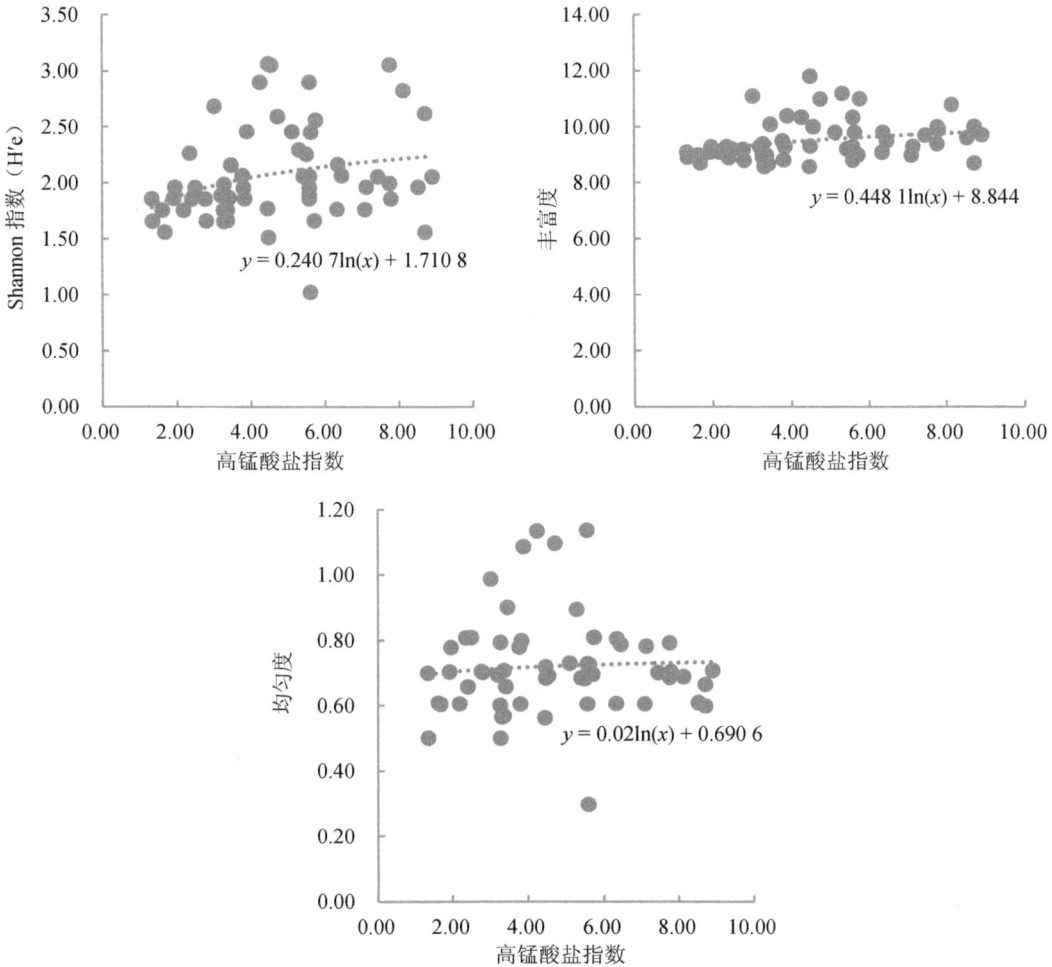

图 7-19　高锰酸盐指数对近河岸植被多样性影响分析

7.3.3.4　化学需氧量与近河岸植被特征的相关性

通过分析水体中化学需氧量（COD）与河岸植被特征的相关性，结果表明，COD 与近河岸植被盖度呈显著正相关，说明调查近河岸植被盖度有利于控制 COD 数值变化。COD 与近河岸植被种类、香农多样性指数、Margalef 丰富度指数呈正相关，与近河岸植被均匀度指数呈负相关，均未达到显著水平，因此，以上河岸植被特征对 COD 数值的影响较小。例如，点位西孤家子的 COD 为 17.34，植被盖度为 75%，近河岸植被种类为 51，香农多样性指数为 2.90，丰富度指数为 10.35，均匀度指数为 1.14；点位五棵树的 COD 为 19.24，植被盖度为 85%，近河岸植被种类为 57，香农多样性指数为 3.06，丰富度指数为 11.80，均匀度指数为 0.72，以上指标变化未呈现显著规律性。

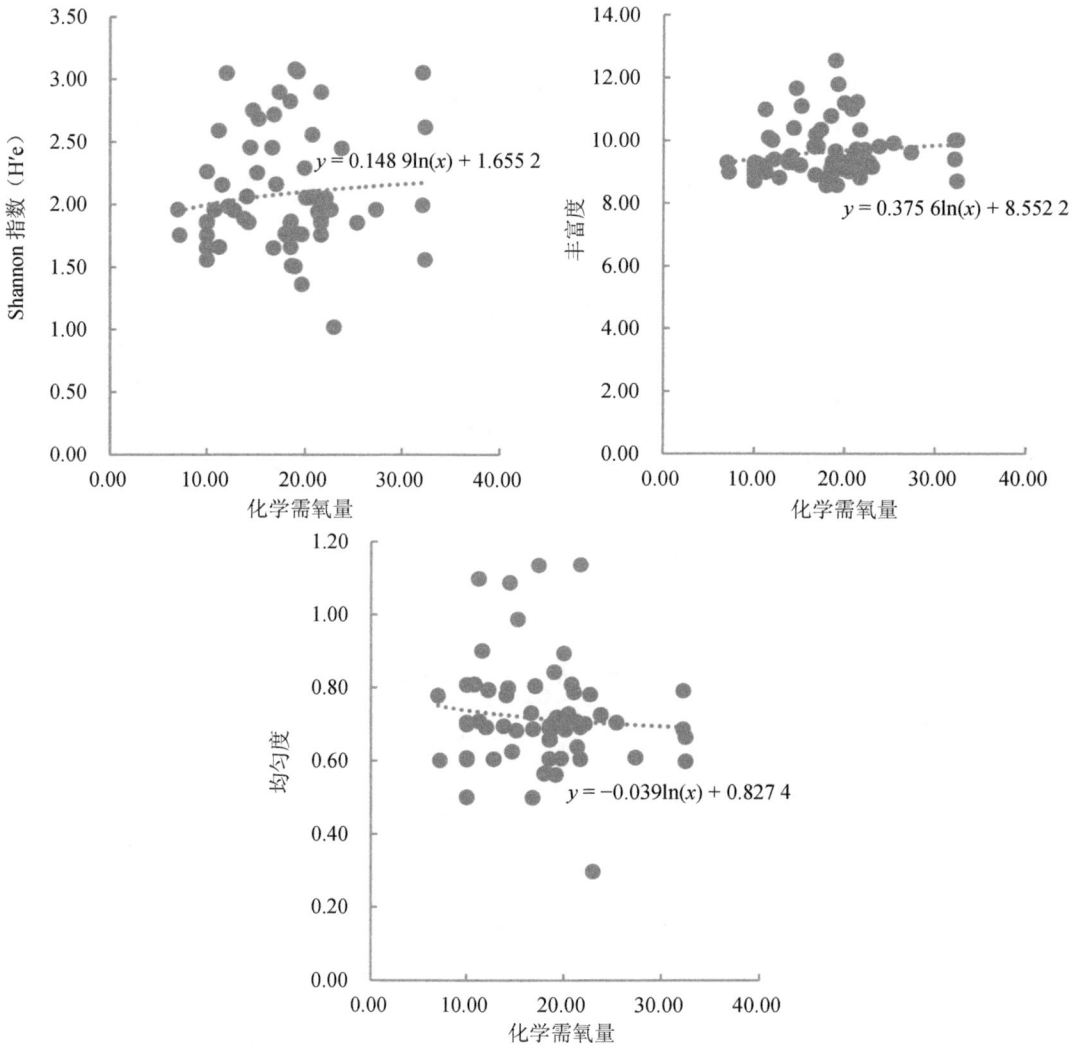

图 7-20 化学需氧量对近河岸植被多样性影响分析

7.3.3.5 化学需氧量与近河岸植被特征的相关性

通过对水体中 BOD 与河岸植被特征的相关性进行数理统计分析，结果表明，BOD 与近河岸植被种类、植被盖度呈显著正相关，可以推断河岸植被种类及盖度情况在一定程度上会导致 BOD 升高。BOD 与近河岸植被香农多样性指数、均匀度指数、Margalef 丰富度指数呈正相关，但均未达到显著水平，因此，此类植被特征对 BOD 指数影响较小。这与大部分区域调查结果一致，例如，点位柳河上 BOD 为 2.88，植被盖度为 65%，近河岸植被种类为 28，香农多样性指数为 1.95，丰富度指数为 8.81，均匀度指数为 0.61；而点位燕飞里 BOD 为 4.18，植被盖度为 85%，近河岸植被种类为 39，香农多样性指数为

2.05，丰富度指数为 0.71，均匀度指数为 0.70。

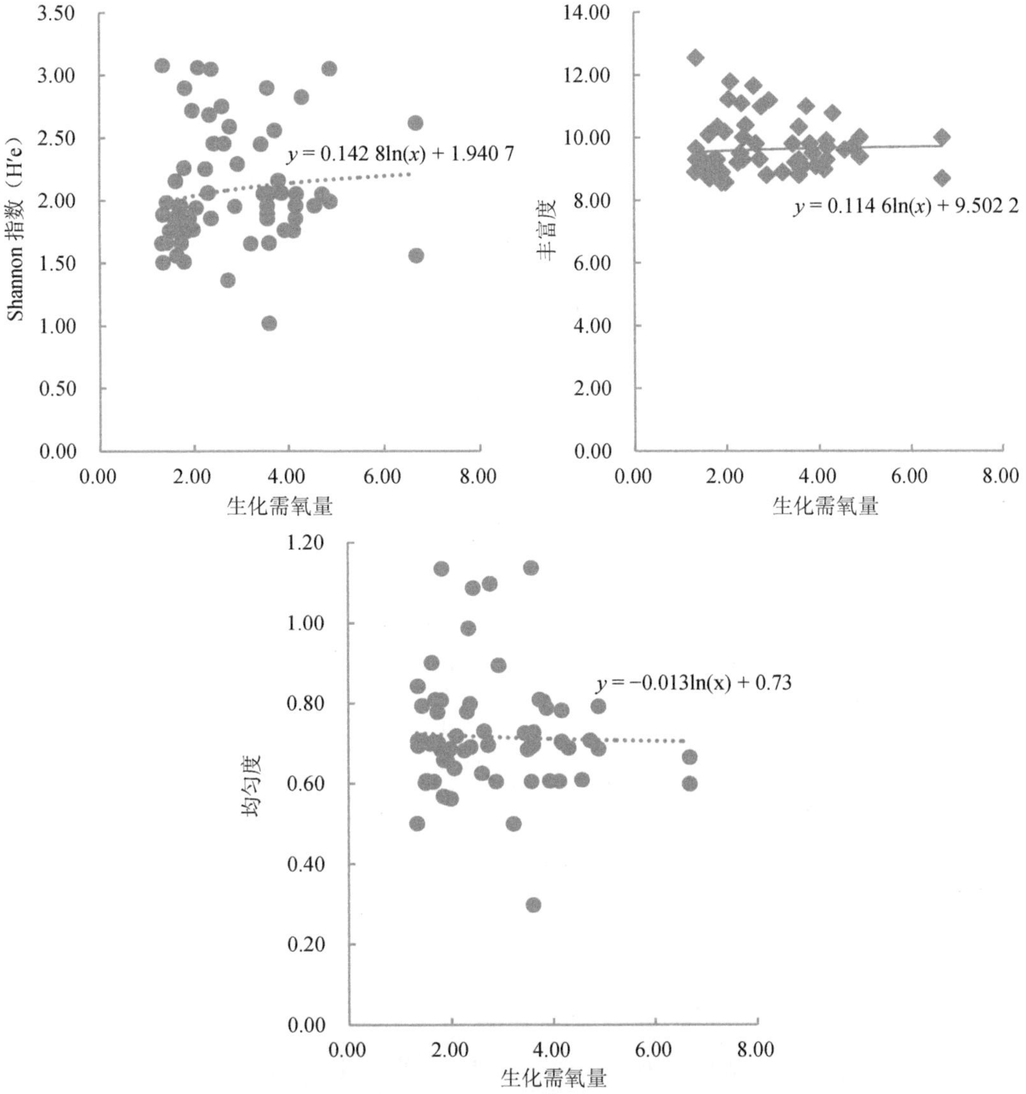

图 7-21　生化需氧量对近河岸植被多样性影响分析

7.3.3.6　氨氮与近河岸植被特征的相关性

通过对水体中氨氮浓度与河岸植被特征的相关性进行数理统计分析，结果表明，氨氮与近河岸植被种类、近河岸植被香农多样性指数、均匀度指数、Margalef 丰富度指数呈正相关，与近河岸植被盖度呈负相关，但均未达到显著水平，因此，近河岸植被各指标特征与河流水质氨氮含量无明显相关性。例如，调查结果中三合屯的氨氮为 1.26，近河岸植被种类为 46，香农多样性指数为 2.72，均匀度指数为 0.69，Margalef 丰富度指数为 10.19，近河岸植被盖度为 70%；点位三河下拉的氨氮为 2.44，近河岸植被种类为 57，香农多样性指数为 3.08，均匀度指数为 0.71，Margalef 丰富度指数为 12.55，近河岸植被盖度为 65%，未观察到明显趋势特征。

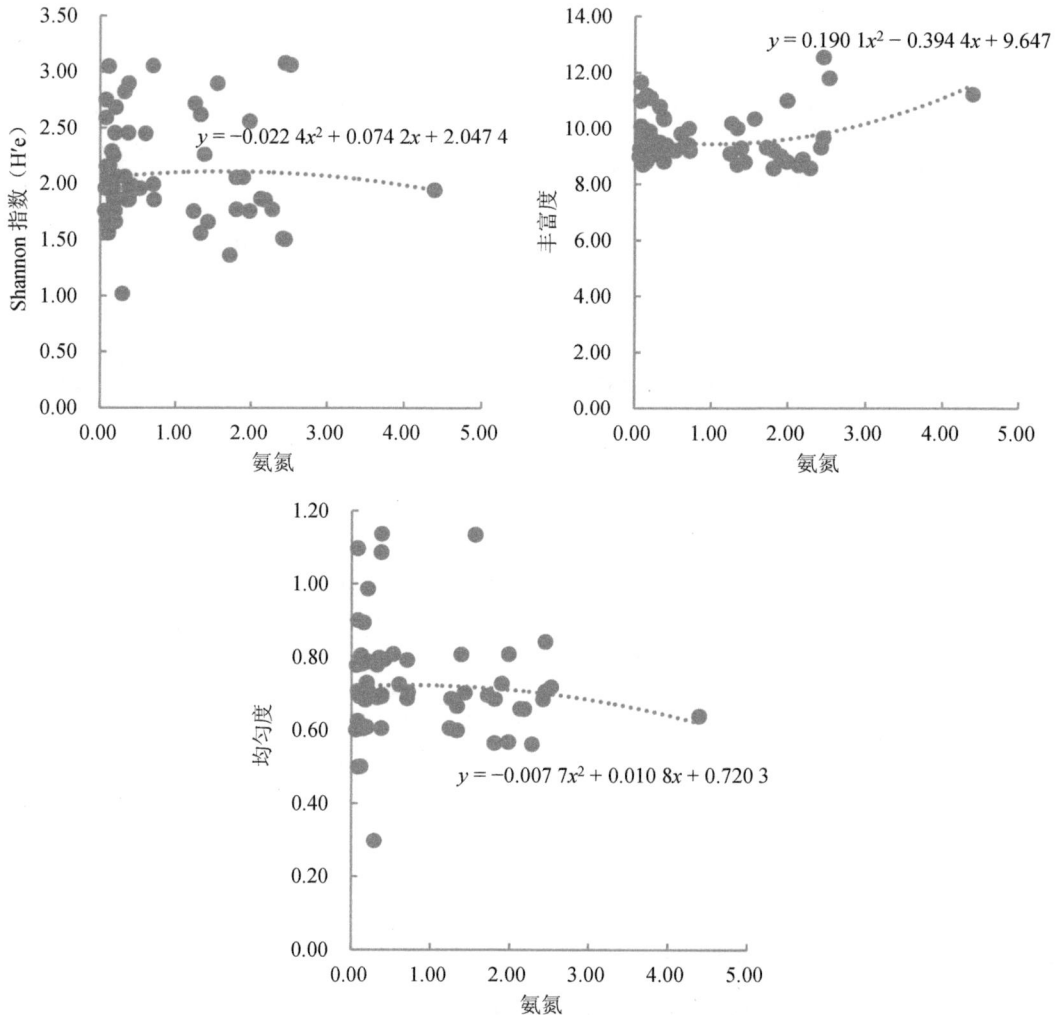

图 7-22　氨氮对近河岸植被多样性影响分析

7.3.3.7　总磷与近河岸植被特征的相关性

通过对水体中总磷含量与河岸植被特征的相关性进行数理统计分析，结果表明，总磷与近河岸植被种类、香农多样性指数、近河岸植被盖度呈显著负相关，因此，河岸植被种类单一化、多样性指数降低以及植被盖度降低，会导致水体总磷含量过高。此外，总磷含量与近河岸植被均匀度指数、Margalef 丰富度指数呈正相关，但均未达到显著水平，说明这几类植被特征对总磷含量影响较小。例如，点位三合屯的总磷为 0.18，近河岸植被种类为 46，香农多样性指数为 2.72，近河岸植被盖度为 70%，均匀度指数为 0.69，Margalef 丰富度指数为 10.19；点位二道河的总磷为 0.22，近河岸植被种类为 21，香农多样性指数为 1.36，近河岸植被盖度为 55%，均匀度指数为 0.70，Margalef 丰富度指数为 9.31。

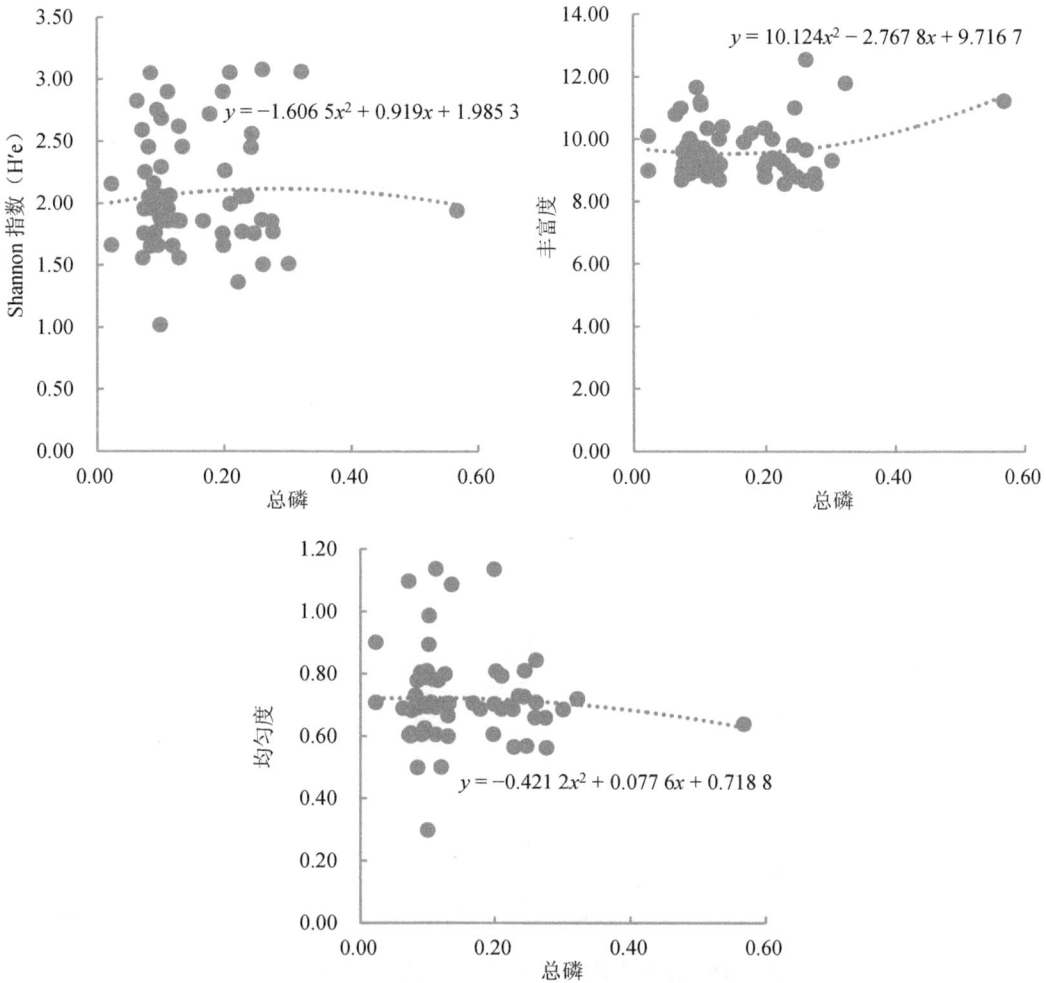

图 7-23　总磷对近河岸植被多样性影响分析

7.3.3.8　总氮与近河岸植被特征的相关性

通过分析水体中总氮含量与河岸植被特征的相关性，结果显示，总氮与近河岸植被盖度呈显著负相关，可以推断河岸植被盖度低会使总氮含量过高。水体总氮含量与近河岸植被种类、香农多样性指数、Margalef 丰富度指数呈负相关，与近河岸植被均匀度指数呈正相关，但未达到显著水平，因此，这几类特征与水体总氮无明显相关性。

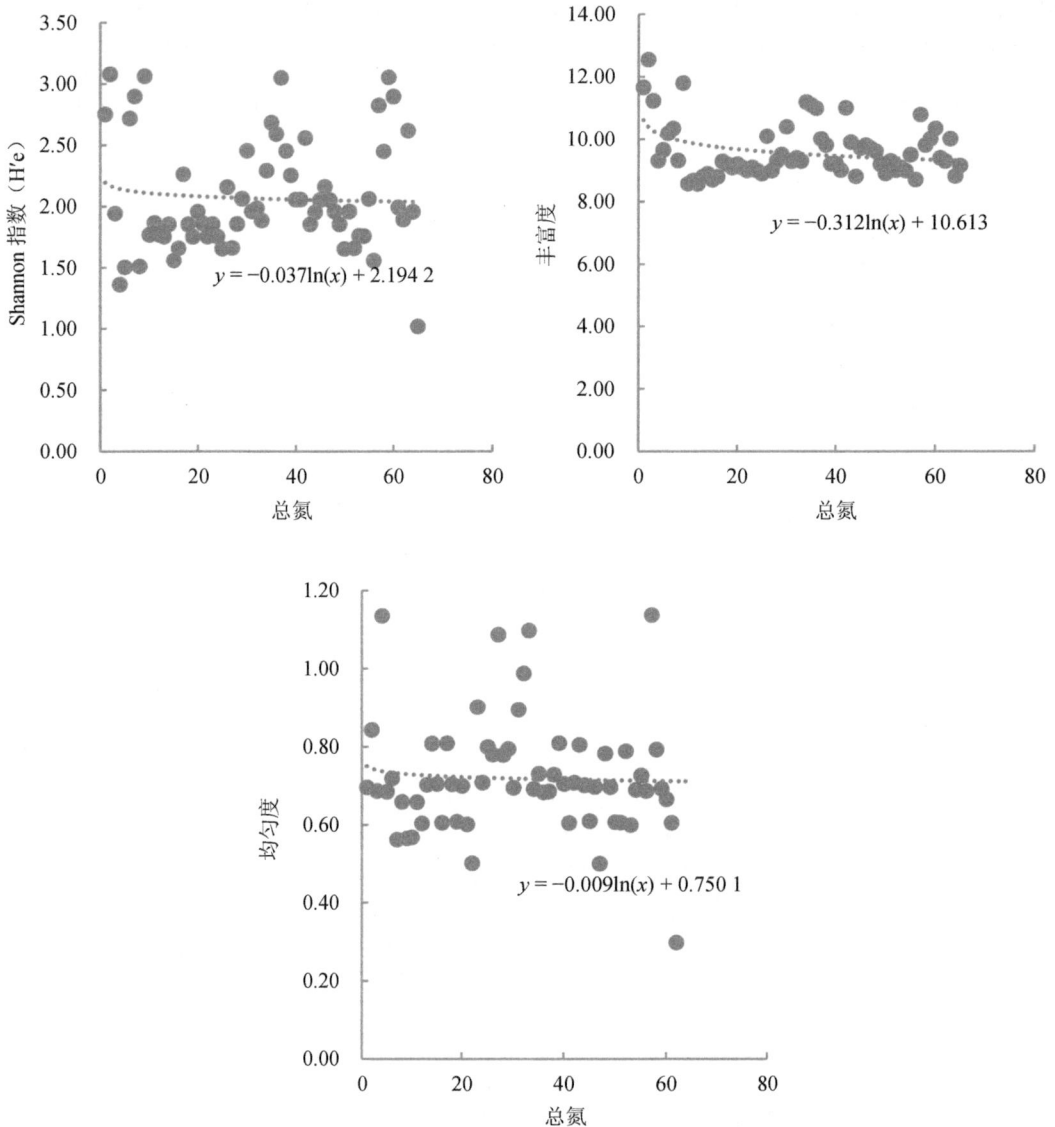

图 7-24　总氮对近河岸植被多样性影响分析

7.4　辽河水系水生生物多样性驱动力研究

基于对研究区域的水生生物多样性评估，开展流域水生生物多样性驱动力研究，确定各功能评价指标，运用主成分分析法、熵权综合指数法和相关性分析法来筛选影响流域水生生物多样性空间分布的主要驱动因子，并以此分析驱动因子对流域浮游植物和底栖动物分布特征及群落的影响，为流域生物多样性保护提供科技支撑。

7.4.1　指标选取原则

（1）科学性原则。选择功能评价指标、构建评价指标体系时，要保证科学合理，每个指标及所建立的指标体系要能反映水生生物多样性功能的基本特征，指标概念明确，并具有本学科的内涵。

（2）系统性原则。选择的评价指标能全面反映研究区域的水生态系统功能本质特征，并且形成一个完整体系。

（3）主导性原则。在水生生物多样性评价中，可选评价指标繁杂，因此，选择评价指标构建指标体系时，要有意识地选择一些有代表性、表现力强、与水生生物多样性密切相关的因子作为评价指标。

（4）独立性原则。所选评价指标之间既要联系密切，又要避免信息重复，保持各自的独立性。

（5）实用性原则。定性分析难以有力地说明问题，而从量化的角度不得不考虑评价指标数据的可获取性，因此，各项指标所涉及的数据不但要有权威性和及时性，还要具有可比性且计算方法可行。

7.4.2　指标初选

按照要素把流域水生生物多样性评价指标划分为水质、水资源、水生态和社会经济发展四个子系统，以此来构建评价指标体系的基本结构框架。针对每个子系统的内涵特点，筛选的指标要能反映出人类社会经济活动对水生态系统的影响。

（1）水质（9 个指标）

主要包括 COD、BOD、DO、pH、氨氮、总磷、高锰酸盐指数、电导率和水温 9 个指标。

（2）水资源（14 个指标）

主要包括年降水量、地表水资源量、地下水资源量、水资源总量、供水总量、用水总量、径流深、农田灌溉用水量、工业用水量、城镇公共居民生活用水量、生态环境用水量、年径流量、年平均含沙量、年平均输沙率 14 个指标。

（3）水生态（16 个指标）

生物指标主要包括藻类种类、藻类密度、藻类香农指数（H'e）、藻类 Pielou 指数（Je）藻类辛普森指数（λ）、藻类丰富度 Margalef 指数（dMa）、底栖动物种类、底栖动物香农指数（H'e）、底栖动物 Pielou 指数（Je）、底栖动物辛普森指数（λ）、底栖动物丰富度 Margalef 指数（dMa）11 个指标，生境指标主要包括河岸带植被种类、植被多样性、植被丰富度、植被均匀度、植被盖度 5 个指标。

（4）社会经济（6 个指标）

主要包括人口、GDP、固定资产投资、农村人均可支配收入、城镇人均可支配收入、规模以上工业企业产值 6 个指标。

7.4.3 评价体系构建

7.4.3.1 水质子系统

辽河水系水生态系统功能评价选取了水质（A1），主要包括 pH、DO、高锰酸盐指数、COD、BOD、氨氮、总磷和总氮 8 个指标，8 个评价指标分别为 A11～A18。原始数据见表 7-1。

表 7-1　辽河流域水质原始数据

名称	A11	A12	A13	A14	A15	A16	A17	A18
福德店	7.47	9.92	3.65	14.64	2.60	0.08	0.10	2.20
三河下拉	7.75	7.58	4.61	18.96	1.35	2.44	0.26	6.66
招苏台河	7.78	7.48	4.90	21.34	2.06	4.39	0.57	11.10
二道河	7.66	5.60	4.25	19.67	2.72	1.72	0.22	3.74
通江口	7.75	7.58	4.61	18.96	1.35	2.44	0.26	6.66
三合屯	7.61	8.75	4.13	16.80	1.97	1.26	0.18	4.43
西孤家子	7.65	8.46	4.25	17.34	1.82	1.56	0.20	4.99
亮子河	7.70	8.07	4.47	18.61	1.80	2.41	0.30	6.79
五棵树	7.70	7.40	4.47	19.24	2.10	2.52	0.32	6.65
王河	7.70	7.16	4.45	19.12	1.99	2.27	0.28	5.96
马仲河上	7.69	7.72	3.42	18.53	1.85	2.12	0.26	5.93
马仲河中	7.66	8.02	3.31	17.95	1.91	1.80	0.23	5.33
马仲河清河	7.68	8.07	3.36	18.11	1.84	1.97	0.25	5.76
叶赫河	7.68	7.89	2.40	18.48	1.91	2.18	0.27	6.13
寇河最上	7.96	7.20	1.68	10.00	1.64	0.11	0.07	2.77
乌鲁河	7.58	8.18	2.80	10.00	1.73	1.43	0.20	5.16
艾清河	7.71	8.20	2.35	10.00	1.80	1.38	0.20	4.95
寇河中	7.66	8.38	2.77	10.00	1.66	0.71	0.13	4.34
松树	7.70	8.33	2.18	18.48	1.66	1.24	0.20	5.32
寇河中下	7.85	8.29	2.50	10.77	1.69	0.52	0.10	3.71
碾盘河上	7.68	8.45	1.92	10.00	1.71	0.22	0.13	3.99
碾盘河中	7.38	8.75	1.62	10.00	1.51	0.19	0.09	3.78
清河上	7.78	8.70	1.33	10.00	1.58	0.18	0.10	3.39

名称	A11	A12	A13	A14	A15	A16	A17	A18
清河中	7.34	9.87	3.26	7.18	1.49	0.06	0.07	4.49
阿拉河清河	7.84	8.91	1.35	10.00	1.33	0.12	0.12	4.68
清河水库上	7.87	9.45	3.46	11.55	1.62	0.08	0.02	3.40
清河水库下	7.77	9.25	3.36	11.25	1.42	0.08	0.02	3.00
寇河清河	7.32	8.51	3.83	14.20	2.37	0.35	0.13	5.77
清河国控	7.31	8.47	3.77	14.04	2.31	0.32	0.12	5.70
清入辽河	7.32	8.56	3.89	14.36	2.43	0.37	0.14	5.84
柴河上	7.88	9.95	1.95	7.00	1.73	0.07	0.08	5.68
柴河入干	7.34	9.45	3.27	12.18	1.43	0.41	0.10	5.52
凡河上	7.98	7.76	3.20	13.77	1.35	0.17	0.10	1.25
凡河入干	7.36	8.55	5.30	19.95	2.93	0.15	0.10	3.76
西小河	7.94	7.96	3.01	15.21	2.34	0.21	0.10	3.24
长河	7.82	8.51	4.73	11.18	2.76	0.08	0.07	3.49
一号闸	7.84	9.22	4.55	11.97	2.38	0.11	0.09	3.05
二号闸	7.73	8.69	5.11	16.61	2.64	0.19	0.08	3.43
三号闸	7.63	8.17	5.50	15.06	2.25	0.18	0.08	3.61
石佛寺下断面	8.33	10.59	5.42	20.11	3.49	1.80	0.23	5.73
拉马河	8.45	10.71	5.58	20.44	3.61	1.89	0.24	5.60
七星山	8.57	10.83	5.75	20.77	3.73	1.98	0.24	5.47
秀水河	7.24	7.91	7.79	25.38	4.16	0.19	0.17	3.67
柳河上	8.12	6.47	3.80	12.75	2.88	0.15	0.08	1.41
柳河下	7.97	7.47	8.90	21.25	4.73	0.09	0.11	1.21
巨流河	8.05	6.97	6.35	17.00	3.80	0.12	0.09	1.31
燕飞里	7.77	7.31	7.44	22.15	4.18	0.15	0.08	2.20
毓宝台	7.50	7.65	8.52	27.30	4.56	0.17	0.08	3.10
小柳河	8.03	7.77	5.58	21.67	3.57	0.38	0.11	3.47
绕阳河上	8.10	7.23	3.28	16.75	3.21	0.08	0.09	4.84
绕阳河中	7.70	7.57	7.12	22.67	4.17	0.13	0.11	3.20
东沙河上	7.98	7.19	5.71	18.52	3.60	0.20	0.10	2.35
东沙河下	7.95	7.30	6.33	19.67	3.93	0.13	0.09	2.65
庞家河	7.80	7.37	7.08	21.66	4.11	0.14	0.09	2.56
绕阳河下	7.90	7.41	6.45	21.00	3.87	0.21	0.10	2.65
绕阳河	8.23	7.34	8.71	32.38	6.68	1.33	0.13	3.85
本辽辽	8.09	8.62	8.12	18.45	4.30	0.32	0.06	3.53
辽河渡口	8.24	10.78	5.62	23.78	3.43	0.60	0.24	5.17
红庙子	7.90	6.79	7.75	32.13	4.89	0.70	0.21	—
大张	8.03	7.77	5.58	21.67	3.57	0.38	0.11	3.47

名称	A11	A12	A13	A14	A15	A16	A17	A18
双台河口	7.90	6.79	7.75	32.13	4.89	0.70	0.21	—
一统河	8.03	7.77	5.58	21.67	3.57	0.38	0.11	3.47
曙光大桥	8.23	7.34	8.71	32.38	6.68	1.33	0.13	3.85
赵圈河	8.03	7.77	5.58	21.67	3.57	0.38	0.11	3.47
红海滩	8.01	7.60	5.60	23.00	3.60	0.29	0.10	3.79

首先，对数据进行标准化处理，处理结果见表 7-2。

表 7-2　辽河流域水质指标标准化处理结果

名称	ZA11	ZA12	ZA13	ZA14	ZA15	ZA16	ZA17	ZA18
福德店	−1.194 0	1.653 3	−0.525 9	−0.510 7	−0.156 0	−0.792 4	−0.558 3	−1.217 1
三河下拉	−0.191 2	−0.571 7	−0.042 0	0.209 0	−1.145 3	1.787 9	1.222 8	1.432 5
招苏台河	−0.083 8	−0.666 8	0.104 1	0.605 4	−0.583 4	3.920 0	4.673 5	4.070 3
二道河	−0.513 5	−2.454 4	−0.223 5	0.327 2	−0.061 0	1.000 7	0.777 5	−0.302 2
通江口	−0.191 2	−0.571 7	−0.042 0	0.209 0	−1.145 3	1.787 9	1.222 8	1.432 5
三合屯	−0.692 6	0.540 8	−0.283 9	−0.150 8	−0.654 6	0.497 7	0.332 2	0.107 7
西孤家子	−0.549 3	0.265 1	−0.223 5	−0.060 9	−0.773 3	0.825 7	0.554 9	0.440 4
亮子河	−0.370 3	−0.105 8	−0.112 6	0.150 7	−0.789 2	1.755 1	1.668 0	1.509 7
五棵树	−0.370 3	−0.742 8	−0.112 6	0.255 6	−0.551 7	1.875 4	1.890 7	1.426 6
王河	−0.370 3	−0.971 0	−0.122 7	0.235 6	−0.638 8	1.602 0	1.445 4	1.016 6
马仲河上	−0.406 1	−0.438 6	−0.641 8	0.137 3	−0.749 6	1.438 0	1.222 8	0.998 8
马仲河中	−0.513 5	−0.153 3	−0.697 2	0.040 7	−0.702 1	1.088 2	0.888 8	0.642 4
马仲河清河	−0.441 9	−0.105 8	−0.672 0	0.067 4	−0.757 5	1.274 0	1.111 4	0.897 8
叶赫河	−0.441 9	−0.276 9	−1.155 8	0.129 0	−0.702 1	1.503 6	1.334 1	1.117 6
寇河最上	0.560 9	−0.933 0	−1.518 7	−1.283 6	−0.915 8	−0.759 6	−0.892 2	−0.878 5
乌鲁河	−0.800 0	−0.001 2	−0.954 2	−1.283 6	−0.844 6	0.683 6	0.554 9	0.541 4
艾清河	−0.334 5	0.017 9	−1.181 0	−1.283 6	−0.789 2	0.628 9	0.554 9	0.416 6
寇河中	−0.513 5	0.189 0	−0.969 4	−1.283 6	−0.900 0	−0.103 6	−0.224 3	0.054 2
松树	−0.370 3	0.141 5	−1.266 7	0.129 0	−0.900 0	0.475 9	0.554 9	0.636 4
寇河中下	0.167 0	0.103 4	−1.105 4	−1.155 3	−0.876 2	−0.311 4	−0.558 3	−0.320 1
碾盘河上	−0.441 9	0.255 6	−1.397 7	−1.283 6	−0.860 4	−0.639 4	−0.224 3	−0.153 7
碾盘河中	−1.516 3	0.540 8	−1.548 9	−1.283 6	−1.018 7	−0.672 2	−0.669 6	−0.278 5
清河上	−0.083 8	0.493 3	−1.695 1	−1.283 6	−0.963 3	−0.683 1	−0.558 3	−0.510 2
清河中	−1.659 6	1.605 8	−0.722 4	−1.753 3	−1.034 5	−0.814 3	−0.892 2	0.143 3
阿拉河清河	0.131 1	0.693 0	−1.685 0	−1.283 6	−1.161 2	−0.748 7	−0.335 7	0.256 2
清河水库上	0.238 6	1.206 0	−0.621 6	−1.025 4	−0.931 6	−0.792 4	−1.448 8	−0.504 2
清河水库下	−0.119 6	1.016 2	−0.672 0	−1.075 3	−1.089 9	−0.792 4	−1.448 8	−0.741 9

名称	ZA11	ZA12	ZA13	ZA14	ZA15	ZA16	ZA17	ZA18
寇河清河	−1.731 2	0.312 6	−0.435 1	−0.583 9	−0.338 0	−0.497 2	−0.224 3	0.903 8
清河国控	−1.767 0	0.274 6	−0.465 4	−0.610 6	−0.385 5	−0.530 0	−0.335 7	0.862 2
清入辽河	−1.731 2	0.360 2	−0.404 9	−0.557 3	−0.290 5	−0.475 4	−0.113 0	0.945 4
柴河上	0.274 4	1.681 8	−1.382 6	−1.783 3	−0.844 6	−0.803 4	−0.780 9	0.850 3
柴河入干	−1.659 6	1.206 4	−0.717 4	−0.920 4	−1.082 0	−0.431 6	−0.558 3	0.755 2
凡河上	0.632 5	−0.400 5	−0.752 6	−0.655 6	−1.145 3	−0.694 0	−0.558 3	−1.781 5
凡河入干	−1.587 9	0.350 6	0.305 7	0.373 9	0.105 2	−0.715 9	−0.558 3	−0.290 4
西小河	0.489 3	−0.210 4	−0.848 4	−0.415 7	−0.361 8	−0.650 3	−0.558 3	−0.599 3
长河	0.059 5	0.312 6	0.018 5	−1.087 0	−0.029 4	−0.792 4	−0.892 2	−0.450 8
一号闸	0.131 1	0.987 7	−0.072 3	−0.955 4	−0.330 1	−0.759 6	−0.669 6	−0.712 2
二号闸	−0.262 8	0.483 8	0.210 0	−0.182 5	−0.124 3	−0.672 2	−0.780 9	−0.486 4
三号闸	−0.621 0	−0.010 7	0.406 5	−0.440 7	−0.433 0	−0.683 1	−0.780 9	−0.379 5
石佛寺下断面	1.886 0	2.290 4	0.366 2	0.400 5	0.548 4	1.088 2	0.888 8	0.880 0
拉马河	2.315 8	2.404 5	0.446 8	0.455 5	0.643 4	1.186 6	1.000 1	0.802 8
七星山	2.745 6	2.518 6	0.532 5	0.510 5	0.738 4	1.285 0	1.000 1	0.725 5
秀水河	−2.017 7	−0.257 9	1.560 6	1.278 4	1.078 7	−0.672 2	0.220 9	−0.343 8
柳河上	1.133 9	−1.627 1	−0.450 3	−0.825 5	0.065 6	−0.715 9	−0.780 9	−1.686 5
柳河下	0.596 7	−0.676 3	2.120 1	0.590 4	1.529 9	−0.781 5	−0.447 0	−1.805 3
巨流河	0.883 2	−1.151 7	0.834 9	−0.117 5	0.793 8	−0.748 7	−0.669 6	−1.745 9
燕飞里	−0.119 6	−0.828 4	1.384 3	0.740 3	1.094 6	−0.715 9	−0.780 9	−1.217 1
毓宝台	−1.086 6	−0.505 1	1.928 6	1.598 2	1.395 3	−0.694 0	−0.780 9	−0.682 5
小柳河	0.811 6	−0.391 0	0.446 8	0.660 4	0.611 8	−0.464 4	−0.447 0	−0.462 6
绕阳河上	1.062 3	−0.904 5	−0.712 3	−0.159 2	0.326 8	−0.792 4	−0.669 6	0.351 3
绕阳河中	−0.370 3	−0.581 2	1.223 0	0.827 0	1.086 6	−0.737 8	−0.447 0	−0.623 0
东沙河上	0.632 5	−0.942 5	0.512 4	0.135 7	0.635 5	−0.661 2	−0.558 3	−1.128 0
东沙河下	0.525 1	−0.837 9	0.824 8	0.327 2	0.896 7	−0.737 8	−0.669 6	−0.949 8
庞家河	−0.012 1	−0.771 4	1.202 8	0.658 7	1.039 2	−0.726 8	−0.669 6	−1.003 3
绕阳河下	0.346 0	−0.733 3	0.885 3	0.548 8	0.849 2	−0.650 3	−0.558 3	−0.949 8
绕阳河	1.527 9	−0.799 9	2.024 3	2.444 4	3.073 2	0.574 3	−0.224 3	−0.236 9
本辽辽	1.026 5	0.417 2	1.727 0	0.124 0	1.189 5	−0.530 0	−1.003 6	−0.427 0
辽河渡口	1.563 7	2.471 0	0.467 0	1.011 9	0.500 9	−0.223 9	1.000 1	0.547 3
红庙子	0.346 0	−1.322 9	1.540 5	2.402 8	1.656 5	−0.114 6	0.666 2	—
大张	0.811 6	−0.391 0	0.446 8	0.660 4	0.611 8	−0.464 4	−0.447 0	−0.462 6
双台河口	0.346 0	−1.322 9	1.540 5	2.402 8	1.656 5	−0.114 6	0.666 2	—
一统河	0.811 6	−0.391 0	0.446 8	0.660 4	0.611 8	−0.464 4	−0.447 0	−0.462 6
曙光大桥	1.527 9	−0.799 9	2.024 3	2.444 4	3.073 2	0.574 3	−0.224 3	−0.236 9
赵圈河	0.811 6	−0.391 0	0.446 8	0.660 4	0.611 8	−0.464 4	−0.447 0	−0.462 6
红海滩	0.740 0	−0.552 7	0.456 9	0.881 9	0.635 5	−0.562 8	−0.558 3	−0.272 5

利用 SPSS 软件对水质监测数据进行标准化处理后得到相关系数矩阵（表 7-3）。由表 7-3 可知，辽河流域各个断面其氨氮和总氮两者之间相关性最好，相关系数为 0.941，在 0.01 水平（双侧）上显著相关；其次是高锰酸盐指数和 BOD，相关系数为 0.881，在 0.05 水平（双侧）上显著相关；高锰酸盐指数和 COD、总磷和氨氮、BOD 和 COD 相关性相对较差，相关系数分别为 0.817、0.797 和 0.793。

表 7-3 相关性矩阵

项目		Z-score（pH）	Z-score（DO）	Z-score（高锰酸盐指数）	Z-score（COD）	Z-score（BOD）	Z-score（氨氮）	Z-score（总氮）	Z-score（总磷）
相关性	Z-score（pH）	1.000	0.079	0.304	0.338	0.460	0.084	0.013	−0.169
	Z-score（DO）	0.079	1.000	−0.223	−0.304	−0.216	−0.074	−0.043	0.208
	Z-score（高锰酸盐指数）	0.304	−0.223	1.000	0.817	0.881	−0.047	−0.063	−0.266
	Z-score（COD）	0.338	−0.304	0.817	1.000	0.793	0.269	0.256	0.013
	Z-score（BOD）	0.460	−0.216	0.881	0.793	1.000	−0.175	−0.190	−0.363
	Z-score（氨氮）	0.084	−0.074	−0.047	0.269	−0.175	1.000	0.941	0.797
	Z-score（总氮）	0.013	−0.043	−0.063	0.256	−0.190	0.941	1.000	0.817
	Z-score（总磷）	−0.169	0.208	−0.266	0.013	−0.363	0.797	0.817	1.000

相关系数矩阵表明，不同水质指标之间存在一定的相关性，这容易造成水质信息的重叠。利用主成分分析进行降维来简化影响水质的多个指标，争取用较少的水质指标来反映辽河流域水质的大部分关键信息。对 A11～A18 进行主成分分析可得到主成分的特征值和方差贡献率，见表 7-4。本研究以特征值大于 1，且累积方差贡献率大于 85% 为准则，提取 3 个主成分，累积方差贡献率为 86.421%，说明前 3 种主成分代表了水质数据86.421%的信息。

表 7-4 A11～A18 特征值和方差贡献率

成分	初始特征值			提取载荷平方和		
	总计	方差百分比/%	累积/%	总计	方差百分比/%	累积/%
1	3.123	39.033	39.033	3.123	39.033	39.033
2	2.698	33.728	72.761	2.698	33.728	72.761
3	1.093	13.660	86.421	1.093	13.660	86.421
4	0.691	8.644	95.065	—	—	—
5	0.152	1.902	96.967	—	—	—
6	0.119	1.487	98.454	—	—	—
7	0.072	0.904	99.357	—	—	—
8	0.051	0.643	100.000	—	—	—

由图 7-25 可以看出，1 组分、2 组分、3 组分和 4 组分之间拐点不大，4 拐点和 5 拐点很大，前三个组分累积贡献率大于 85%，而其他组分贡献率很小，前三个组分已经满足主成分要求，故没有提取第四个组分。

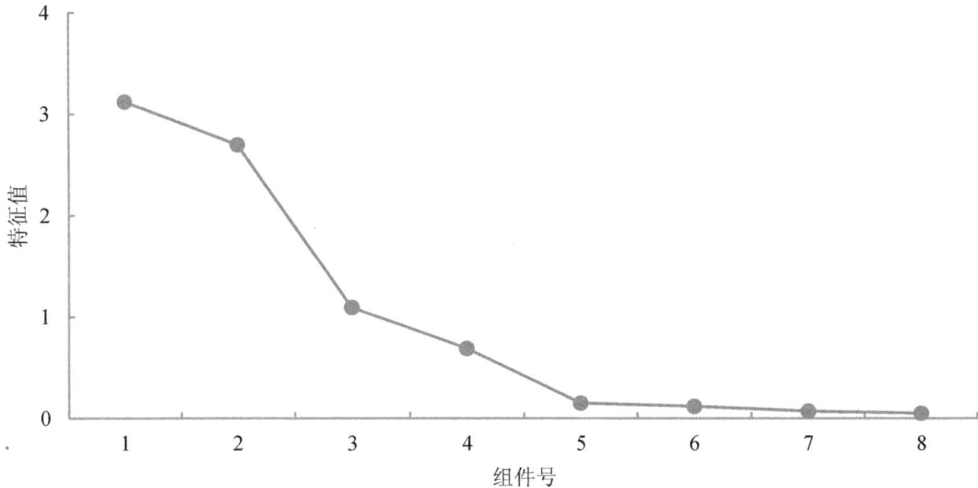

图 7-25　主成分分析碎石图

依据累积方差贡献率大于等于 85% 的原则，确定主成分个数为 3 个。初始因子载荷矩阵见表 7-5。由表 7-5 可知，BOD、高锰酸盐指数、COD 在成分 1 上占有较高的载荷；氨氮、总磷在成分 2 上占有较高的载荷；DO 在成分 3 上占有较高的载荷。

表 7-5　A11～A18 的初始因子载荷矩阵

项目	成分		
	1	2	3
Z-score（pH）	0.444	0.263	0.618
Z-score（DO）	−0.299	−0.179	0.831
Z-score（高锰酸盐指数）	0.835	0.395	−0.022
Z-score（COD）	0.659	0.682	−0.069
Z-score（BOD）	0.913	0.295	0.082
Z-score（氨氮）	−0.444	0.863	−0.015
Z-score（总氮）	−0.473	0.851	−0.030
Z-score（总磷）	−0.670	0.647	0.086

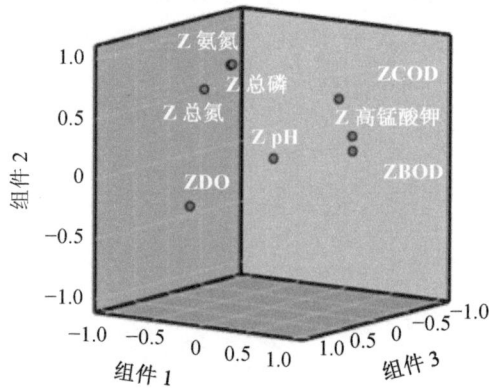

图 7-26　主成分分析组件图

用 8 个指标表示主成分的系数，其值为初始因子载荷矩阵所对应的值除以对应主成分的特征值的平方根，见表 7-6。

表 7-6　A11～A18 的成分得分系数矩阵

项目	成分		
	1	2	3
Z-score（pH）	0.142	0.097	0.565
Z-score（DO）	−0.096	−0.066	0.76
Z-score（高锰酸盐指数）	0.268	0.146	−0.02
Z-score（COD）	0.211	0.253	−0.063
Z-score（BOD）	0.292	0.109	0.075
Z-score（氨氮）	−0.142	0.320	−0.013
Z-score（总氮）	−0.151	0.316	−0.027
Z-score（总磷）	−0.215	0.240	0.079

于是，得到主成分分析表达式：

F1=0.142×ZA11−0.096×ZA12+0.268×ZA13+0.211×ZA14+0.292×ZA15−0.142×A16−
　　0.151×A17−0.215×A18

F2=0.097×ZA11−0.066×ZA12+0.146×ZA13+0.253×ZA14+0.109×ZA15+0.320×A16+
　　0.316×A17+0.240×A18

F3=0.565×ZA11+0.76×ZA12−0.02×ZA13−0.063×ZA14+0.075×ZA15−0.013×A16−
　　0.027×A17+0.079×A18

以方差贡献率为主成分权重则水质指标 FA1 表达式为：

FA1=0.452×F1+0.39×F2+0.158×F3

7.4.3.2 水资源子系统

辽河流域水生态系统功能评价选取了水资源（A2），主要包括年降水量、水资源总量、农田灌溉用水量、工业用水量、城镇公共居民生活用水量、生态环境用水量 6 个指标。6 个评价指标分别为 A21～A26。原始数据见表 7-7。

表 7-7 辽河流域水资源原始数据

名称	A21	A22	A23	A24	A25	A26
福德店	32.48	10.33	7 909	263	1 576	112
三河下拉	32.48	10.33	7 909	263	1 576	112
招苏台河	32.48	10.33	7 909	263	1 576	112
二道河	32.48	10.33	7 909	263	1 576	112
通江口	32.48	10.33	7 909	263	1 576	112
三合屯	32.48	10.33	7 909	263	1 576	112
西孤家子	22.69	5.55	22 883	478	1 613	79
亮子河	32.48	10.33	7 909	263	1 576	112
五棵树	22.69	5.55	22 883	478	1 613	79
王河	18.43	5.33	13 518	2 149	1 625	208
马仲河上	32.48	10.33	7 909	263	1 576	112
马仲河中	22.69	5.55	22 883	478	1 613	79
马仲河清河	22.69	5.55	22 883	478	1 613	79
叶赫河	22.69	5.55	22 883	478	1 613	79
寇河最上	21.55	5.20	8 372	180	1 018	45
乌鲁河	21.55	5.20	8 372	180	1 018	45
艾清河	21.55	5.20	8 372	180	1 018	45
寇河中	21.55	5.20	8 372	180	1 018	45
松树	21.55	5.20	8 372	180	1 018	45
寇河中下	22.69	5.55	22 883	478	1 613	79
碾盘河上	21.55	5.20	8 372	180	1 018	45
碾盘河中	21.55	5.20	8 372	180	1 018	45
清河上	22.69	5.55	22 883	478	1 613	79
清河中	22.69	5.55	22 883	478	1 613	79
阿拉河清河	22.69	5.55	22 883	478	1 613	79
清河水库上	3.82	0.84	216	1 562	357	46
清河水库下	3.82	0.84	216	1 562	357	46
寇河清河	22.69	5.55	22 883	478	1 613	79

名称	A21	A22	A23	A24	A25	A26
清河国控	22.69	5.55	22 883	478	1 613	79
清入辽河	22.69	5.55	22 883	478	1 613	79
柴河上	22.69	5.55	22 883	478	1 613	79
柴河入干	1.13	0.62	348	86	2 437	1 005
凡河上	1.13	0.62	348	86	2 437	1 005
凡河入干	18.43	5.33	13 518	2 149	1 625	208
西小河	54.8	2.76	12 793	2 482	1 920	30
长河	54.8	2.76	12 793	2 482	1 920	30
一号闸	54.8	2.76	12 793	2 482	1 920	30
二号闸	54.8	2.76	12 793	2 482	1 920	30
三号闸	54.8	2.76	12 793	2 482	1 920	30
石佛寺下断面	54.8	2.76	12 793	2 482	1 920	30
拉马河	13.92	3.34	2 333.9	204.1	1 569	15.1
七星山	54.8	2.76	12 793	2 482	1 920	30
秀水河	13.92	3.34	2 333.9	204.1	1 569	15.1
柳河上	52.7	7.90	13 038	3 597	7 135	1 780
柳河下	20.7	5.47	14 601	3 144	22 249	3 070
巨流河	20.7	5.47	14 601	3 144	22 249	3 070
燕飞里	20.7	5.47	14 601	3 144	22 249	3 070
毓宝台	20.7	5.47	14 601	3 144	22 249	3 070
小柳河	78.59	5.16	22 104	461	1 360	32
绕阳河上	52.7	7.90	13 038	3 597	7 135	1 780
绕阳河中	20.7	5.47	14 601	3 144	22 249	3 070
东沙河上	21.9	8.40	8 722	276	1 693	18
东沙河下	21.9	8.40	8 722	276	1 693	18
庞家河	21.9	8.40	8 722	276	1 693	18
绕阳河下	13.43	2.07	3 890	60	260	30
绕阳河	13.43	0.53	2 876	1 316	1 060	30
本辽辽	78.59	5.16	22 104	461	1 360	32
辽河渡口	78.59	5.16	22 104	461	1 360	32
红庙子	78.59	5.16	22 104	461	1 360	32
大张	78.59	5.16	22104	461	1 360	32
双台河口	13.43	1.33	1 300	1 316	1 060	30
一统河	13.43	1.33	1 300	1 316	1 060	30
曙光大桥	13.43	1.33	1 300	1 316	1 060	30
赵圈河	13.43	1.33	1 300	1 316	1 060	30
红海滩	13.43	1.33	1 300	1 316	1 060	30

首先，对数据进行标准化处理，处理结果见表 7-8。

表 7-8 辽河流域水资源指标标准化处理结果

名称	ZA21	ZA22	ZA23	ZA24	ZA25	ZA26
福德店	0.145 34	1.870 21	−0.551 75	−0.737 45	−0.294 09	−0.307 14
三河下拉	0.145 34	1.870 21	−0.551 75	−0.737 45	−0.294 09	−0.307 14
招苏台河	0.145 34	1.870 21	−0.551 75	−0.737 45	−0.294 09	−0.307 14
二道河	0.145 34	1.870 21	−0.551 75	−0.737 45	−0.294 09	−0.307 14
通江口	0.145 34	1.870 21	−0.551 75	−0.737 45	−0.294 09	−0.307 14
三合屯	0.145 34	1.870 21	−0.551 75	−0.737 45	−0.294 09	−0.307 14
西孤家子	−0.352 5	0.147 39	1.389 17	−0.538 74	−0.287 52	−0.345 78
亮子河	0.145 34	1.870 21	−0.551 75	−0.737 45	−0.294 09	−0.307 14
五棵树	−0.352 50	0.147 39	1.389 17	−0.538 74	−0.287 52	−0.345 78
王河	−0.569 13	0.068 09	0.175 28	1.005 71	−0.285 39	−0.194 74
马仲河上	0.145 34	1.870 21	−0.551 75	−0.737 45	−0.294 09	−0.307 14
马仲河中	−0.352 50	0.147 39	1.389 17	−0.538 74	−0.287 52	−0.345 78
马仲河清河	−0.352 50	0.147 39	1.389 17	−0.538 74	−0.287 52	−0.345 78
叶赫河	−0.352 50	0.147 39	1.389 17	−0.538 74	−0.287 52	−0.345 78
寇河最上	−0.410 47	0.021 24	−0.491 74	−0.814 17	−0.393 13	−0.385 59
乌鲁河	−0.410 47	0.021 24	−0.491 74	−0.814 17	−0.393 13	−0.385 59
艾清河	−0.410 47	0.021 24	−0.491 74	−0.814 17	−0.393 13	−0.385 59
寇河中	−0.410 47	0.021 24	−0.491 74	−0.814 17	−0.393 13	−0.385 59
松树	−0.410 47	0.021 24	−0.491 74	−0.814 17	−0.393 13	−0.385 59
寇河中下	−0.352 50	0.147 39	1.389 17	−0.538 74	−0.287 52	−0.345 78
碾盘河上	−0.410 47	0.021 24	−0.491 74	−0.814 17	−0.393 13	−0.385 59
碾盘河中	−0.410 47	0.021 24	−0.491 74	−0.814 17	−0.393 13	−0.385 59
清河上	−0.352 50	0.147 39	1.389 17	−0.538 74	−0.287 52	−0.345 78
清河中	−0.352 50	0.147 39	1.389 17	−0.538 74	−0.287 52	−0.345 78
阿拉河清河	−0.352 50	0.147 39	1.389 17	−0.538 74	−0.287 52	−0.345 78
清河水库上	−1.312 08	−1.550 21	−1.548 92	0.463 17	−0.510 46	−0.384 42
清河水库下	−1.312 08	−1.550 21	−1.548 92	0.463 17	−0.510 46	−0.384 42
寇河清河	−0.352 50	0.147 39	1.389 17	−0.538 74	−0.287 52	−0.345 78
清河国控	−0.352 50	0.147 39	1.389 17	−0.538 74	−0.287 52	−0.345 78
清入辽河	−0.352 50	0.147 39	1.389 17	−0.538 74	−0.287 52	−0.345 78
柴河上	−0.352 50	0.147 39	1.389 17	−0.538 74	−0.287 52	−0.345 78
柴河入干	−1.448 88	−1.629 51	−1.531 81	−0.901 05	−0.141 26	0.738 48
凡河上	−1.448 88	−1.629 51	−1.531 81	−0.901 05	−0.141 26	0.738 48
凡河入干	−0.569 13	0.068 09	0.175 28	1.005 71	−0.285 39	−0.194 74
西小河	1.280 37	−0.858 20	0.081 31	1.313 49	−0.233 03	−0.403 16

名称	ZA21	ZA22	ZA23	ZA24	ZA25	ZA26
长河	1.280 37	−0.858 20	0.081 31	1.313 49	−0.233 03	−0.403 16
一号闸	1.280 37	−0.858 20	0.081 31	1.313 49	−0.233 03	−0.403 16
二号闸	1.280 37	−0.858 20	0.081 31	1.313 49	−0.233 03	−0.403 16
三号闸	1.280 37	−0.858 20	0.081 31	1.313 49	−0.233 03	−0.403 16
石佛寺下断面	1.280 37	−0.858 20	0.081 31	1.313 49	−0.233 03	−0.403 16
拉马河	−0.798 48	−0.649 15	−1.274 40	−0.791 89	−0.295 33	−0.420 61
七星山	1.280 37	−0.858 20	0.081 31	1.313 49	−0.233 03	−0.403 16
秀水河	−0.798 48	−0.649 15	−1.274 40	−0.791 89	−0.295 33	−0.420 61
柳河上	1.173 58	0.994 38	0.113 07	2.344 05	0.692 64	1.645 94
柳河下	−0.453 70	0.118 55	0.315 66	1.925 36	3.375 38	3.156 42
巨流河	−0.453 70	0.118 55	0.315 66	1.925 36	3.375 38	3.156 42
燕飞里	−0.453 70	0.118 55	0.315 66	1.925 36	3.375 38	3.156 42
毓宝台	−0.453 70	0.118 55	0.315 66	1.925 36	3.375 38	3.156 42
小柳河	2.490 14	0.006 82	1.288 20	−0.554 45	−0.332 43	−0.400 82
绕阳河上	1.173 58	0.994 38	0.113 07	2.344 05	0.692 64	1.645 94
绕阳河中	−0.453 70	0.118 55	0.315 66	1.925 36	3.375 38	3.156 42
东沙河上	−0.392 67	1.174 60	−0.446 37	−0.725 44	−0.273 32	−0.417 21
东沙河下	−0.392 67	1.174 60	−0.446 37	−0.725 44	−0.273 32	−0.417 21
庞家河	−0.392 67	1.174 60	−0.446 37	−0.725 44	−0.273 32	−0.417 21
绕阳河下	−0.823 39	−1.106 89	−1.072 69	−0.925 08	−0.527 68	−0.403 16
绕阳河	−0.823 39	−1.661 94	−1.204 13	0.235 80	−0.385 68	−0.403 16
本辽辽	2.490 14	0.006 82	1.288 20	−0.554 45	−0.332 43	−0.400 82
辽河渡口	2.490 14	0.006 82	1.288 20	−0.554 45	−0.332 43	−0.400 82
红庙子	2.490 14	0.006 82	1.288 20	−0.554 45	−0.332 43	−0.400 82
大张	2.490 14	0.006 82	1.288 20	−0.554 45	−0.332 43	−0.400 82
双台河口	−0.823 39	−1.373 60	−1.408 41	0.235 80	−0.385 68	−0.403 16
一统河	−0.823 39	−1.373 60	−1.408 41	0.235 80	−0.385 68	−0.403 16
曙光大桥	−0.823 39	−1.373 60	−1.408 41	0.235 80	−0.385 68	−0.403 16
赵圈河	−0.823 39	−1.373 60	−1.408 41	0.235 80	−0.385 68	−0.403 16
红海滩	−0.823 39	−1.373 60	−1.408 41	0.235 80	−0.385 68	−0.403 16

利用 SPSS 软件对水资源数据进行标准化处理后得到相关系数矩阵（表 7-9）。辽河流域各个断面其生态环境用水量和城镇公共居民生活用水量两者之间相关性最好，相关系数为 0.968。

相关系数矩阵表明，不同水资源指标之间存在一定的相关性，这容易造成水资源信息的重叠。采用主成分分析进行降维来简化影响水资源的多个指标，争取用较少的水资源指标来反映辽河流域水质的大部分关键信息。对 A21～A26 进行主成分分析可得到主成分的特征值和方差贡献率，见表 7-10。本研究以特征值大于 1，且累积方差贡献率大于

85%为准则，提取 3 个主成分，累积方差贡献率为 86.146%，说明前 3 种主成分代表了水资源数据 86.146%的信息。

表 7-9　相关性矩阵

	项目	Z-score（年降水量）	Z-score（水资源总量）	Z-score（农田灌溉用水量）	Z-score（工业用水量）	Z-score（城镇公共居民生活用水量）	Z-score（生态环境用水量）
相关性	Z-score（年降水量）	1.000	0.191	0.457	0.186	−0.077	−0.109
	Z-score（水资源总量）	0.191	1.000	0.267	−0.237	0.079	0.062
	Z-score（农田灌溉用水量）	0.457	0.267	1.000	0.012	0.116	0.050
	Z-score（工业用水量）	0.186	−0.237	0.012	1.000	0.636	0.644
	Z-score（城镇公共居民生活用水量）	−0.077	0.079	0.116	0.636	1.000	0.968
	Z-score（生态环境用水量）	−0.109	0.062	0.050	0.644	0.968	1.000

表 7-10　A21～A26 特征值和方差贡献率

成分	初始特征值			提取载荷平方和		
	总计	方差百分比/%	累积/%	总计	方差百分比/%	累积/%
1	2.519	41.984	41.984	2.519	41.984	41.984
2	1.625	27.080	69.064	1.625	27.080	69.064
3	1.025	17.083	86.146	1.025	17.083	86.146
4	0.575	9.580	95.727	—	—	—
5	0.227	3.786	99.513	—	—	—
6	0.029	0.487	100.000	—	—	—

依据累积方差贡献率大于等于 85%的原则，确定主成分个数为 3 个。初始因子载荷矩阵见表 7-11。由表 7-11 可知，工业用水量、城镇公共居民生活用水量、生态环境用水量在成分 1 上占有较高的载荷；农田灌溉用水量、年降水量在成分 2 上占有较高的载荷；水资源总量在成分 3 上占有较高的载荷。

表 7-11　A21～A26 的初始因子载荷矩阵

项目	成分		
	1	2	3
Z-score（年降水量）	0.014	0.776	−0.485
Z-score（水资源总量）	−0.016	0.594	0.723
Z-score（农田灌溉用水量）	0.113	0.815	−0.072
Z-score（工业用水量）	0.814	−0.042	−0.430
Z-score（城镇公共居民生活用水量）	0.960	−0.003	0.194
Z-score（生态环境用水量）	0.960	−0.059	0.199

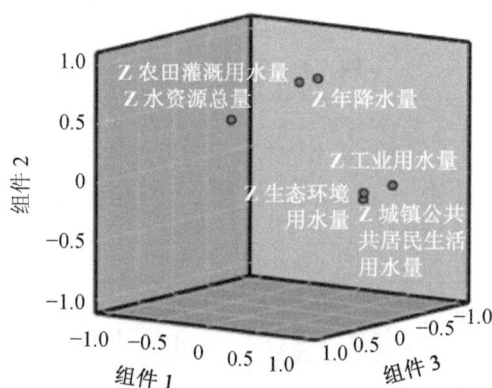

图 7-27　主成分分析组件图

用 6 个指标表示主成分的系数，其值为初始因子载荷矩阵所对应的值除以对应主成分的特征值的平方根，见表 7-12。

表 7-12　A21～A26 的成分得分系数矩阵

项目	成分		
	1	2	3
Z-score（年降水量）	0.006	0.478	−0.473
Z-score（水资源总量）	−0.007	0.366	0.705
Z-score（农田灌溉用水量）	0.045	0.502	−0.070
Z-score（工业用水量）	0.323	−0.026	−0.420
Z-score（城镇公共居民生活用水量）	0.381	−0.002	0.190
Z-score（生态环境用水量）	0.381	−0.036	0.194

于是，得到主成分分析表达式：

$F4 = 0.006 \times ZA21 - 0.007 \times ZA22 + 0.045 \times ZA23 + 0.323 \times ZA24 + 0.381 \times ZA25 + 0.381 \times ZA26$

$F5 = 0.478 \times ZA21 + 0.366 \times ZA22 + 0.502 \times ZA23 - 0.026 \times ZA24 - 0.002 \times ZA25 - 0.036 \times ZA26$

$F6 = -0.473 \times ZA21 + 0.705 \times ZA22 - 0.070 \times ZA23 - 0.420 \times ZA24 + 0.190 \times ZA25 + 0.194 \times ZA26$

以方差贡献率为主成分权重，则水质指标 FA2 表达式为

$FA2 = 0.49 \times F4 + 0.31 \times F5 + 0.20 \times F6$

7.4.3.3　水生态子系统

辽河流域水生态系统功能评价选取了水生态指标（A3），主要包括藻类密度、藻类香

农指数（H′e）、藻类 Pielou 指数（Je）、藻类辛普森指数（λ）、藻类丰富度 Margalef 指数（dMa）、底栖动物种类、底栖动物香农指数（H′e）、底栖动物 Pielou 指数（Je）、底栖动物辛普森指数（λ）、底栖动物丰富度 Margalef 指数（dMa）共 10 个指标。10 个评价指标分别为 A31～A310。原始数据见表 7-13。

表 7-13　辽河流域水生态原始数据

名称	A31	A32	A33	A34	A35	A36	A37	A38	A39	A310
福德店	7 000	2.92	0.97	0.02	5.76	55	2.88	0.72	0.12	7.00
三河下拉	14 000	2.74	0.97	0.04	4.70	12	2.31	0.93	0.08	3.51
招苏台河	12 000	2.86	0.95	0.04	5.48	14	2.43	0.92	0.07	3.79
二道河	15 000	2.47	0.96	0.06	3.60	5	1.42	0.88	0.20	1.74
通江口	8 000	2.37	0.92	0.07	3.94	7	1.43	0.74	0.30	1.86
三合屯	236 000	0.98	0.33	0.66	3.25	10	2.03	0.88	0.13	2.51
西孤家子	120 000	1.08	0.39	0.61	3.05	8	1.90	0.91	0.13	2.17
亮子河	26 000	2.09	0.84	0.17	3.02	14	2.06	0.78	0.18	3.55
五棵树	89 000	1.26	0.47	0.54	3.01	11	1.60	0.67	0.32	2.50
王河	77 000	1.76	0.58	0.39	4.36	8	1.27	0.61	0.42	1.95
马仲河上	145 000	2.61	0.81	0.12	5.15	9	1.98	0.90	0.12	2.89
马仲河中	80 000	1.68	0.86	0.20	1.97	9	1.74	0.79	0.23	2.23
马仲河清河	14 000	2.84	0.89	0.07	4.88	7	1.45	0.75	0.31	1.65
叶赫河	85 000	2.38	0.88	0.11	3.51	7	1.04	0.53	0.53	1.67
寇河最上	38 000	1.70	0.95	0.11	2.17	11	1.84	0.77	0.23	2.89
乌鲁河	5 000	1.97	0.95	0.07	2.92	7	1.11	0.57	0.49	1.72
艾清河	3 000	2.66	0.90	0.07	5.15	5	1.19	0.74	0.38	1.13
寇河中	14 000	2.93	0.95	0.04	5.37	5	1.04	0.65	0.47	1.02
松树	27 000	1.78	0.99	0.10	1.95	7	1.73	0.89	0.16	2.04
寇河中下	6 000	2.25	0.88	0.14	3.23	2	0.61	0.88	0.53	0.43
碾盘河上	26 000	2.65	0.96	0.06	3.99	8	1.81	0.87	0.16	2.58
碾盘河中	26 000	1.39	0.49	0.49	3.30	5	1.56	0.97	0.11	1.92
清河上	109 000	2.43	0.92	0.09	3.32	7	1.64	0.84	0.19	2.00
清河中	36 000	0.67	0.97	0.40	0.62	7	1.43	0.73	0.31	2.08
阿拉河清河	11 000	2.18	0.99	0.07	2.67	5	1.49	0.93	0.19	1.44
清河水库上	54 000	1.99	0.83	0.17	2.40	6	1.48	0.82	0.24	1.73
清河水库下	9 000	2.40	0.97	0.05	3.61	7	1.60	0.82	0.23	1.80
寇河清河	10 000	1.84	0.95	0.12	2.12	5	1.35	0.84	0.24	1.61
清河国控	29 000	1.98	0.86	0.17	2.46	7	1.57	0.81	0.24	2.27
清入辽河	53 000	2.43	0.86	0.11	3.73	6	1.58	0.88	0.19	1.62

名称	A31	A32	A33	A34	A35	A36	A37	A38	A39	A310
柴河上	7 000	2.15	0.98	0.07	2.82	6	1.47	0.82	0.26	1.62
柴河入干	21 000	2.23	0.92	0.03	2.27	4	1.11	0.80	0.36	0.90
凡河上	128 000	0.97	0.54	0.55	1.52	7	1.64	0.84	0.22	1.78
凡河入干	75 000	2.61	0.96	0.05	4.25	5	1.02	0.63	0.47	1.36
西小河	14 000	0.80	0.31	0.72	2.42	6	1.35	0.75	0.31	1.59
长河	14 000	2.14	0.97	0.07	2.77	5	1.02	0.63	0.46	1.31
一号闸	3 000	2.16	0.76	0.20	4.03	4	0.69	0.50	0.65	1.08
二号闸	93 000	0.69	1.00	0.33	0.72	11	2.11	0.88	0.12	2.73
三号闸	130 000	1.78	0.64	0.33	3.33	14	2.36	0.89	0.09	3.44
石佛寺下断面	68 000	1.39	0.47	0.50	3.53	12	2.03	0.82	0.15	3.15
拉马河	103 000	0.60	0.27	0.78	1.63	5	0.87	0.54	0.57	1.41
七星山	51 000	1.59	0.54	0.43	3.96	7	1.56	0.80	0.26	1.78
秀水河	73 000	2.61	0.96	0.05	4.25	5	1.20	0.75	0.36	1.41
柳河上	9 000	2.76	0.98	0.04	4.66	10	1.37	0.59	0.41	2.28
柳河下	157 000	1.74	0.97	0.08	2.28	8	1.59	0.76	0.29	1.76
巨流河	40 000	0.65	0.27	0.77	2.15	7	1.52	0.78	0.25	2.08
燕飞里	109 000	0.80	0.31	0.72	2.42	9	1.75	0.80	0.21	2.55
毓宝台	36 000	1.54	0.54	0.44	3.60	7	1.36	0.70	0.35	1.94
小柳河	36 000	1.55	0.47	0.49	5.34	10	1.68	0.73	0.28	2.20
绕阳河上	59 000	2.53	0.82	0.11	4.89	8	1.60	0.77	0.26	1.94
绕阳河中	56 000	2.54	0.79	0.14	5.23	9	1.75	0.80	0.21	2.31
东沙河上	116 000	2.14	0.97	0.07	2.77	5	1.04	0.64	0.43	1.26
东沙河下	55 000	2.01	0.60	0.33	5.36	10	1.94	0.84	0.15	2.44
庞家河	9 000	1.47	0.64	0.39	2.30	8	1.61	0.77	0.25	1.92
绕阳河下	2 000	2.31	0.69	0.24	5.49	10	1.75	0.76	0.23	2.27
绕阳河	2 000	2.16	0.76	0.20	4.03	9	1.92	0.88	0.16	1.92
本辽辽	74 000	2.09	0.77	0.20	3.56	10	1.84	0.80	0.19	2.19
辽河渡口	12 000	1.95	0.72	0.22	3.25	7	1.77	0.91	0.18	1.52
红庙子	15 000	1.82	0.66	0.33	3.51	11	1.71	0.71	0.23	2.28
大张	22 000	1.59	0.50	0.43	4.65	15	2.13	0.79	0.16	3.11
双台河口	17 000	0.76	0.39	0.68	1.45	10	1.87	0.81	0.18	2.17
一统河	40 000	1.09	0.79	0.35	1.17	10	1.82	0.79	0.20	2.19
曙光大桥	109 000	0.69	1.00	0.33	0.72	10	1.84	0.80	0.18	2.39
赵圈河	20 000	1.78	0.64	0.33	3.33	13	2.14	0.83	0.13	2.92
红海滩	15 000	2.38	0.96	0.05	3.74	21	2.55	0.84	0.11	4.24

首先，对数据进行标准化处理，处理结果见表 7-14。

表 7-14　辽河流域水生态指标标准化处理结果

名称	A31	A32	A33	A34	A35	A36	A37	A38	A39	A310
福德店	−0.88	1.55	0.91	−1.06	1.88	6.95	2.91	−0.58	−1.06	5.17
三河下拉	−0.73	1.28	0.91	−0.97	1.05	0.46	1.59	1.42	−1.37	1.44
招苏台河	−0.77	1.46	0.82	−0.97	1.66	0.76	1.87	1.33	−1.45	1.74
二道河	−0.71	0.87	0.87	−0.88	0.19	−0.60	−0.47	0.95	−0.45	−0.45
通江口	−0.86	0.72	0.69	−0.84	0.46	−0.30	−0.45	−0.39	0.32	−0.33
三合屯	3.93	−1.39	−1.95	1.87	−0.08	0.15	0.94	0.95	−0.99	0.37
西孤家子	1.49	−1.24	−1.68	1.64	−0.24	−0.15	0.64	1.23	−0.99	0.01
亮子河	−0.48	0.29	0.33	−0.38	−0.26	0.76	1.01	−0.01	−0.60	1.48
五棵树	0.84	−0.97	−1.33	1.32	−0.27	0.30	−0.06	−1.06	0.47	0.36
王河	0.59	−0.21	−0.83	0.63	0.78	−0.15	−0.82	−1.64	1.24	−0.23
马仲河上	2.02	1.08	0.20	−0.61	1.40	0.002	0.83	1.14	−1.06	0.77
马仲河中	0.65	−0.33	0.42	−0.24	−1.08	0.002	0.27	0.09	−0.22	0.07
马仲河清河	−0.73	1.43	0.55	−0.84	1.19	−0.30	−0.40	−0.30	0.39	−0.55
叶赫河	0.76	0.73	0.51	−0.65	0.12	−0.30	−1.35	−2.40	2.08	−0.53
寇河最上	−0.23	−0.30	0.82	−0.65	−0.92	0.30	0.50	−0.11	−0.22	0.77
乌鲁河	−0.92	0.11	0.82	−0.84	−0.34	−0.30	−1.19	−2.02	1.77	−0.48
艾清河	−0.96	1.16	0.60	−0.84	1.40	−0.60	−1.01	−0.39	0.93	−1.11
寇河中	−0.73	1.57	0.82	−0.97	1.57	−0.60	−1.35	−1.25	1.62	−1.22
松树	−0.46	−0.18	1.00	−0.70	−1.10	−0.30	0.25	1.04	−0.76	−0.13
寇河中下	−0.90	0.54	0.51	−0.52	−0.10	−1.06	−2.35	0.95	2.08	−1.85
碾盘河上	−0.48	1.14	0.87	−0.88	0.50	−0.15	0.43	0.85	−0.76	0.44
碾盘河中	−0.48	−0.77	−1.24	1.09	−0.04	−0.60	−0.15	1.81	−1.14	−0.26
清河上	1.26	0.81	0.69	−0.74	−0.03	−0.30	0.04	0.56	−0.53	−0.18
清河中	−0.27	−1.87	0.91	0.68	−2.13	−0.30	−0.45	−0.49	0.39	−0.09
阿拉河清河	−0.79	0.43	1.00	−0.84	−0.53	−0.60	−0.31	1.42	−0.53	−0.77
清河水库上	0.11	0.14	0.29	−0.38	−0.74	−0.45	−0.33	0.37	−0.14	−0.47
清河水库下	−0.84	0.76	0.91	−0.93	0.20	−0.30	−0.06	0.37	−0.22	−0.39
寇河清河	−0.81	−0.09	0.82	−0.61	−0.96	−0.60	−0.63	0.56	−0.14	−0.59
清河国控	−0.42	0.12	0.42	−0.38	−0.70	−0.30	−0.12	0.28	−0.14	0.11
清入辽河	0.09	0.81	0.42	−0.65	0.29	−0.45	−0.10	0.95	−0.53	−0.58
柴河上	−0.88	0.38	0.96	−0.84	−0.42	−0.45	−0.36	0.37	0.01	−0.58
柴河入干	−0.58	0.50	0.69	−1.02	−0.85	−0.75	−1.19	0.18	0.78	−1.35
凡河上	1.66	−1.41	−1.01	1.36	−1.43	−0.30	0.04	0.56	−0.30	−0.41
凡河入干	0.55	1.08	0.87	−0.93	0.70	−0.60	−1.40	−1.44	1.62	−0.86

名称	A31	A32	A33	A34	A35	A36	A37	A38	A39	A310
西小河	−0.73	−1.67	−2.04	2.14	−0.73	−0.45	−0.63	−0.30	0.39	−0.61
长河	−0.73	0.37	0.91	−0.84	−0.46	−0.60	−1.40	−1.44	1.54	−0.91
一号闸	−0.96	0.40	−0.03	−0.24	0.53	−0.75	−2.16	−2.69	3.00	−1.16
二号闸	0.93	−1.84	1.05	0.36	−2.06	0.30	1.13	0.95	−1.06	0.60
三号闸	1.70	−0.18	−0.56	0.36	−0.02	0.76	1.71	1.04	−1.29	1.36
石佛寺下断面	0.40	−0.77	−1.33	1.13	0.14	0.46	0.94	0.37	−0.83	1.05
拉马河	1.14	−1.97	−2.22	2.42	−1.35	−0.60	−1.75	−2.30	2.39	−0.81
七星山	0.05	−0.47	−1.01	0.81	0.47	−0.30	−0.15	0.18	0.01	−0.41
秀水河	0.51	1.08	0.87	−0.93	0.70	−0.60	−0.98	−0.30	0.78	−0.81
柳河上	−0.84	1.31	0.96	−0.97	1.02	0.15	−0.59	−1.83	1.16	0.12
柳河下	2.27	−0.24	0.91	−0.79	−0.84	−0.15	−0.08	−0.20	0.24	−0.43
巨流河	−0.19	−1.90	−2.22	2.37	−0.94	−0.30	−0.24	−0.01	−0.07	−0.09
燕飞里	1.26	−1.67	−2.04	2.14	−0.73	0.002	0.29	0.18	−0.37	0.41
毓宝台	−0.27	−0.54	−1.01	0.86	0.19	−0.30	−0.61	−0.77	0.70	−0.24
小柳河	−0.27	−0.53	−1.33	1.09	1.55	0.15	0.13	−0.49	0.16	0.04
绕阳河上	0.21	0.96	0.24	−0.65	1.20	−0.15	−0.06	−0.11	0.01	−0.24
绕阳河中	0.15	0.98	0.11	−0.52	1.46	0.002	0.29	0.18	−0.37	0.15
东沙河上	1.41	0.37	0.91	−0.84	−0.46	−0.60	−1.35	−1.35	1.31	−0.97
东沙河下	0.13	0.17	−0.74	0.36	1.56	0.15	0.73	0.56	−0.83	0.29
庞家河	−0.84	−0.65	−0.56	0.63	−0.82	−0.15	−0.03	−0.11	−0.07	−0.26
绕阳河下	−0.98	0.63	−0.34	−0.06	1.66	0.15	0.29	−0.20	−0.22	0.11
绕阳河	−0.98	0.40	−0.03	−0.24	0.53	0.00	0.69	0.95	−0.76	−0.26
本辽辽	0.53	0.29	0.02	−0.24	0.16	0.15	0.50	0.18	−0.53	0.03
辽河渡口	−0.77	0.08	−0.21	−0.15	−0.08	−0.30	0.34	1.23	−0.60	−0.69
红庙子	−0.71	−0.12	−0.48	0.36	0.12	0.30	0.20	−0.68	−0.22	0.12
大张	−0.56	−0.47	−1.19	0.81	1.01	0.91	1.17	0.09	−0.76	1.01
双台河口	−0.67	−1.73	−1.68	1.96	−1.49	0.15	0.57	0.28	−0.60	0.01
一统河	−0.19	−1.23	0.11	0.45	−1.70	0.15	0.45	0.09	−0.45	0.03
曙光大桥	1.26	−1.84	1.05	0.36	−2.06	0.15	0.50	0.18	−0.60	0.24
赵圈河	−0.61	−0.18	−0.56	0.36	−0.02	0.61	1.20	0.47	−0.99	0.81
红海滩	−0.71	0.73	0.87	−0.93	0.30	1.82	2.15	0.56	−1.14	2.22

利用 SPSS 软件对水生态数据进行标准化处理后得到相关系数矩阵（表 7-15）。辽河流域各个断面其底栖动物丰富度 Margalef 指数和底栖动物种类两者之间的相关性最好，相关系数为 0.911。

表 7-15　相关性矩阵

项目		Z-score（藻类密度）	Z-score（藻类Shannon指数）	Z-score（藻类Pielou指数）	Z-score（藻类Simpson指数）	Z-score（藻类丰富度Margalef指数）	Z-score（底栖动物种类）	Z-score（底栖动物Shannon指数）	Z-score（底栖动物Pielou指数）	Z-score（底栖动物Simpson指数）	Z-score（底栖动物丰富度Margalef指数）
相关性	Z-score（藻类密度）	1	−0.363	−0.286	0.343	−0.222	−0.055	0.110	0.059	−0.116	0.033
	Z-score（藻类Shannon指数）	−0.363	1	0.647	−0.866	0.733	0.130	−0.038	−0.037	0.099	0.063
	Z-score（藻类Pielou指数）	−0.286	0.647	1	−0.927	0.071	0.041	−0.074	0.001	0.083	−0.009
	Z-score（藻类Simpson指数）	0.343	−0.866	−0.927	1	−0.361	−0.061	0.074	0.008	−0.098	0.004
	Z-score（藻类丰富度Margalef指数）	−0.222	0.733	0.071	−0.361	1	0.265	0.139	−0.066	−0.006	0.228
	Z-score（底栖动物种类）	−0.055	0.130	0.041	−0.061	0.265	1	0.705	0.043	−0.400	0.911
	Z-score（底栖动物Shannon指数）	0.110	−0.038	−0.074	0.074	0.139	0.705	1	0.564	−0.888	0.870
	Z-score（底栖动物Pielou指数）	0.059	−0.037	0.001	0.008	−0.066	0.043	0.564	1	−0.834	0.219
	Z-score（底栖动物Simpson指数）	−0.116	0.099	0.083	−0.098	−0.006	−0.400	−0.888	−0.834	1	−0.61
	Z-score（底栖动物丰富度Margalef指数）	0.033	0.063	−0.009	0.004	0.228	0.911	0.870	0.219	−0.610	1

相关系数矩阵表明，不同水生态指标之间存在一定的相关性，这容易造成水生态信息的重叠。采用主成分分析进行降维来简化影响水生态的多个指标，争取用较少的水生态指标来反映辽河流域水生态的大部分关键信息。对 A31～A310 进行主成分分析可得到主成分的特征值和方差贡献率，见表 7-16。本研究以特征值大于 1，提取 3 个主成分，累积方差贡献率为 80.252%，说明前 3 种主成分代表了水生态数据 80.252%的信息。

表 7-16　A31～A310 特征值和方差贡献率

成分	初始特征值			提取载荷平方和		
	总计	方差百分比/%	累积/%	总计	方差百分比/%	累积/%
1	3.531	35.313	35.313	3.531	35.313	35.313
2	3.113	31.132	66.444	3.113	31.132	66.444
3	1.381	13.808	80.252	1.381	13.808	80.252
4	0.918	9.184	89.436	—	—	—
5	0.809	8.087	97.523	—	—	—
6	0.128	1.283	98.806	—	—	—
7	0.051	0.505	99.311	—	—	—
8	0.041	0.407	99.718	—	—	—
9	0.019	0.193	99.911	—	—	—
10	0.009	0.089	100.000	—	—	—

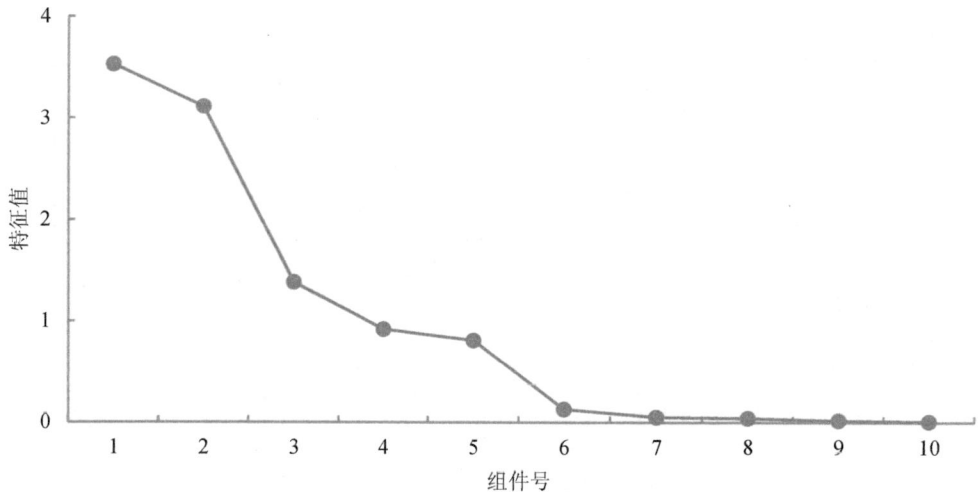

图 7-28　主成分分析碎石图

确定主成分个数为 3 个。初始因子载荷矩阵见表 7-17。由表 7-17 可知，底栖动物 Shannon 指数、底栖动物丰富度 Margalef 指数在成分 1 上占有较高的载荷；藻类 Shannon 指数、藻类 Pielou 指数在成分 2 上占有较高的载荷；底栖动物种类在成分 3 上占有较高的载荷。

表 7-17　A31～A310 的初始因子载荷矩阵

项目	成分		
	1	2	3
Z-score（藻类密度）	0.094	−0.501	−0.028
Z-score（藻类 Shannon 指数）	0.001	0.949	0.012
Z-score（藻类 Pielou 指数）	−0.076	0.799	−0.359
Z-score（藻类 Simpson 指数）	0.063	−0.937	0.25
Z-score（藻类丰富度 Margalef 指数）	0.182	0.607	0.396
Z-score（底栖动物种类）	0.759	0.202	0.496
Z-score（底栖动物 Shannon 指数）	0.981	−0.029	−0.02
Z-score（底栖动物 Pielou 指数）	0.598	−0.094	−0.713
Z-score（底栖动物 Simpson 指数）	−0.886	0.125	0.397
Z-score（底栖动物丰富度 Margalef 指数）	0.893	0.11	0.345

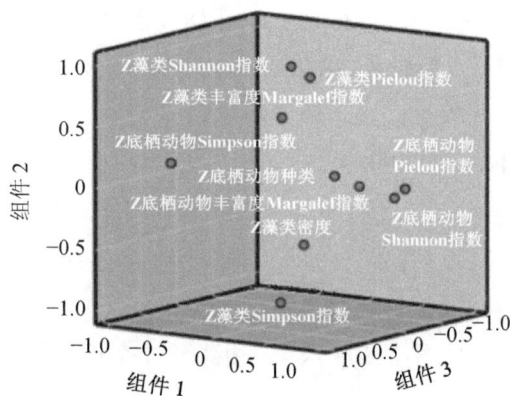

图 7-29　主成分分析组件图

用 10 个指标表示主成分的系数，其值为初始因子载荷矩阵所对应的值除以对应主成分的特征值的平方根，见表 7-18。

表 7-18　A21～A26 的成分得分系数矩阵

项目	成分		
	1	2	3
Z-score（藻类密度）	0.027	−0.161	−0.02
Z-score（藻类 Shannon 指数）	0	0.305	0.009
Z-score（藻类 Pielou 指数）	−0.022	0.257	−0.26
Z-score（藻类 Simpson 指数）	0.018	−0.301	0.181
Z-score（藻类丰富度 Margalef 指数）	0.051	0.195	0.287
Z-score（底栖动物种类）	0.215	0.065	0.359
Z-score（底栖动物 Shannon 指数）	0.278	−0.009	−0.014
Z-score（底栖动物 Pielou 指数）	0.169	−0.03	−0.516
Z-score（底栖动物 Simpson 指数）	−0.251	0.04	0.287
Z-score（底栖动物丰富度 Margalef 指数）	0.253	0.035	0.25

于是，得到主成分分析表达式：

$F_7 = 0.027 \times ZA31 - 0.022 \times ZA33 + 0.018 \times ZA34 + 0.051 \times ZA35 + 0.215 \times ZA36 + 0.278 \times ZA37 + 0.169 \times ZA38 - 0.251 \times ZA39 + 0.253 \times ZA310$

$F_8 = -0.161 \times ZA31 + 0.305 \times ZA32 + 0.257 \times ZA33 - 0.301 \times ZA34 + 0.195 \times ZA35 + 0.065 \times ZA36 - 0.009 \times ZA37 - 0.03 \times ZA38 + 0.04 \times ZA39 + 0.035 \times ZA310$

$F_9 = -0.02 \times ZA31 + 0.009 \times ZA32 - 0.26 \times ZA33 + 0.181 \times ZA34 + 0.287 \times ZA35 + 0.359 \times ZA36 - 0.014 \times ZA37 - 0.516 \times ZA38 + 0.287 \times ZA39 + 0.250 \times ZA310$

以方差贡献率为主成分权重，则水质指标 FA3 表达式为：

$FA3 = 0.44 \times F_7 + 0.39 \times F_8 + 0.17 \times F_9$

7.4.3.4　社会经济子系统

辽河流域水生态系统功能评价选取了社会经济指标（A4），主要包括人口、GDP、农村人均可支配收入、城镇人均可支配收入 4 个指标。4 个评价指标分别为 A41～A44。原始数据见表 7-19。

表 7-19　辽河流域社会经济原始数据

名称	A41	A42	A43	A44
福德店	97.16	138.4	16 886	24 015
三河下拉	97.16	138.4	16 886	24 015
招苏台河	97.16	138.4	16 886	24 015

名称	A41	A42	A43	A44
二道河	97.16	138.4	16 886	24 015
通江口	97.16	138.4	16 886	24 015
三合屯	97.16	138.4	16 886	24 015
西孤家子	46.1	107	18 812	29 955
亮子河	97.16	138.4	16 886	24 015
五棵树	46.1	107	18 812	29 955
王河	32.4	142.5	18 209	25 910
马仲河上	97.16	138.4	16 886	24 015
马仲河中	46.1	107	18 812	29 955
马仲河清河	46.1	107	18 812	29 955
叶赫河	46.1	107	18 812	29 955
寇河最上	22.5	53.3	16 610	23 697
乌鲁河	22.5	53.3	16 610	23 697
艾清河	22.5	53.3	16 610	23 697
寇河中	22.5	53.3	16 610	23 697
松树	22.5	53.3	16 610	23 697
寇河中下	46.1	107	18 812	29 955
碾盘河上	22.5	53.3	16 610	23 697
碾盘河中	22.5	53.3	16 610	23 697
清河上	23.8	60	16 140	39 777
清河中	46.1	107	18 812	29 955
阿拉河清河	46.1	107	18 812	29 955
清河水库上	8.4	30.1	20 210	28 164
清河水库下	8.4	30.1	20 210	28 164
寇河清河	46.1	107	18 812	29 955
清河国控	46.1	107	18 812	29 955
清入辽河	46.1	107	18 812	29 955
柴河上	46.1	107	18 812	29 955
柴河入干	29.3	91.7	16 108	39 777
凡河上	29.3	91.7	16 108	39 777
凡河入干	32.4	142.5	18 209	25 910
西小河	61.94	396.4	24 784	45 388
长河	61.94	396.4	24 784	45 388
一号闸	61.94	396.4	24 784	45 388
二号闸	61.94	396.4	24 784	45 388
三号闸	61.94	396.4	24 784	45 388
石佛寺下断面	61.94	396.4	24 784	45 388

名称	A41	A42	A43	A44
拉马河	34.1	190.5	20 298	39 777
七星山	61.94	396.4	24 784	45 388
秀水河	34.1	190.5	20 298	39 777
柳河上	33.3	111	14 768	14 768
柳河下	56.5	257.9	21 823	32 299
巨流河	56.5	257.9	21 823	32 299
燕飞里	56.5	257.9	21 823	32 299
毓宝台	56.5	257.9	21 823	32 299
小柳河	35.6	153.7	21 008	25 570
绕阳河上	33.3	111	14 768	14 768
绕阳河中	56.5	257.9	21 823	32 299
东沙河上	64.38	120.1	19 888	32 299
东沙河下	64.38	120.1	19 888	32 299
庞家河	64.38	120.1	19 888	32 299
绕阳河下	27.23	183.76	23 255	45 398
绕阳河	44.5	397.1	20 579	55 825
本辽辽	35.6	153.7	21 008	25 570
辽河渡口	35.6	153.7	21 008	25 570
红庙子	35.6	153.7	21 008	25 570
大张	35.6	153.7	21 008	25 570
双台河口	21.4	160	22 583	34 110
一统河	21.4	160	22 583	34 110
曙光大桥	21.4	160	22 583	34 110
赵圈河	21.4	160	22 583	34 110
红海滩	21.4	160	22 583	34 110

首先，将数据进行标准化处理，处理结果见表 7-20。

表 7-20　辽河流域社会经济指标标准化处理结果

名称	ZA41	ZA42	ZA43	ZA44
福德店	2.09	−0.23	−0.99	−0.89
三河下拉	2.09	−0.23	−0.99	−0.89
招苏台河	2.09	−0.23	−0.99	−0.89
二道河	2.09	−0.23	−0.99	−0.89
通江口	2.09	−0.23	−0.99	−0.89
三合屯	2.09	−0.23	−0.99	−0.89

名称	ZA41	ZA42	ZA43	ZA44
西孤家子	−0.04	−0.53	−0.30	−0.16
亮子河	2.09	−0.23	−0.99	−0.89
五棵树	−0.04	−0.53	−0.30	−0.16
王河	−0.61	−0.19	−0.51	−0.65
马仲河上	2.09	−0.23	−0.99	−0.89
马仲河中	−0.04	−0.53	−0.30	−0.16
马仲河清河	−0.04	−0.53	−0.30	−0.16
叶赫河	−0.04	−0.53	−0.30	−0.16
寇河最上	−1.02	−1.06	−1.08	−0.93
乌鲁河	−1.02	−1.06	−1.08	−0.93
艾清河	−1.02	−1.06	−1.08	−0.93
寇河中	−1.02	−1.06	−1.08	−0.93
松树	−1.02	−1.06	−1.08	−0.93
寇河中下	−0.04	−0.53	−0.30	−0.16
碾盘河上	−1.02	−1.06	−1.08	−0.93
碾盘河中	−1.02	−1.06	−1.08	−0.93
清河上	−0.97	−0.99	−1.25	1.05
清河中	−0.04	−0.53	−0.30	−0.16
阿拉河清河	−0.04	−0.53	−0.30	−0.16
清河水库上	−1.61	−1.28	0.20	−0.38
清河水库下	−1.61	−1.28	0.20	−0.38
寇河清河	−0.04	−0.53	−0.30	−0.16
清河国控	−0.04	−0.53	−0.30	−0.16
清入辽河	−0.04	−0.53	−0.30	−0.16
柴河上	−0.04	−0.53	−0.30	−0.16
柴河入干	−0.74	−0.68	−1.26	1.05
凡河上	−0.74	−0.68	−1.26	1.05
凡河入干	−0.61	−0.19	−0.51	−0.65
西小河	0.62	2.28	1.84	1.74
长河	0.62	2.28	1.84	1.74
一号闸	0.62	2.28	1.84	1.74
二号闸	0.62	2.28	1.84	1.74
三号闸	0.62	2.28	1.84	1.74
石佛寺下断面	0.62	2.28	1.84	1.74
拉马河	−0.54	0.28	0.24	1.05
七星山	0.62	2.28	1.84	1.74
秀水河	−0.54	0.28	0.24	1.05

名称	ZA41	ZA42	ZA43	ZA44
柳河上	−0.57	−0.50	−1.74	−2.02
柳河下	0.40	0.93	0.78	0.13
巨流河	0.40	0.93	0.78	0.13
燕飞里	0.40	0.93	0.78	0.13
毓宝台	0.40	0.93	0.78	0.13
小柳河	−0.47	−0.08	0.49	−0.70
绕阳河上	−0.57	−0.50	−1.74	−2.02
绕阳河中	0.40	0.93	0.78	0.13
东沙河上	0.73	−0.41	0.09	0.13
东沙河下	0.73	−0.41	0.09	0.13
庞家河	0.73	−0.41	0.09	0.13
绕阳河下	−0.82	0.21	1.29	1.74
绕阳河	−0.10	2.28	0.34	3.02
本辽辽	−0.47	−0.08	0.49	−0.70
辽河渡口	−0.47	−0.08	0.49	−0.70
红庙子	−0.47	−0.08	0.49	−0.70
大张	−0.47	−0.08	0.49	−0.70
双台河口	−1.07	−0.02	1.05	0.35
一统河	−1.07	−0.02	1.05	0.35
曙光大桥	−1.07	−0.02	1.05	0.35
赵圈河	−1.07	−0.02	1.05	0.35
红海滩	−1.07	−0.02	1.05	0.35

利用 SPSS 软件对社会经济数据进行标准化处理后得到相关系数矩阵（表 7-21）。由表 7-21 可知,辽河流域各个断面其 GDP 和农村人均可支配收入两者之间相关性最好,相关系数为 0.779；其次是 GDP 和城镇人均可支配收入，相关系数为 0.727。

表 7-21　相关性矩阵

	项目	Z-score（人口）	Z-score（GDP）	Z-score（农村人均可支配收入）	Z-score（城镇人均可支配收入）
相关性	Z-score（人口）	1	0.333	−0.03	−0.021
	Z-score（GDP）	0.333	1	0.779	0.727
	Z-score（农村人均可支配收入）	−0.03	0.779	1	0.705
	Z-score（城镇人均可支配收入）	−0.021	0.727	0.705	1

相关系数矩阵表明，不同社会经济指标之间存在一定的相关性，这容易造成信息的重叠。采用主成分分析进行降维来简化影响社会经济的多个指标，争取用较少的水质指标来反映辽河流域社会经济的大部分关键信息。对 A41～A44 进行主成分分析可得到主成分的特征值和方差贡献率，见表 7-22。本研究以特征值大于 1，且累积方差贡献率大于 85%为准则，提取 2 个主成分，累积方差贡献率为 89.328%，说明前 2 种主成分代表了社会经济数据 89.328%的信息。

表 7-22 A41～A44 特征值和方差贡献率

成分	初始特征值			提取载荷平方和		
	总计	方差百分比/%	累积/%	总计	方差百分比/%	累积/%
1	2.493	62.322	62.322	2.493	62.322	62.322
2	1.080	27.007	89.328	1.080	27.007	89.328
3	0.301	7.519	96.847	—	—	—
4	0.126	3.153	100.000	—	—	—

由图 7-30 可以看出，1 组分和 2 组分之间拐点不大，2 组分和 3 组分之间拐点很大，前两个组分累积贡献率大于 85%，而其他组分贡献率很小，前两个组分已经满足主成分要求，故没有提取第三个主成分。

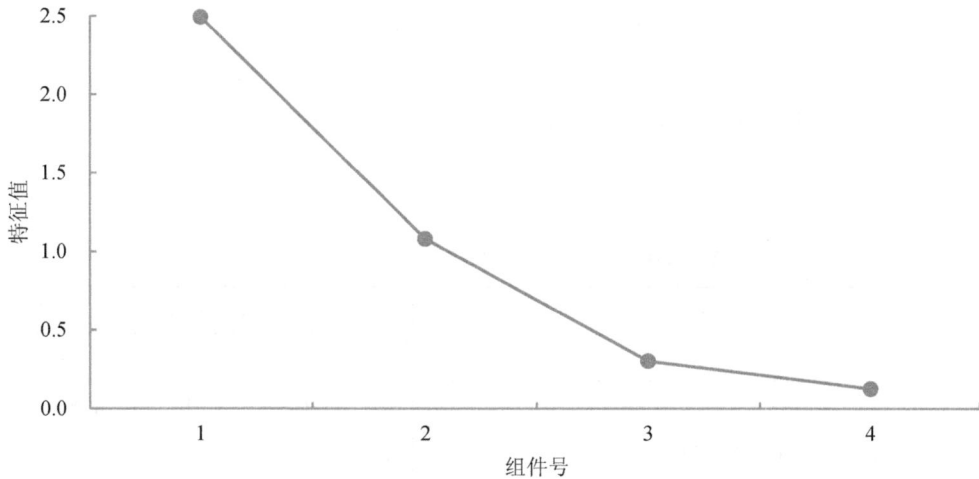

图 7-30 主成分分析碎石图

依据累积方差贡献率大于等于 85%的原则，确定主成分个数为 2 个。初始因子载荷矩阵见表 7-23。由表 7-23 可知，GDP、农村人均可支配收入、城镇人均可支配收入在成分 1 上占有较高的载荷；人口在成分 2 上占有较高的载荷。

表 7-23　A41～A44 的初始因子载荷矩阵

项目	成分	
	1	2
Z-score（人口）	0.178	0.977
Z-score（GDP）	0.937	0.204
Z-score（农村人均可支配收入）	0.900	−0.204
Z-score（城镇人均可支配收入）	0.879	−0.206

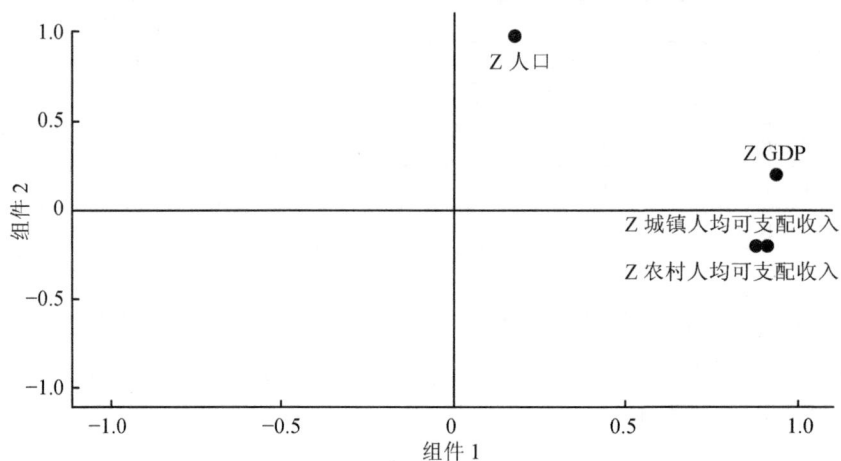

图 7-31　主成分分析组件图

用 4 个指标表示主成分的系数，其值为初始因子载荷矩阵所对应的值除以对应主成分的特征值的平方根，见表 7-24。

表 7-24　A41～A44 的成分得分系数矩阵

项目	成分	
	1	2
Z-score（人口）	0.071	0.904
Z-score（GDP）	0.376	0.189
Z-score（农村人均可支配收入）	0.361	−0.189
Z-score（城镇人均可支配收入）	0.352	−0.191

于是，得到主成分分析表达式：

F10=0.071×ZA41+0.376×ZA42+0.361×ZA43+0.352×ZA44

F11=0.904×ZA41+0.189×ZA42−0.189×ZA43−0.191×ZA44

以方差贡献率为主成分权重，则水质指标 FA1 表达式为：

FA4=0.7×F10+0.3×F11

7.4.4 驱动力评价

7.4.4.1 主成分分析

对水质指标 FA1、水资源指标 FA2、水生态指标 FA3、社会经济指标 FA4 计算得到评价结果，见表 7-25。

表 7-25 主成分分析评价结果

名称	FA1	FA2	FA3	FA4
福德店	−0.416 4	0.206 9	3.163 0	0.237 6
三河下拉	−0.040 1	0.206 9	1.002 7	0.237 6
招苏台河	0.507 4	0.206 9	1.255 5	0.237 6
二道河	−0.081 2	0.206 9	0.038 3	0.237 6
通江口	−0.040 1	0.206 9	0.132 3	0.237 6
三合屯	−0.229 0	0.206 9	−0.411 3	0.237 6
西孤家子	−0.177 2	0.070 1	−0.410 5	−0.270 1
亮子河	0.015 3	0.206 9	0.598 2	0.237 6
五棵树	0.066 5	0.070 1	−0.253 9	−0.270 1
王河	−0.009 5	−0.025 0	−0.206 7	−0.479 8
马仲河上	−0.143 5	0.206 9	0.530 0	0.237 6
马仲河中	−0.209 2	0.070 1	−0.145 1	−0.270 1
马仲河清河	−0.170 0	0.070 1	0.275 2	−0.270 1
叶赫河	−0.216 2	0.070 1	−0.195 8	−0.270 1
寇河最上	−0.709 2	−0.322 9	0.185 3	−1.053 3
乌鲁河	−0.635 7	−0.322 9	−0.185 9	−1.053 3
艾清河	−0.580 9	−0.322 9	0.048 0	−1.053 3
寇河中	−0.673 5	−0.322 9	0.061 1	−1.053 3
松树	−0.341 3	−0.322 9	−0.096 1	−1.053 3
寇河中下	−0.575 4	0.070 1	−0.730 4	−0.270 1
碾盘河上	−0.758 4	−0.322 9	0.457 3	−1.053 3
碾盘河中	−1.029 5	−0.322 9	−0.379 0	−1.053 3

名称	FA1	FA2	FA3	FA4
清河上	−0.773 9	0.070 1	0.045 7	−0.673 7
清河中	−0.966 4	0.070 1	−0.663 0	−0.270 1
阿拉河清河	−0.745 1	0.070 1	−0.157 8	−0.270 1
清河水库上	−0.476 5	−0.882 3	−0.256 8	−0.957 3
清河水库下	−0.605 7	−0.882 3	0.156 8	−0.957 3
寇河清河	−0.568 0	0.070 1	−0.311 8	−0.270 1
清河国控	−0.604 4	0.070 1	−0.066 3	−0.270 1
清入辽河	−0.538 5	0.070 1	0.016 1	−0.270 1
柴河上	−0.672 2	0.070 1	−0.087 7	−0.270 1
柴河入干	−0.783 9	−0.674 4	−0.461 2	−0.503 8
凡河上	−0.436 7	−0.674 4	−0.745 0	−0.503 8
凡河入干	−0.168 6	−0.025 0	−0.137 3	−0.479 8
西小河	−0.259 1	−0.181 7	−0.800 8	1.619 8
长河	−0.252 3	−0.181 7	−0.334 3	1.619 8
一号闸	−0.241 0	−0.181 7	−0.456 8	1.619 8
二号闸	−0.094 6	−0.181 7	−0.241 8	1.619 8
三号闸	−0.263 5	−0.181 7	0.425 4	1.619 8
石佛寺下断面	0.875 8	−0.181 7	0.151 5	1.619 8
拉马河	1.017 2	−0.625 2	−1.290 1	0.161 7
七星山	1.153 9	−0.181 7	−0.245 6	1.619 8
秀水河	0.353 5	−0.625 2	−0.067 6	0.161 7
柳河上	−0.163 6	0.997 6	0.446 8	−1.066 7
柳河下	0.822 3	1.616 4	−0.286 3	0.604 0
巨流河	0.329 2	1.616 4	−0.740 6	0.604 0
燕飞里	0.485 9	1.616 4	−0.524 7	0.604 0
毓宝台	0.653 5	1.616 4	−0.315 6	0.604 0
小柳河	0.445 4	0.155 0	0.085 9	−0.213 5
绕阳河上	0.016 6	0.997 6	0.271 6	−1.066 7
绕阳河中	0.459 0	1.616 4	0.443 3	0.604 0
东沙河上	0.271 3	0.001 1	−0.446 4	0.145 5
东沙河下	0.392 7	0.001 1	0.367 8	0.145 5
庞家河	0.456 5	0.001 1	−0.298 7	0.145 5
绕阳河下	0.421 0	−0.765 7	0.458 8	0.387 3
绕阳河	1.747 0	−0.817 7	0.244 1	1.336 1
本辽辽	0.729 4	0.155 0	0.159 7	−0.213 5
辽河渡口	0.883 0	0.155 0	−0.091 8	−0.213 5
红庙子	1.048 4	0.155 0	0.118 2	−0.213 5

名称	FA1	FA2	FA3	FA4
大张	0.445 4	0.155 0	0.506 4	−0.213 5
双台河口	1.048 4	−0.778 7	−0.507 5	−0.074 6
一统河	0.445 4	−0.778 7	−0.315 7	−0.074 6
曙光大桥	1.747 0	−0.778 7	−0.423 0	−0.074 6
赵圈河	0.445 4	−0.778 7	0.371 9	−0.074 6
红海滩	0.464 9	−0.778 7	1.272 0	−0.074 6

7.4.4.2 熵权综合指数法分析

首先，进行数据"正向化"处理，FA1～FA4 均为"正指标"。正向化结果见表 7-26。

由于公式涉及 ln，为了使数据运算有意义，必须消除零和负值，因此需对无量纲化的数据进行整体平移，即 $X_{ij}=X_{ij}+\alpha$，但为了不破坏原始数据的内在规律，最大限度地保留原始数据，α 的取值必须尽可能小，即 α 为最接近 X_{ij} 的最小值，取 0.000 1。

表 7-26 正向化偏移处理结果

名称	FA1	FA2	FA3	FA4
福德店	0.220 9	0.436 0	1.000 1	0.485 6
三河下拉	0.356 4	0.436 0	0.515 0	0.485 6
招苏台河	0.553 6	0.436 0	0.571 7	0.485 6
二道河	0.341 6	0.436 0	0.298 4	0.485 6
通江口	0.356 4	0.436 0	0.319 5	0.485 6
三合屯	0.288 4	0.436 0	0.197 4	0.485 6
西孤家子	0.307 1	0.381 3	0.197 6	0.296 6
亮子河	0.376 4	0.436 0	0.424 1	0.485 6
五棵树	0.394 8	0.381 3	0.232 8	0.296 6
王河	0.367 5	0.343 2	0.243 4	0.218 6
马仲河上	0.319 2	0.436 0	0.408 8	0.485 6
马仲河中	0.295 5	0.381 3	0.257 2	0.296 6
马仲河清河	0.309 7	0.381 3	0.351 6	0.296 6
叶赫河	0.293 0	0.381 3	0.245 8	0.296 6
寇河最上	0.115 5	0.224 0	0.331 4	0.005 1
乌鲁河	0.141 9	0.224 0	0.248 1	0.005 1
艾清河	0.161 7	0.224 0	0.300 6	0.005 1
寇河中	0.128 3	0.224 0	0.303 5	0.005 1
松树	0.248 0	0.224 0	0.268 2	0.005 1
寇河中下	0.163 7	0.381 3	0.125 8	0.296 6

名称	FA1	FA2	FA3	FA4
碾盘河上	0.097 7	0.224 0	0.392 5	0.005 1
碾盘河中	0.000 1	0.224 0	0.204 7	0.005 1
清河上	0.092 2	0.381 3	0.300 1	0.146 4
清河中	0.022 8	0.381 3	0.140 9	0.296 6
阿拉河清河	0.102 5	0.381 3	0.254 4	0.296 6
清河水库上	0.199 3	0.000 1	0.232 1	0.040 8
清河水库下	0.152 7	0.000 1	0.325 0	0.040 8
寇河清河	0.166 3	0.381 3	0.219 8	0.296 6
清河国控	0.153 2	0.381 3	0.274 9	0.296 6
清入辽河	0.176 9	0.381 3	0.293 4	0.296 6
柴河上	0.128 8	0.381 3	0.270 1	0.296 6
柴河入干	0.088 6	0.083 3	0.186 2	0.209 6
凡河上	0.213 6	0.083 3	0.122 5	0.209 6
凡河入干	0.310 2	0.343 2	0.259 0	0.218 6
西小河	0.277 6	0.280 5	0.110 0	1.000 1
长河	0.280 0	0.280 5	0.214 7	1.000 1
一号闸	0.284 1	0.280 5	0.187 2	1.000 1
二号闸	0.336 8	0.280 5	0.235 5	1.000 1
三号闸	0.276 0	0.280 5	0.385 3	1.000 1
石佛寺下断面	0.686 3	0.280 5	0.323 8	1.000 1
拉马河	0.737 3	0.103 0	0.000 1	0.457 3
七星山	0.786 5	0.280 5	0.234 7	1.000 1
秀水河	0.498 2	0.103 0	0.274 6	0.457 3
柳河上	0.312 0	0.752 5	0.390 1	0.000 1
柳河下	0.667 1	1.000 1	0.225 5	0.622 0
巨流河	0.489 5	1.000 1	0.123 5	0.622 0
燕飞里	0.545 9	1.000 1	0.172 0	0.622 0
毓宝台	0.606 3	1.000 1	0.218 9	0.622 0
小柳河	0.531 3	0.415 2	0.309 1	0.317 7
绕阳河上	0.376 9	0.752 5	0.350 8	0.000 1
绕阳河中	0.536 2	1.000 1	0.389 4	0.622 0
东沙河上	0.468 6	0.353 6	0.189 6	0.451 3
东沙河下	0.512 3	0.353 6	0.372 4	0.451 3
庞家河	0.535 3	0.353 6	0.222 7	0.451 3
绕阳河下	0.522 5	0.046 8	0.392 8	0.541 3
绕阳河	1.000 1	0.026 0	0.344 6	0.894 5
本辽辽	0.633 6	0.415 2	0.325 7	0.317 7

名称	FA1	FA2	FA3	FA4
辽河渡口	0.688 9	0.415 2	0.269 2	0.317 7
红庙子	0.748 5	0.415 2	0.316 4	0.317 7
大张	0.531 3	0.415 2	0.403 5	0.317 7
双台河口	0.748 5	0.041 6	0.175 8	0.369 4
一统河	0.531 3	0.041 6	0.218 9	0.369 4
曙光大桥	1.000 1	0.041 6	0.194 8	0.369 4
赵圈河	0.531 3	0.041 6	0.373 3	0.369 4
红海滩	0.538 3	0.041 6	0.575 5	0.369 4

计算各指标对全部样本的比重，见表 7-27。

表 7-27　各指标比重

名称	FA1	FA2	FA3	FA4
福德店	0.008 885 4	0.018 991 6	0.053 090 9	0.018 810 8
三河下拉	0.014 336 4	0.018 991 6	0.027 337 9	0.018 810 8
招苏台河	0.022 267 5	0.018 991 6	0.030 351 5	0.018 810 8
二道河	0.013 741 1	0.018 991 6	0.015 841 2	0.018 810 8
通江口	0.014 336 4	0.018 991 6	0.016 961 8	0.018 810 8
三合屯	0.011 600 0	0.018 991 6	0.010 481 5	0.018 810 8
西孤家子	0.012 350 4	0.016 606 8	0.010 491 1	0.011 490 2
亮子河	0.015 138 9	0.018 991 6	0.022 515 8	0.018 810 8
五棵树	0.015 880 6	0.016 606 8	0.012 357 9	0.011 490 2
王河	0.014 779 7	0.014 949 0	0.012 920 6	0.008 466 5
马仲河上	0.012 838 6	0.018 991 6	0.021 702 8	0.018 810 8
马仲河中	0.011 886 8	0.016 606 8	0.013 654 9	0.011 490 2
马仲河清河	0.012 454 7	0.016 606 8	0.018 665 3	0.011 490 2
叶赫河	0.011 785 4	0.016 606 8	0.013 050 5	0.011 490 2
寇河最上	0.004 643 9	0.009 756 0	0.017 593 6	0.000 197 1
乌鲁河	0.005 708 6	0.009 756 0	0.013 168 5	0.000 197 1
艾清河	0.006 502 4	0.009 756 0	0.015 956 9	0.000 197 1
寇河中	0.005 161 0	0.009 756 0	0.016 113 0	0.000 197 1
松树	0.009 973 3	0.009 756 0	0.014 239 0	0.000 197 1
寇河中下	0.006 582 1	0.016 606 8	0.006 677 5	0.011 490 2
碾盘河上	0.003 931 2	0.009 756 0	0.020 836 1	0.000 197 1
碾盘河中	0.000 004 0	0.009 756 0	0.010 866 6	0.000 197 1
清河上	0.003 706 6	0.016 606 8	0.015 929 4	0.005 670 6

名称	FA1	FA2	FA3	FA4
清河中	0.000 918 1	0.016 606 8	0.007 481 0	0.011 490 2
阿拉河清河	0.004 123 8	0.016 606 8	0.013 503 5	0.011 490 2
清河水库上	0.008 014 8	0.000 004 4	0.012 323 3	0.001 581 3
清河水库下	0.006 143 2	0.000 004 4	0.017 253 9	0.001 581 3
寇河清河	0.006 689 3	0.016 606 8	0.011 667 7	0.011 490 2
清河国控	0.006 162 0	0.016 606 8	0.014 594 3	0.011 490 2
清入辽河	0.007 116 6	0.016 606 8	0.015 576 6	0.011 490 2
柴河上	0.005 179 9	0.016 606 8	0.014 339 2	0.011 490 2
柴河入干	0.003 561 8	0.003 628 5	0.009 886 7	0.008 120 4
凡河上	0.008 591 3	0.003 628 5	0.006 503 5	0.008 120 4
凡河入干	0.012 475 0	0.014 949 0	0.013 747 9	0.008 466 5
西小河	0.011 164 0	0.012 217 4	0.005 838 3	0.038 741 0
长河	0.011 262 5	0.012 217 4	0.011 399 4	0.038 741 0
一号闸	0.011 426 2	0.012 217 4	0.009 939 1	0.038 741 0
二号闸	0.013 546 9	0.012 217 4	0.012 502 1	0.038 741 0
三号闸	0.011 100 3	0.012 217 4	0.020 455 9	0.038 741 0
石佛寺下断面	0.027 604 1	0.012 217 4	0.017 190 7	0.038 741 0
拉马河	0.029 652 4	0.004 486 2	0.000 005 3	0.017 716 4
七星山	0.031 632 6	0.012 217 4	0.012 456 8	0.038 741 0
秀水河	0.020 038 1	0.004 486 2	0.014 578 8	0.017 716 4
柳河上	0.012 547 4	0.032 775 3	0.020 711 0	0.000 003 9
柳河下	0.026 829 1	0.043 562 3	0.011 971 7	0.024 094 0
巨流河	0.019 686 1	0.043 562 3	0.006 555 9	0.024 094 0
燕飞里	0.021 956 0	0.043 562 3	0.009 129 7	0.024 094 0
毓宝台	0.024 383 9	0.043 562 3	0.011 622 4	0.024 094 0
小柳河	0.021 369 4	0.018 086 8	0.016 408 7	0.012 306 3
绕阳河上	0.015 157 8	0.032 775 3	0.018 622 4	0.000 003 9
绕阳河中	0.021 566 4	0.043 562 3	0.020 669 2	0.024 094 0
东沙河上	0.018 847 3	0.015 404 0	0.010 063 1	0.017 482 8
东沙河下	0.020 605 9	0.015 404 0	0.019 769 2	0.017 482 8
庞家河	0.021 530 1	0.015 404 0	0.011 823 8	0.017 482 8
绕阳河下	0.021 015 9	0.002 037 0	0.020 854 0	0.020 969 4
绕阳河	0.040 224 3	0.001 130 5	0.018 294 6	0.034 650 3
本辽辽	0.025 483 4	0.018 086 8	0.017 288 4	0.012 306 3
辽河渡口	0.027 708 4	0.018 086 8	0.014 290 3	0.012 306 3
红庙子	0.030 104 4	0.018 086 8	0.016 793 7	0.012 306 3
大张	0.021 369 4	0.018 086 8	0.021 421 5	0.012 306 3

名称	FA1	FA2	FA3	FA4
双台河口	0.030 104 4	0.001 810 3	0.009 334 7	0.014 309 2
一统河	0.021 369 4	0.001 810 3	0.011 621 2	0.014 309 2
曙光大桥	0.040 224 3	0.001 810 3	0.010 342 0	0.014 309 2
赵圈河	0.021 369 4	0.001 810 3	0.019 818 1	0.014 309 2
红海滩	0.021 651 8	0.001 810 3	0.030 548 2	0.014 309 2

通过公式计算各指标的熵值和权重，见表 7-28。

表 7-28　各指标熵值和权重

项目	FA1	FA2	FA3	FA4
熵值	0.956 3	0.942 6	0.976 0	0.932 3
权重	0.226 7	0.298 0	0.124 3	0.351 1

则辽河流域水生生物多样性综合得分 FA 表达式为：

FA=0.226 7×FA1+0.298 0×FA2+0.124 3×FA3+0.351 1×FA4

辽河流域水生生物多样性结果见表 7-29。

表 7-29　辽河流域水生生物多样性评价综合得分

名称	FA	名称	FA
福德店	0.020 9	凡河入干	0.012 0
三河下拉	0.018 9	西小河	0.020 5
招苏台河	0.021 1	长河	0.021 2
二道河	0.017 3	一号闸	0.021 1
通江口	0.017 6	二号闸	0.021 9
三合屯	0.016 2	三号闸	0.022 3
西孤家子	0.013 1	石佛寺下断面	0.025 6
亮子河	0.018 5	拉马河	0.014 3
五棵树	0.014 1	七星山	0.026 0
王河	0.012 4	秀水河	0.013 9
马仲河上	0.017 9	柳河上	0.015 2
马仲河中	0.013 4	柳河下	0.029 0
马仲河清河	0.014 1	巨流河	0.026 7
叶赫河	0.013 3	燕飞里	0.027 6
寇河最上	0.006 2	毓宝台	0.028 4
乌鲁河	0.005 9	小柳河	0.016 6

名称	FA	名称	FA
艾清河	0.006 4	绕阳河上	0.015 5
寇河中	0.006 1	绕阳河中	0.028 9
松树	0.007 0	东沙河上	0.016 3
寇河中下	0.011 3	东沙河下	0.017 9
碾盘河上	0.006 5	庞家河	0.017 1
碾盘河中	0.004 3	绕阳河下	0.015 3
清河上	0.009 8	绕阳河	0.023 9
清河中	0.010 1	本辽辽	0.017 6
阿拉河清河	0.011 6	辽河渡口	0.017 8
清河水库上	0.003 9	红庙子	0.018 6
清河水库下	0.004 1	大张	0.017 2
寇河清河	0.011 9	双台河口	0.013 5
清河国控	0.012 2	一统河	0.011 9
清入辽河	0.012 5	曙光大桥	0.016 0
柴河上	0.011 9	赵圈河	0.012 9
柴河入干	0.006 0	红海滩	0.014 3
凡河上	0.006 7		

计算 FA 与 ZA11~ZA44 的相关系数，结果见表 7-30。根据相关性分析结果，辽河流域水生生物多样性主要驱动因子为高锰酸盐指数、COD、BOD、城镇公共居民用水量、藻类 Pielou 指数（Je）、藻类辛普森指数（λ）、底栖动物香农指数（H'e）、底栖动物丰富度 Margalef 指数（dMa）、GDP、人口。

表 7-30　FA 与 ZA11~ZA44 相关系数

项目	ZA11	ZA12	ZA13	ZA14	ZA15	ZA16	ZA17	ZA18
与 FA 相关系数	0.311	−0.130	0.666	0.516	0.568	0.090	0.114	−0.117
项目	ZA21	ZA22	ZA23	ZA24	ZA25	ZA26	ZA31	ZA32
与 FA 相关系数	0.393	0.189	0.157	0.577	0.598	0.498	0.182	−0.138
项目	ZA33	ZA34	ZA35	ZA36	ZA37	ZA38	ZA39	ZA310
与 FA 相关系数	−0.287	0.247	0.156	0.220	0.254	−0.021	−0.130	0.272
项目	ZA41	ZA42	ZA43	ZA44				
与 FA 相关系数	0.595	0.779	0.551	0.343				

7.4.5 辽河上、中、下游各区域水生生物多样性驱动力分析

7.4.5.1 辽河上游

辽河上游段包括福德店—凡河入干流，通过主成分分析法、熵权综合指数法得到辽河上游段水生生物多样性综合得分，结果见表 7-31。

表 7-31 辽河上游段水生生物多样性评价综合得分

名称	FA	名称	FA
福德店	0.020 9	寇河中	0.006 1
三河下拉	0.018 9	松树	0.007 0
招苏台河	0.021 1	寇河中下	0.011 3
二道河	0.017 3	碾盘河上	0.006 5
通江口	0.017 6	碾盘河中	0.004 3
三合屯	0.016 2	清河上	0.009 8
西孤家子	0.013 1	清河中	0.010 1
亮子河	0.018 5	阿拉河清河	0.011 6
五棵树	0.014 1	清河水库上	0.003 9
王河	0.012 4	清河水库下	0.004 1
马仲河上	0.017 9	寇河清河	0.011 9
马仲河中	0.013 4	清河国控	0.012 2
马仲河清河	0.014 1	清入辽河	0.012 5
叶赫河	0.013 3	柴河上	0.011 9
寇河最上	0.006 2	柴河入干	0.006 0
乌鲁河	0.005 9	凡河上	0.006 7
艾清河	0.006 4	凡河入干	0.012 0

由图 7-32 可以看出，辽河上游段综合得分 FA 呈逐渐下降趋势。

计算辽河上游段水生生物多样性评价综合得分 FA 与 ZA11～ZA44 的 Spearman 相关系数，结果见表 7-32。根据相关性分析结果，辽河上游段水生生物多样性主要驱动因子为 COD、总磷、年降水量、水资源总量、藻类丰富度 Margalef 指数（dMa）、底栖动物丰富度 Margalef 指数、人口、GDP。

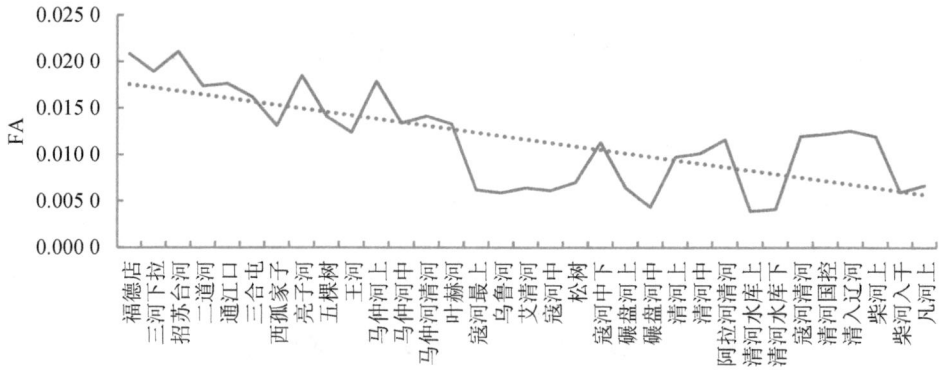

图 7-32　辽河上游段水生生物多样性评价综合得分折线图

表 7-32　FA 与 ZA11～ZA44 相关系数

项目	ZA11	ZA12	ZA13	ZA14	ZA15	ZA16	ZA17	ZA18
与 FA 相关系数	−0.094	−0.403	0.652	0.736	0.498	0.602	0.688	0.563
项目	ZA21	ZA22	ZA23	ZA24	ZA25	ZA26	ZA31	ZA32
与 FA 相关系数	0.856	0.910	0.058	0.155	0.255	0.612	0.126	0.232
项目	ZA33	ZA34	ZA35	ZA36	ZA37	ZA38	ZA39	ZA310
与 FA 相关系数	−0.113	−0.013	0.387	0.556	0.425	0.089	−0.349	0.493
项目	ZA41	ZA42	ZA43	ZA44				
与 FA 相关系数	0.931	0.868	0.186	0.048				

7.4.5.2　辽河中游

辽河中游段包括西小河—毓宝台、本辽辽—红庙子，通过主成分分析法、熵权综合指数法得到辽河中游段水生生物多样性综合得分，结果见表 7-33。

表 7-33　辽河中游段水生生物多样性评价综合得分

名称	FA	名称	FA
西小河	0.020 5	柳河上	0.015 2
长河	0.021 2	柳河下	0.029 0
一号闸	0.021 1	巨流河	0.026 7
二号闸	0.021 9	燕飞里	0.027 6
三号闸	0.022 3	毓宝台	0.028 4
石佛寺下断面	0.025 6	本辽辽	0.017 6
拉马河	0.014 3	辽河渡口	0.017 8
七星山	0.026 0	红庙子	0.018 6
秀水河	0.013 9		

由图 7-33 可以看出，辽河中游段综合得分 FA 变化趋势不明显，相对稳定。

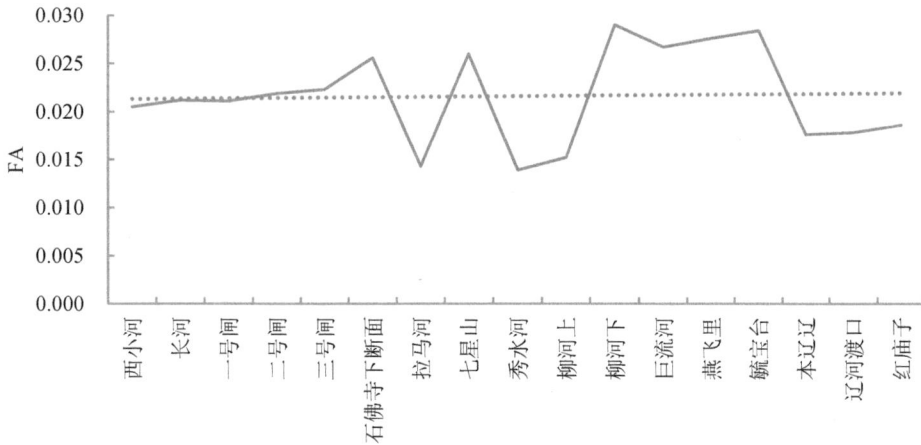

图 7-33 辽河中游段水生生物多样性评价综合得分折线图

计算辽河中游段水生生物多样性评价综合得分 FA 与 ZA11～ZA44 的 Spearman 相关系数，结果见表 7-34。根据相关性分析结果，辽河中游段水生生物多样性主要驱动因子为农田灌溉用水量、工业用水量、城镇公共居民生活用水量、居民生活用水量、人口、GDP。

表 7-34 FA 与 ZA11～ZA44 相关系数

项目	ZA11	ZA12	ZA13	ZA14	ZA15	ZA16	ZA17	ZA18
与 FA 相关系数	−0.181	0.113	0.105	−0.279	−0.015	−0.406	−0.280	−0.339
项目	ZA21	ZA22	ZA23	ZA24	ZA25	ZA26	ZA31	ZA32
与 FA 相关系数	0.411	0.511	0.562	0.675	0.838	0.527	0.288	−0.180
项目	ZA33	ZA34	ZA35	ZA36	ZA37	ZA38	ZA39	ZA310
与 FA 相关系数	−0.184	0.218	−0.006	−0.208	−0.206	−0.056	0.143	−0.084
项目	ZA41	ZA42	ZA43	ZA44				
与 FA 相关系数	0.800	0.604	0.277	0.111				

7.4.5.3 辽河下游

辽河下游段包括小柳河—绕阳河、大张—红海滩，通过主成分分析法、熵权综合指数法得到辽河下游段水生生物多样性综合得分，结果见表 7-35。

表 7-35 辽河下游段水生生物多样性评价综合得分

名称	FA	名称	FA
小柳河	0.016 6	绕阳河	0.023 9
绕阳河上	0.015 5	大张	0.017 2
绕阳河中	0.028 9	双台河口	0.013 5
东沙河上	0.016 3	一统河	0.011 9
东沙河下	0.017 9	曙光大桥	0.016 0
庞家河	0.017 1	赵圈河	0.012 9
绕阳河下	0.015 3	红海滩	0.014 3

由图 7-34 可以看出，辽河下游段综合得分 FA 呈逐渐下降趋势。

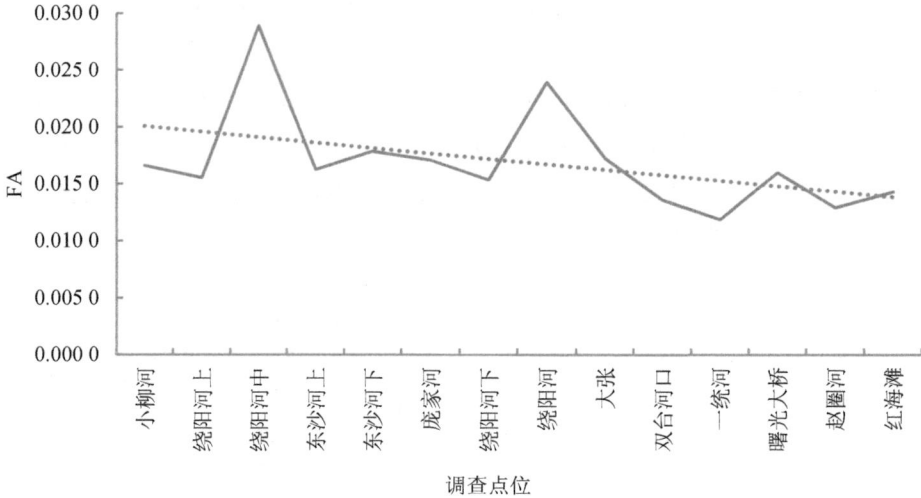

图 7-34 辽河下游段水生生物多样性评价综合得分折线图

计算辽河下游段水生生物多样性评价综合得分 FA 与 ZA11～ZA44 的 Spearman 相关系数，结果见表 7-36。根据相关性分析结果，辽河下游段水生生物多样性主要驱动因子为农田灌溉用水量、城镇公共居民生活用水量、人口。

表 7-36 FA 与 ZA11～ZA44 相关系数

项目	ZA11	ZA12	ZA13	ZA14	ZA15	ZA16	ZA17	ZA18
与 FA 相关系数	−0.129	−0.129	0.356	0.013	0.379	−0.241	−0.098	−0.196
项目	ZA21	ZA22	ZA23	ZA24	ZA25	ZA26	ZA31	ZA32
与 FA 相关系数	0.503	0.427	0.680	−0.145	0.582	0.102	0.086	0.301

项目	ZA33	ZA34	ZA35	ZA36	ZA37	ZA38	ZA39	ZA310
与 FA 相关系数	−0.097	−0.086	0.446	−0.369	−0.136	0.071	0.108	−0.101
项目	ZA41	ZA42	ZA43	ZA44				
与 FA 相关系数	0.812	−0.020	−0.577	−0.330				

7.4.6 辽河上、中、下游各区域水资源及社会经济指标特征分析

7.4.6.1 水资源

（1）年降水量

辽河流域上游至下游年降水量整体呈增长趋势，最大年降水量在辽河流域中下游，为 78.59 万 m^3，最小年降水量在上游，为 1.13 万 m^3，但辽河上游各断面年降水量变化相对稳定。

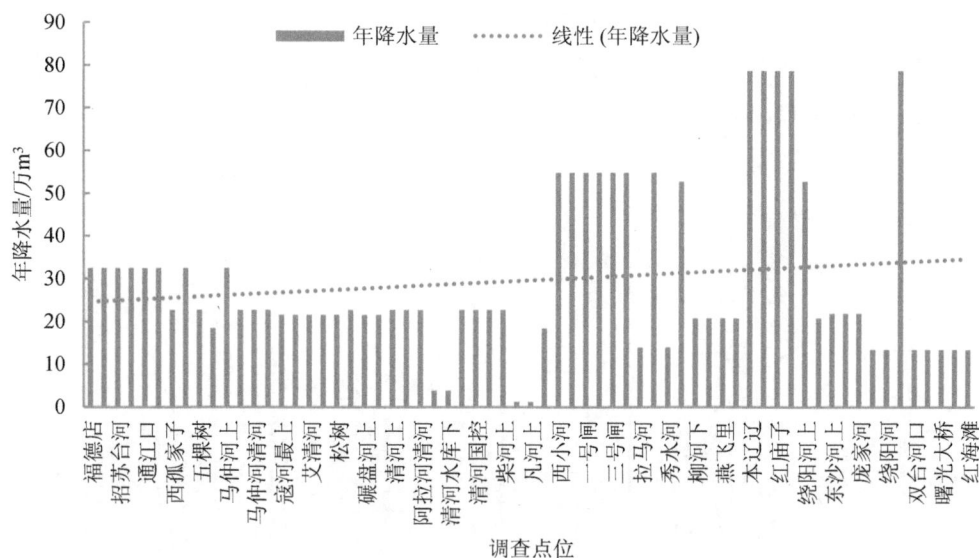

图 7-35 辽河流域各点位年降水量

（2）水资源总量

辽河流域上游至下游水资源总量整体呈下降趋势，最大水资源总量在辽河流域上游，为 10.33 亿 m^3，最小水资源总量在下游，为 0.53 亿 m^3。

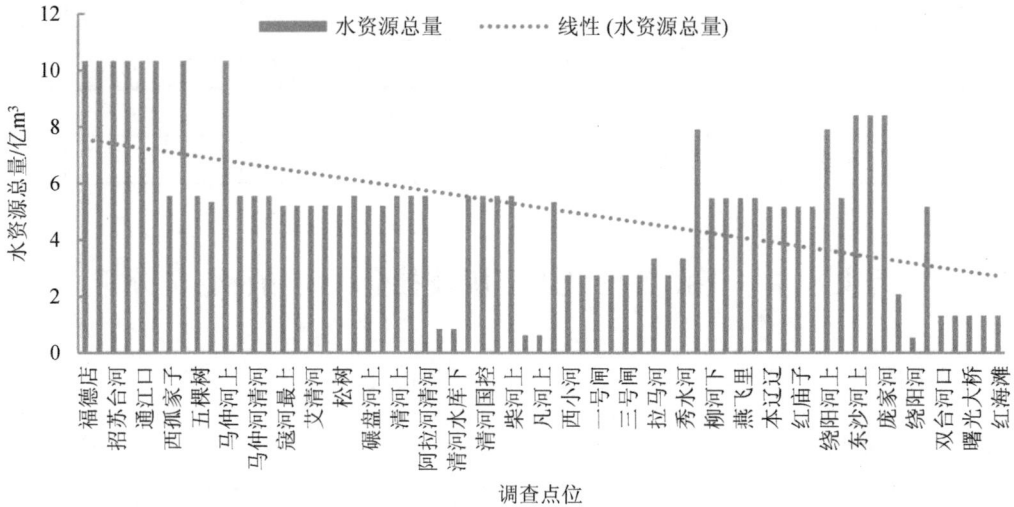

图 7-36　辽河流域各点位水资源总量

（3）农田灌溉用水量

辽河流域上游至下游农田灌溉用水量整体呈下降趋势，下游农田灌溉用水量相对较少，中上游农田灌溉用水量相对较多。其中最大农田灌溉用水量在辽河流域上游，为22 883 万 m³，最小农田灌溉用水量在下游，为 216 万 m³。

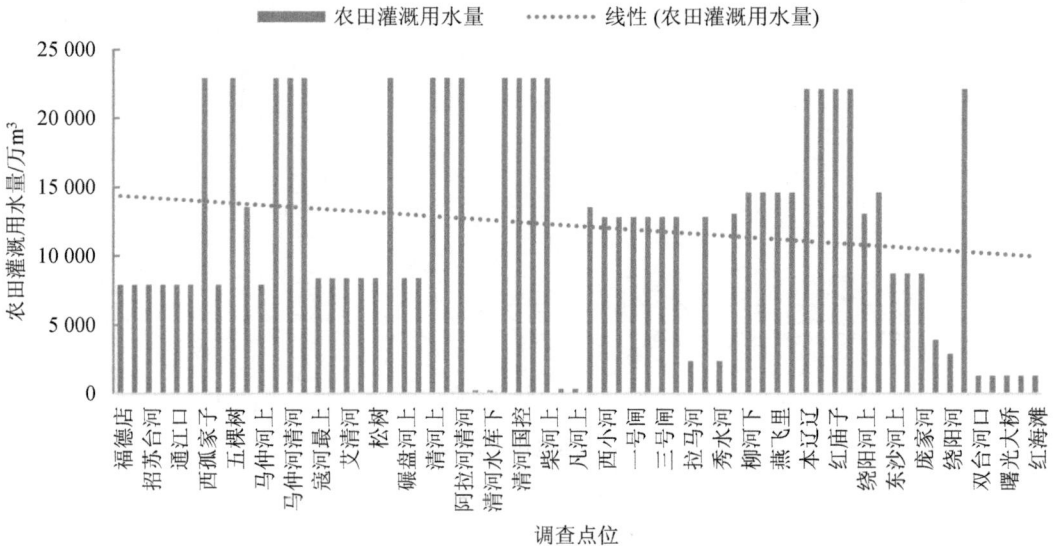

图 7-37　辽河流域各点位农田灌溉用水量

（4）工业用水量

辽河流域上游至下游工业用水量整体呈升高趋势，其中上游工业供水量相对稳定，中游整体工业用水量最大。最大工业用水量断面在下游，为 3 597 万 m³，最小也在下游，为 60 万 m³。

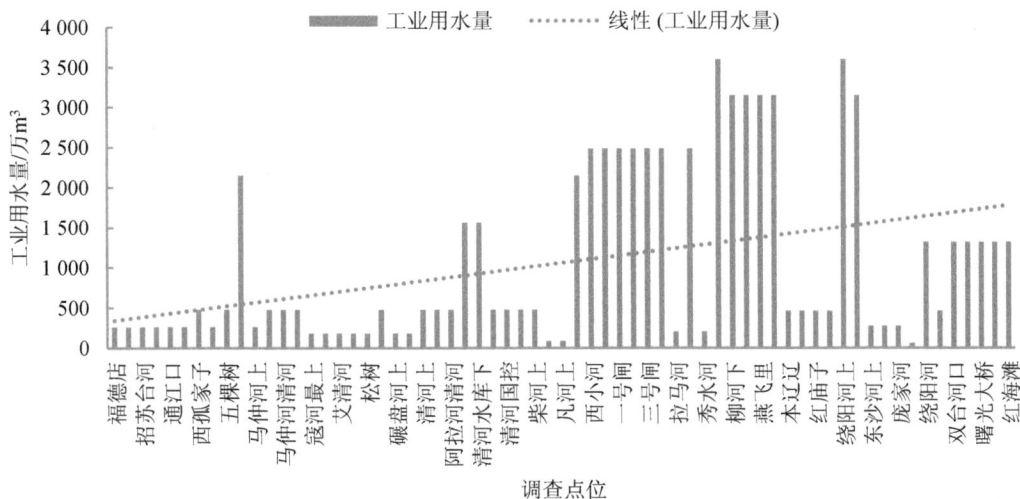

图 7-38　辽河流域各点位工业用水量

（5）城镇公共居民生活用水量

辽河流域上游至下游城镇公共居民生活用水量整体呈升高趋势，其中上游至中游前半段及下游城镇公共居民生活用水量相对稳定，中游后半段城镇公共居民生活用水量最大。最大城镇公共居民生活用水量在中游，为 22 249 万 m³，最小在下游，为 260 万 m³。

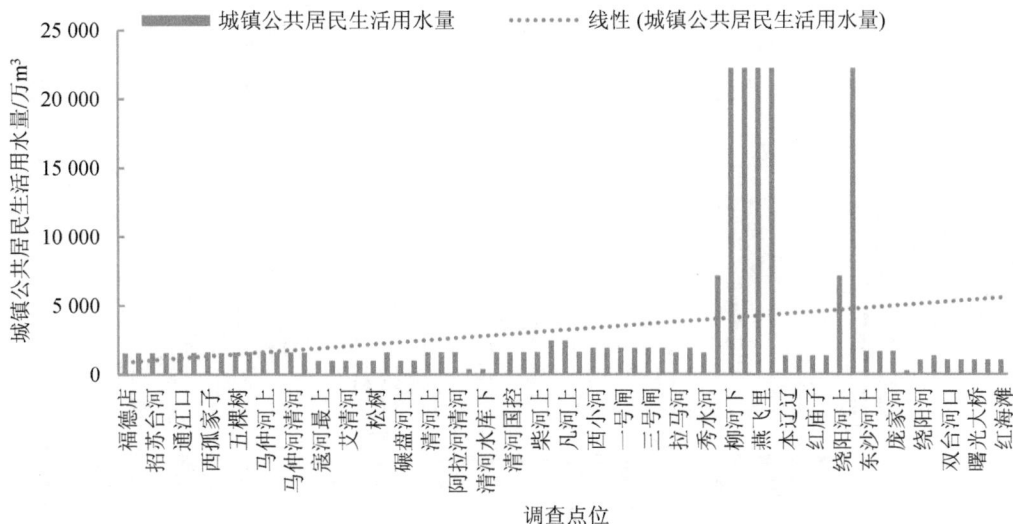

图 7-39　辽河流域各点位城镇公共居民生活用水量

（6）生态环境用水量

生态环境用水量与城镇公共居民生活用水量整体变化趋势相似，其中上游至中游前半段及下游生态环境用水量相对稳定，中游后半段生态环境用水量较大。最大生态环境用水量在中游，为3 070万m³，最小也在中游，为15.1万m³。

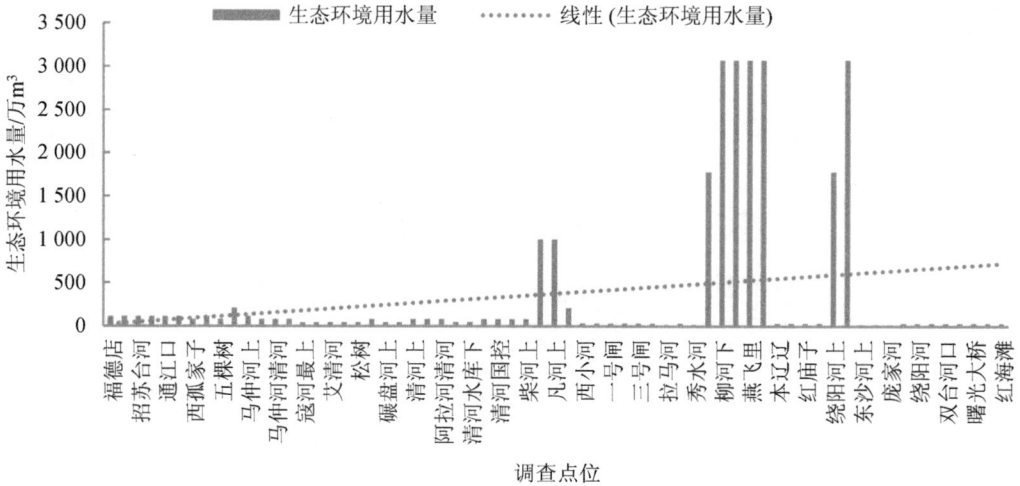

图7-40　辽河流域各点位生态环境用水量

7.4.6.2　社会经济指标

（1）人口

辽河流域上游至下游人口大体呈逐渐下降趋势，其中下游人口数量变化不明显，相对稳定。上游人口波动较大，最多人口数量在上游，为97.16万人，最少也在上游，为8.4万人。

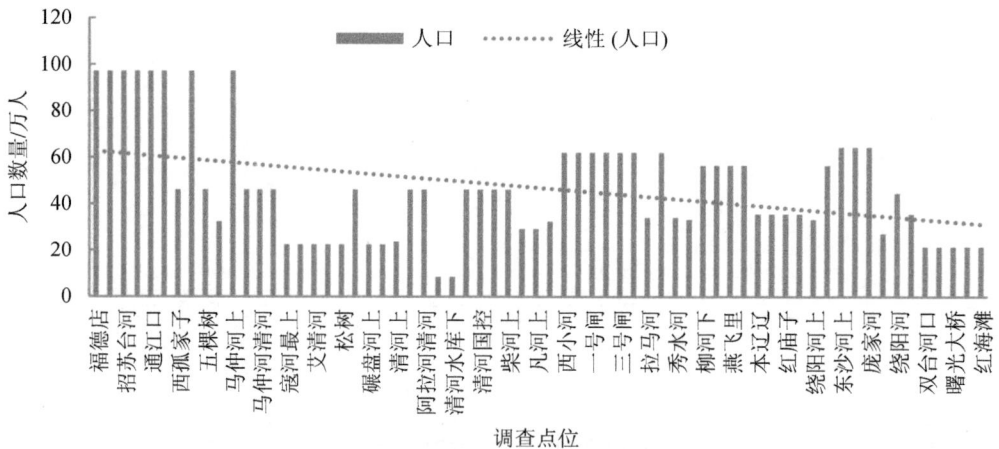

图7-41　辽河流域各点位人口数量

（2）GDP

辽河流域上游至下游 GDP 呈逐渐升高趋势，其上游和中游 GDP 波动相对较大，下游 GDP 相对稳定。GDP 最高在中游，为 396.4 亿元，最低在上游，为 30.1 亿元。

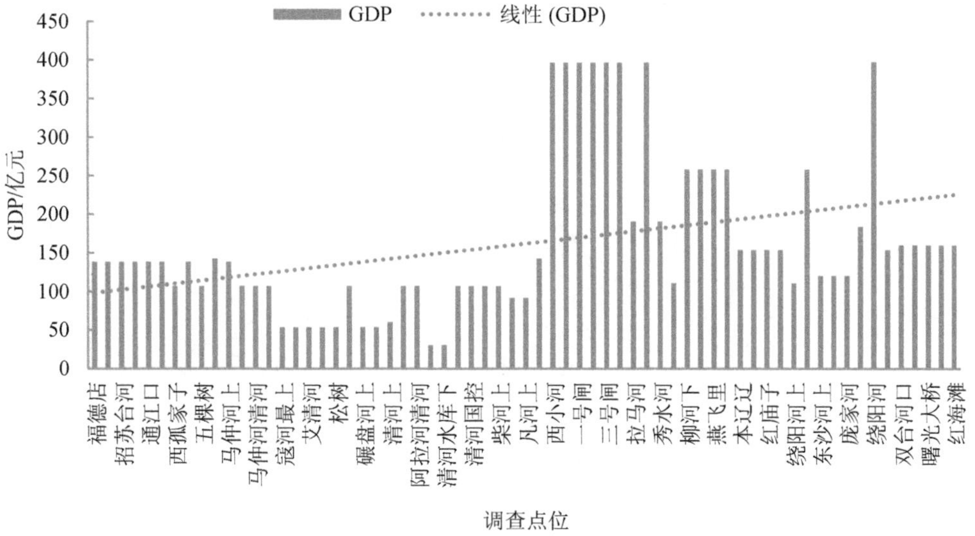

图 7-42　辽河流域各点位 GDP

（3）农村人均可支配收入

辽河流域上游至下游农村人均可支配收入呈逐渐升高趋势，各区域水平相对稳定。农村人均可支配收入最高在中游，为 24 784 元，最低在中游及下游，为 14 768 元。

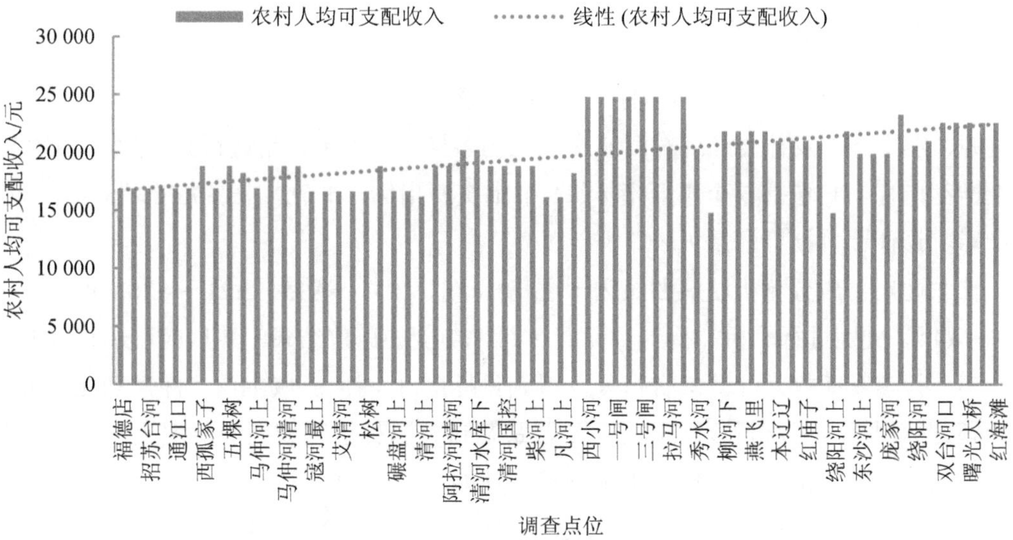

图 7-43　辽河流域各点位农村人均可支配收入

（4）城镇人均可支配收入

城镇人均可支配收入与农村人均可支配收入变化趋势相似，总体呈逐渐升高趋势，各区域水平相对稳定。城镇人均可支配收入最高在下游，为 55 825 元，最低在中游，为 14 768 元。

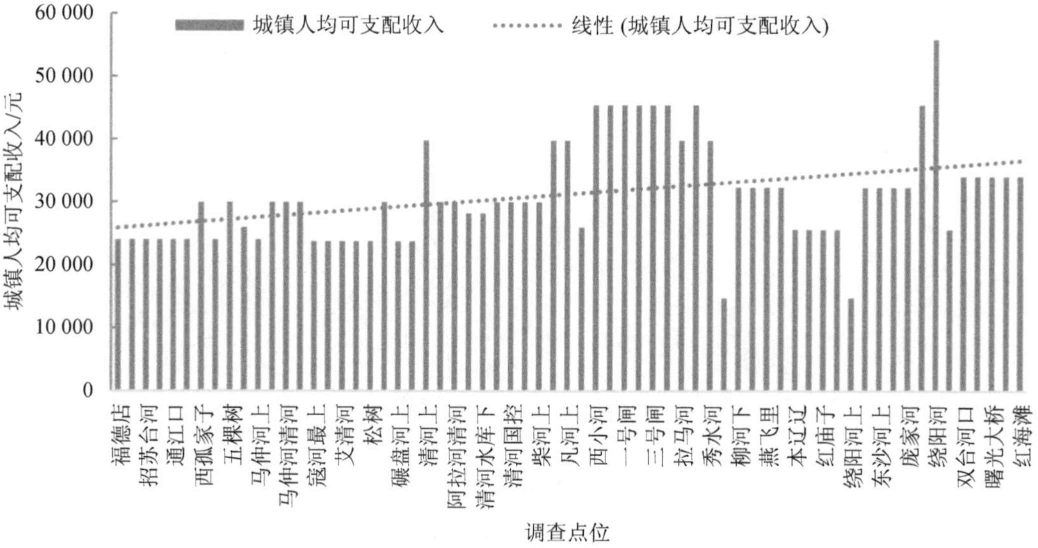

图 7-44　辽河流域各点位城镇人均可支配收入

7.5　清河流域水生生物多样性驱动力研究

7.5.1　评价体系构建

基于 44 个初选指标，兼顾指标科学性、系统性、主导性等选取原则，充分考虑水质、水资源、水生态以及社会经济对河流水生生物多样性的影响，精选得到 21 个水生生物多样性推荐指标。它包括 5 个水质指标、6 个水资源指标、6 个水生态类指标、4 个社会经济指标。具体评价指标体系见表 7-37。

首先运用主成分分析法对四组因子层指标（即 A11～A15、A21～A26、A31～A36、A41～A44）分别进行分析，得到目标层 2 四种功能的评价结果，然后应用熵权综合指数法对其进行客观赋权，计算综合得分，得到目标层 1 清河流域生物多样性功能得分，进而计算目标层 2 与目标层 1 的相关系数，最后进行目标层区域因子层次 1 与因子层数据的相关性分析，得出清河流域水生生物多样性的主要驱动因子。

基于流域生物多样性调查现状，针对清河流域水生态系统功能评价选取了 21 个评价指标 A11～A44，以 2016 年到 2021 年的数据为基础进行评价。原始数据见表 7-38。

表 7-37　清河流域水生生物多样评价指标体系

目标层1	清河流域水生生物多样性评价																				
目标层2	水质 A1					水资源 A2						水生态 A3						社会经济 A4			
因子层	DO A11	生化需氧量 A12	氨氮 A13	化学需氧量 A14	总磷 A15	年降水量 A21	水资源总量 A22	农田灌溉用水量 A23	工业用水量 A24	城镇公共用水量 A25	居民生活用水量 A26	藻类 Shannon 指数 (H'e) A31	藻类 Simpson 指数 (λ) A32	藻类丰富度指数 Margalef (dMa) A33	底栖动物 Shannon 指数 (H'e) A34	底栖动物 Simpson 指数 (λ) A35	底栖动物丰富度 Margalef 指数 A36	人口 A41	GDP A42	农村人均可支配收入 A43	城镇人均可支配收入 A44

表 7-38　2016—2021 年清河流域原始数据

年份	A11	A12	A13	A14	A15	A21	A22	A23	A24	A25	A26	A31	A32	A33	A34	A35	A36	A41	A42	A43	A44
2016	9.17	4.09	0.79	18.84	0.20	18.23	5.20	5 420.70	52.00	117.00	1 410.21	1.15	0.03	1.57	0.99	0.04	0.98	27.80	494 338.00	11 034.00	16 334.00
2017	9.73	3.49	0.61	19.83	0.22	15.62	4.50	5 706.00	55.00	130.00	1 128.17	1.32	0.04	1.98	1.21	0.08	1.13	32.70	449 991.00	11 620.00	18 772.00
2018	10.28	3.58	2.35	15.17	0.26	13.09	2.30	6 340.00	58.00	137.00	1 117.00	1.77	0.06	2.67	1.35	0.03	1.34	32.90	473 015.00	12 630.00	19 844.00
2019	11.24	3.74	1.25	18.92	0.09	20.53	6.56	7 051.00	61.00	141.00	1 113.00	1.98	0.09	3.03	1.50	0.13	1.46	33.00	494 894.00	13 690.00	21 082.00
2020	9.29	2.33	0.59	15.67	0.12	19.81	6.41	7 833.00	166.00	189.00	705.00	2.43	0.11	3.73	1.58	0.19	1.62	32.40	533 093.00	15 100.00	21 841.00
2021	10.07	2.48	0.51	12.96	0.11	19.34	4.72	8 372.00	180.00	193.00	825.00	2.43	0.11	3.73	1.58	0.19	1.62	32.50	570 162.00	16 610.00	23 697.00

7.5.2　功能评价及主要驱动因子识别

7.5.2.1　主成分分析

以水质指标（A11～A15）为例进行主成分分析，首先用"Z-Score"法在 SPSS 中对原始数据进行"标准化"处理，处理结果见表 7-39。

表 7-39　清河流域水质指标标准化处理结果

年份	ZA11	ZA12	ZA13	ZA14	ZA15
2016	−1.045 5	1.128 5	−0.321 3	0.719 1	0.481 8
2017	−0.307 5	0.287 4	−0.576 5	1.085 7	0.770 9
2018	0.417 3	0.413 6	1.890 3	−0.640 1	1.349 0
2019	1.682 5	0.637 9	0.330 8	0.748 7	−1.108 1
2020	−0.887 4	−1.338 8	−0.604 9	−0.454 9	−0.674 5
2021	0.140 6	−1.128 5	−0.718 3	−1.458 5	−0.819 1

标准化的 A11～A15 相关性矩阵见表 7-40。

表 7-40　A11～A15 的相关性矩阵

项目	Z-score（A11）	Z-score（A12）	Z-score（A13）	Z-score（A14）	Z-score（A15）
Z-score（A11）	1.000 0	0.201 0	0.459 0	0.021 0	−0.312 0
Z-score（A12）	0.201 0	1.000 0	0.417 0	0.718 0	0.489 0
Z-score（A13）	0.459 0	0.417 0	1.000 0	−0.099 0	0.516 0
Z-score（A14）	0.021 0	0.718 0	−0.099 0	1.000 0	0.198 0
Z-score（A15）	−0.312 0	0.489 0	0.516 0	0.198 0	1.000 0

对 A11～A15 进行主成分分析可得到主成分的特征值和方差贡献率，见表 7-41。

表 7-41　A11～A15 特征值和方差贡献率

成分	初始特征值			提取载荷平方和		
	总计	方差百分比/%	累积/%	总计	方差百分比/%	累积/%
1	2.201 0	44.019 0	44.019 0	2.201 0	44.019 0	44.019 0
2	1.392 0	27.841 0	71.860 0	1.392 0	27.841 0	71.860 0
3	1.173 0	23.454 0	95.315 0	1.173 0	23.454 0	95.315 0
4	0.141 0	2.821 0	98.135 0	0.141 0	2.821 0	98.135 0
5	0.093 0	1.865 0	100.000 0	0.093 0	1.865 0	100.000 0

由图 7-45 可以看出，1 组分、2 组分和 3 组分之间拐点不大，3 组分和 4 组分之间拐点很大，前三个组分累积贡献率大于 95%，而其他组分贡献率很小，前三个组分已经满足主成分要求，故没有提取第四个组分。

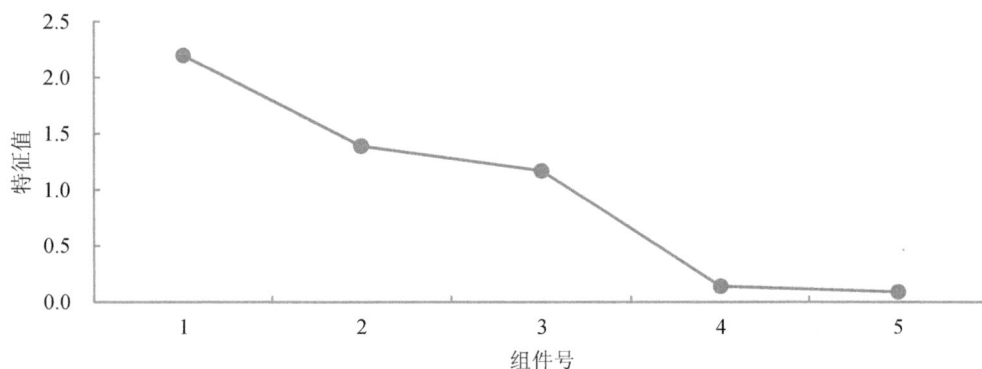

图 7-45 主成分分析碎石图

依据累积方差贡献率大于等于 85% 的原则，故提取主成分个数为 3 个。初始因子载荷矩阵见表 7-42。

表 7-42 A11~A15 的初始因子载荷矩阵

项目	1	2	3
Z-score（A11）	0.236 0	0.834 0	0.466 0
Z-score（A12）	0.920 0	−0.131 0	0.248 0
Z-score（A13）	0.658 0	0.614 0	−0.390 0
Z-score（A14）	0.615 0	−0.483 0	0.585 0
Z-score（A15）	0.698 0	−0.263 0	−0.632 0

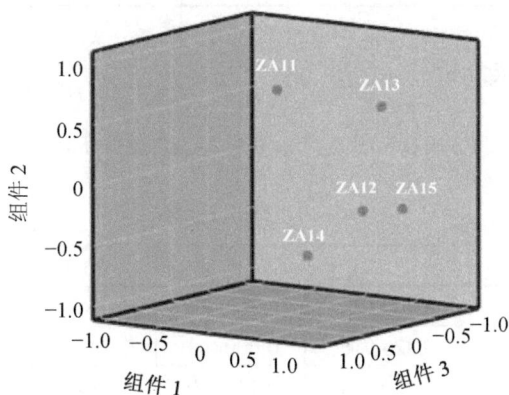

图 7-46 主成分分析组件图

用 5 个指标表示主成分的系数，其值为初始因子载荷矩阵所对应的值除以对应主成分的特征值的平方根，见表 7-43。

表 7-43 A11～A15 的成分得分系数矩阵

项目	1	2	3
Z-score（A11）	0.107 0	0.599 0	0.397 0
Z-score（A12）	0.418 0	−0.094 0	0.211 0
Z-score（A13）	0.299 0	0.441 0	−0.332 0
Z-score（A14）	0.280 0	−0.347 0	0.499 0
Z-score（A15）	0.317 0	−0.189 0	−0.539 0

于是，得到主成分分析表达式：

F1=0.107 0×ZA11+0.418 0×ZA12+0.299 0×ZA13+0.280 0×ZA14+0.317 0×ZA15

F2=0.599 0×ZA11−0.094 0×ZA12+0.441 0×ZA13−0.347 0×ZA14−0.189 0×ZA15

F3=−0.397 0×ZA11+0.211 0×ZA12−0.332 0×ZA13+0.499 0×ZA14−0.539 0×ZA15

以方差贡献率为主成分权重，则水质指标 FA1 表达式为：

FA1=0.462×F1+0.292×F2+0.246×F3

依此类推，水资源指标 FA2、水生物指标 FA3、社会经济指标 FA4 计算得到评价结果见表 7-44。

表 7-44 主成分分析评价结果

年份	2016	2017	2018	2019	2020	2021
FA1	−0.062 140	−0.011 430	0.422 247	0.900 530	−0.729 790	−0.519 400
FA2	−0.446 840	−0.572 680	−1.011 220	0.374 366	0.947 281	0.709 088
FA3	−1.356 110	−0.824 040	−0.315 840	0.380 713	1.057 643	1.057 643
FA4	−1.393 990	−0.269 110	0.012 909	0.299 287	0.466 463	0.884 436

7.5.2.2 熵权综合指数法分析

首先，进行数据"正向化"处理，FA1～FA4 均为"正指标"。正向化结果如见表 7-45。

表 7-45 正向化处理结果

年份	2016	2017	2018	2019	2020	2021
FA1	0.409 521	0.440 625	0.706 632	1.000 000	0.000 000	0.129 048
FA2	0.288 169	0.223 916	0.000 000	0.707 473	1.000 000	0.878 380
FA3	0.000 000	0.220 433	0.430 976	0.719 553	1.000 000	1.000 000
FA4	0.000 000	0.493 709	0.617 487	0.743 178	0.816 552	1.000 000

由于公式涉及 ln，为了数据运算有意义，必须消除零和负值，因此需对无量纲化的数据进行整体平移，即 $X_{ij}=X_{ij}+\alpha$，但为了不破坏原始数据的内在规律，最大限度地保留原始数据，α 的取值必须尽可能小，即 α 为最接近 X_{ij} 的最小值，取 0.000 1。

表 7-46　正向化偏移处理结果

年份	2016	2017	2018	2019	2020	2021
FA1	0.409 621	0.440 725	0.706 732	1.000 100	0.000 100	0.129 148
FA2	0.288 269	0.224 016	0.000 100	0.707 573	1.000 100	0.878 480
FA3	0.000 100	0.220 533	0.431 076	0.719 653	1.000 100	1.000 100
FA4	0.000 100	0.493 809	0.617 587	0.743 278	0.816 652	1.000 100

计算各指标对全部样本的比重，见表 7-47。

表 7-47　各指标比重

年份	2016	2017	2018	2019	2020	2021
FA1	0.152 478	0.164 056	0.263 075	0.372 279	0.000 037	0.048 074
FA2	0.093 034	0.072 297	0.000 032	0.228 357	0.322 765	0.283 514
FA3	0.000 030	0.065 410	0.127 857	0.213 448	0.296 628	0.296 628
FA4	0.000 027	0.134 497	0.168 210	0.202 444	0.222 428	0.272 393

通过公式计算各指标的熵值和权重，见表 7-48。

表 7-48　各指标熵值和权重

项目	FA1	FA2	FA3	FA4
熵值	0.808 6	0.820 9	0.832 9	0.882 9
权重	0.292 4	0.273 6	0.255 2	0.178 9

清河流域水生生物多样性综合得分 FA 表达式为：

FA=0.292 4×FA1+0.273 6×FA2+0.255 2×FA3+0.178 9×FA4

清河流域水生生物多样性评价结果见表 7-49。

表 7-49　清河流域水生生物多样性评价综合得分

年份	2016	2017	2018	2019	2020	2021
FA	0.086	0.101	0.168	0.180	0.382	0.597

7.5.2.3 相关性分析

进行正态分布检验可知，FA、FA1、FA2、FA3、FA4 均符合正态分布，计算 Pearson 相关系数，结果见表 7-50，根据相关系数绝对值大小得出功能强弱排序。

表 7-50　FA 与 FA1、FA2、FA3、FA4 的相关系数

项目	FA1	FA2	FA3	FA4
与 FA 相关系数	0.987 7	0.967 3	0.872 0	0.814 5

清河流域水生生物多样性评价结果为水质指标＞水资源指标＞水生态指标＞社会经济指标。如图 7-47 所示。

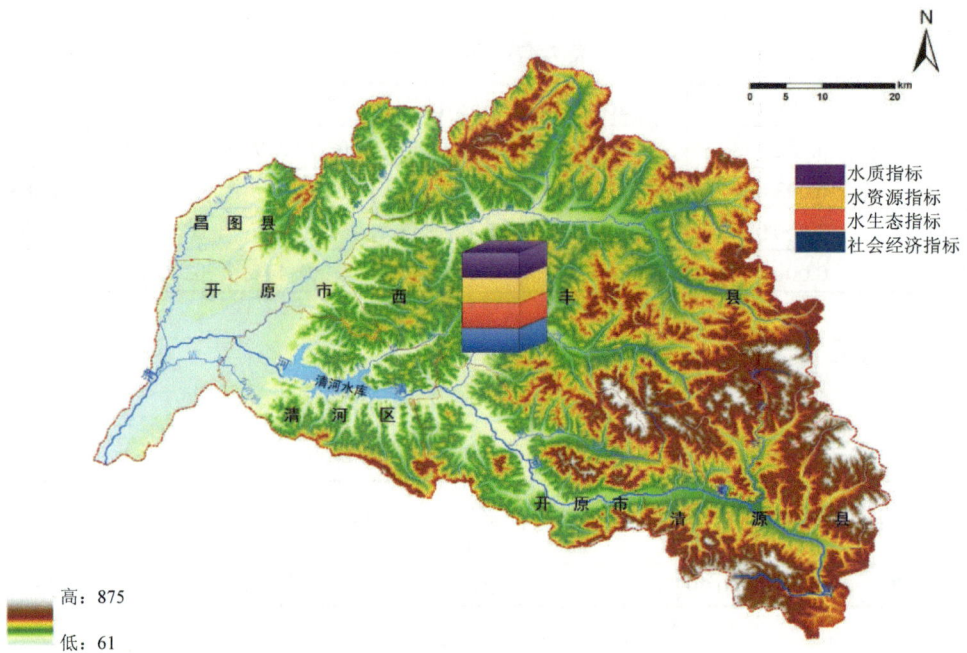

图 7-47　清河流域水生生物多样性评价结果

同理，先进行正态分布检验，再计算 FA 与 ZA11～ZA44 的相关系数，结果见表 7-51。根据相关性分析结果，认为相关系数值大于 0.8 为显著相关，则清河流域水生生物多样性的主要驱动因子为溶解氧指数、生化需氧量指数、水资源总量指数、藻类香农指数（H′e）、藻类丰富度 Margalef 指数（dMa）、GDP。

表 7-51 FA 与 ZA11～ZA44 的相关系数

项目	ZA11	ZA12	ZA13	ZA14	ZA15	ZA21	ZA22	ZA23	ZA24	ZA25
与 FA 相关系数	0.967	−0.936	−0.559	−0.684	−0.486	0.342	0.913	−0.327	−0.246	−0.438
项目	ZA26	ZA31	ZA32	ZA33	ZA35	ZA36	ZA41	ZA42	ZA43	ZA44
与 FA 相关系数	−0.271	0.907	0.764	0.892	0.761	0.683	0.679	0.828	0.243	0.320

7.5.3 驱动因子影响分析

空间因素和环境变量在水生生物群落结构中发挥着重大的作用，对水生生物多样性保护和环境管理具有广泛的意义。流域生态系统在多个空间尺度上受到环境变量的分层调节，其中不同生物对环境压力的反应仍不确定。

依据主成分分析、熵权综合指数和相关性分析结果可知，溶解氧指数＞生化需氧量指数＞水资源总量指数＞藻类香农指数（H'e）＞藻类丰富度 Margalef 指数（dMa）＞GDP，而且这 6 个驱动因子与浮游植物和底栖动物群落结构的相关性比较明显。

7.5.3.1 浮游藻类多样性影响

根据浮游藻类群落生物多样性监测点位布置，基于监测位置汇水区范围，将清河流域划分为 20 个评价单元（每个调查点位代表一个评价单元，即该评价单元的汇水区），20 个单元浮游植物的香农多样性指数分布，如图 7-48 所示。

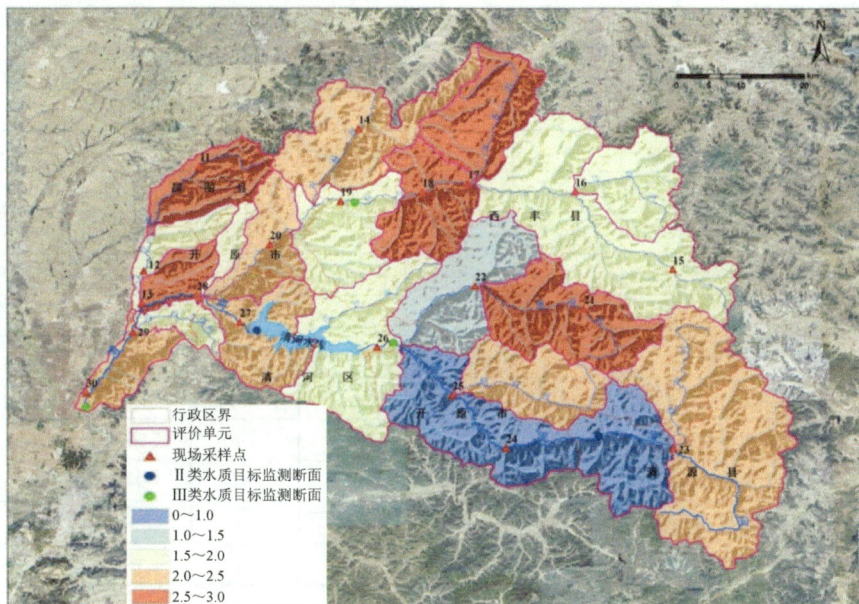

图 7-48 浮游植物群落生物多样性空间分布特征

由表 7-52 可知，受到六个驱动因子[溶解氧指数＞生化需氧量指数＞水资源总量指数＞藻类香农指数（H'e）＞藻类丰富度 Margalef 指数（dMa）＞GDP]的影响，浮游藻类生物多样性高的区域分别为 11（马仲河上游）、13（马仲河下游）、17（艾清河）、18（寇河中游）和 21（碾盘河上游）；浮游藻类生物多样性较高的区域分别为 14（叶赫河）、20（寇河中下游）、23（清河上游）、25（阿拉河）、27（清河水库下游）和 30（清河下游）；浮游藻类生物多样性较低的区域分别为 12（马仲河中游）、15（寇河上游）、16（乌鲁河）、19（寇河中游）、26（清河水库上游）、28（寇河下游）和 29（清河中下游）；浮游藻类生物多样性低的区域分别为 22（碾盘河中游）和 24（清河中游）。

表 7-52　浮游植物群落生物多样性驱动因子及空间分布特征

单元编号	浮游植物群落多样性指数	点位	主要驱动因子						空间分布特征
			溶解氧	生化需氧量	水资源	藻类香农指数	藻类Margalef指数	GDP	
11	2.61	马仲河上游	+++	+++	+	+++++	+++++	++	高
12	1.68	马仲河中游	++	++	++	++	++	++	较低
13	2.84	马仲河下游	++++	++++	++	++++	++++	++	高
14	2.38	叶赫河	++++	++++	++	++++	++++	+	较高
15	1.70	寇河上游	++++	++++	++	++++	++++	++	较低
16	1.97	乌鲁河	++	++	+++	+++	+++	++	较低
17	2.66	艾清河	++	++	++	+++++	+++++	++	高
18	2.93	寇河中上游	++	++	++	+++++	+++++	++	高
19	1.78	寇河中游	++	++	+++	++	++++	++	较低
20	2.25	寇河中下游	+	+	++++	++++	+++	+++++	较高
21	2.65	碾盘河上游	+++++	+++++	+	+++++	+++	++	高
22	1.39	碾盘河中游	++++	++++	+++	++	+++	++	低
23	2.43	清河上游	+++++	+++++	+++	++++	+++	+	较高
24	0.67	清河中游	++++	++++	++++	+	+	++	低
25	2.18	阿拉河	+	+	++	+++		+++	较高
26	1.99	清河水库上游	++	++	++++	+++	+++	++	较低
27	2.40	清河水库下游	+++	+++	+++++	++++	++++	++++	较高
28	1.84	寇河下游	++	++	+++	+++	++	++	较低
29	1.98	清河中下游	+++	+++	++++	+++	+++	++	较低
30	2.43	清河下游	++	++	+++++	+++++	++++	++++	较高

注："+"代表指标重要性，"+"越多，代表驱动因子驱动力越强。

7.5.3.2　底栖动物多样性影响

根据浮游藻类群落生物多样性监测点位布置，基于监测位置汇水区范围，将清河流域划分为 20 个评价单元（每个调查点位代表一个评价单元，即该评价单元的汇水区），20 个单元底栖动物多样性分布，如图 7-49 所示。

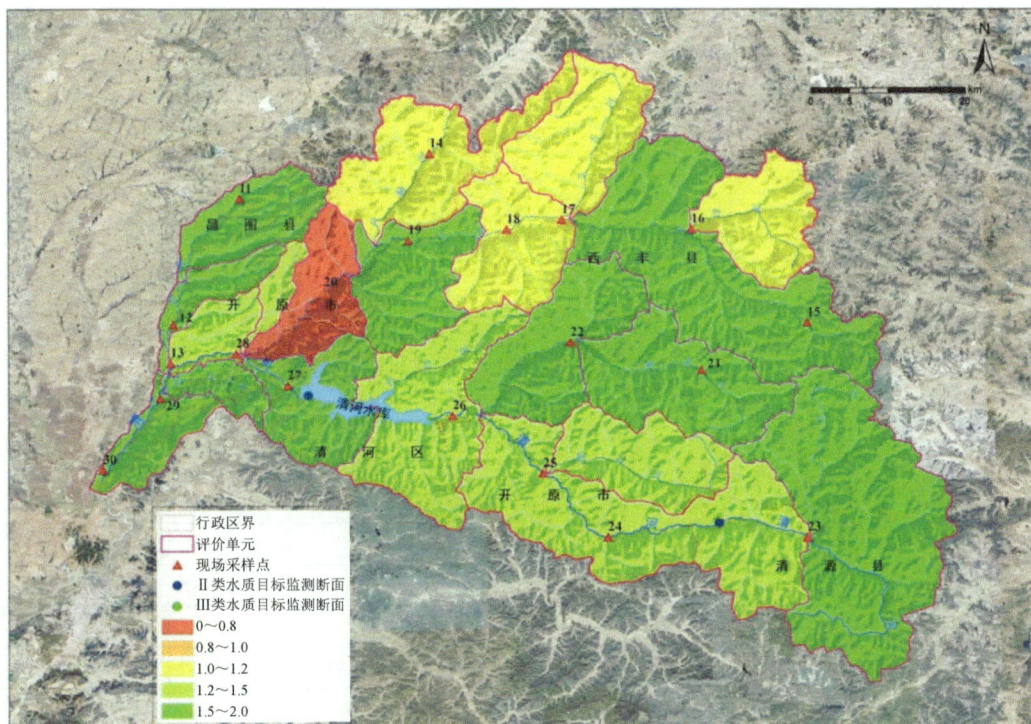

图 7-49　底栖动物多样性空间分布特征

由表 7-53 可知，受到溶解氧指数＞生化需氧量指数＞水资源总量指数＞藻类香农指数（H'e）＞藻类丰富度 Margalef 指数（dMa）＞GDP 6 个驱动因子的影响，底栖动物多样性高的区域分别为 11（马仲河上游）、12（马仲河中游）、15（寇河上游）、19（寇河中游）、21（碾盘河上游）、22（碾盘河中游）、23（清河上游）、27（清河水库下游）、29（清河中下游）和 30（清河下游）；底栖动物多样性较高的区域分别为 13（马仲河下游）、24（清河中游）、25（阿拉河）、26（清河水库上游）和 28（寇河下游）；底栖动物多样性较低的区域分别为 14（叶赫河）、16（乌鲁河）、17（艾清河）和 18（寇河中游）；底栖动物多样性低的区域为 20（寇河中下游）。

表 7-53　底栖动物群落生物多样性驱动因子及空间分布特征

单元编号	底栖动物多样性指数	河流	主要驱动因子						空间分布特征
			溶解氧	生化需氧量	水资源	底栖动物香农指数	底栖动物Margalef指数	GDP	
11	1.98	马仲河上游	+++	+++	+	+++++	+++++	++	高
12	1.74	马仲河中游	++	++	++	++	++	++	高
13	1.45	马仲河下游	++++	++++	++++	+++++	+++++	++	较高
14	1.04	叶赫河	++++	++++	++	++++	++++	+	较低
15	1.84	寇河上游	++++	++++	++	+++	++	+	高
16	1.11	乌鲁河	++	++	+++	+++	+++	++	较低
17	1.19	艾清河	++	++	++	+++++	+++++	++	较低
18	1.04	寇河中上游	++	++	++	+++++	+++++	++	较低
19	1.73	寇河中游	++	++	+++	+++	++	++++	高
20	0.61	寇河中下游	+	+	++++	++++	+++	+++++	低
21	1.81	碾盘河上游	+++++	+++++	+	+++++	+++	++	高
22	1.56	碾盘河中游	++++	++++	+++	++	+++	++	高
23	1.64	清河上游	+++++	+++++	+++	++++	+++	+	高
24	1.43	清河中游	++++	++++	++++	+	+	++	较高
25	1.49	阿拉河	+	+	++	++++	+	+++	较高
26	1.48	清河水库上游	++	++	++++	+++	+++	++	较高
27	1.6	清河水库下游	+++	+++	+++++	++++	++++	++++	高
28	1.35	寇河下游	++	++	+++	+++	++	++	较高
29	1.57	清河中下游	+++	+++	++++	+++	+++	++	高
30	1.58	清河下游	++	++	+++++	++++	++++	++++	高

注："+"代表指标重要性，"+"越多，代表驱动因子驱动力越强。

第8章 辽河水系水生生物多样性保护策略

8.1 辽河水系生物多样性分布格局

8.1.1 河岸带植被分布特征

经过十余年的封育保护工作，辽河干流河岸带植被恢复工作成效显著，生物物种数量、多样性指标、植被盖度逐年提高。在本次调查中，共发现河岸带植物 301 种，隶属 61 科 190 属。其中，菊科最多，共发现 59 种；禾本科次之，为 45 种；豆科 24 种；莎草科 13 种；藜科、蓼科和蔷薇科均为 12 种；唇形科、毛茛科、十字花科均为 7 种；旋花科、紫草科均为 6 种；大戟科、茄科、苋科均为 5 种；其余植物均小于 4 种。菊科、禾本科和豆科共计 128 种，占比达 42.52%，并且此 3 科物种数量在各调查区存量也最大，在多个调查区中作为优势种参与群落构建，已经形成了较稳定的植物群落，说明辽河河岸带植被处于正向次生演替阶段。

在空间分布上，辽河上游、中游高于下游区段，具体表现为，辽河水系上游段包括福德店—五棵树（沈阳北段），此区域物种数量较多，生物多样性、丰富度等均较高。其中，福德店共发现植物 79 种，隶属 32 科 63 属；三河下拉共发现植物 68 种，隶属 26 科 55 属；五棵树共发现植物 63 种，隶属 26 科 54 属。辽河水系中游段包括七星湿地—本辽辽（沈阳—鞍山段），此区域物种数量中等，各物种数量比较平均，与上游有类似趋势。其中，七星湿地共发现植物 71 种，隶属 26 科 57 属；毓宝台共发现植物 54 种，隶属 26 科 49 属；本辽辽共发现植物 63 种，隶属 27 科 55 属。辽河水系下游段包括芦花湖—辽河口（盘锦段），此区域物种数量较少，同时入海口地区存在大面积的芦苇群落、翅碱蓬群落，植物组成较单一，但经过多年的保护和发展，群落系统较稳定。其中，芦花湖共发现植物 51 种，隶属 23 科 47 属；辽河口共发现植物 47 种，隶属 22 科 41 属。

造成以上现象的原因主要可归结为以下方面，中上游区域距离城镇较远，人为影响因素较少且频度低，主要表现为村屯周边耕作、牲畜养殖、垂钓，以及周边旅游的人为影响。其中，小规模放牧、垂钓捕鱼等影响在 2020 年之后越发明显，一方面是因为辽河保护区封育 10 年期限过后监管力度降低,另一方面主要是由于水质环境、生物多样性恢复等带来的生态环境整体改善,给人们提供了较好的旅游环境,从而带来人为干扰频度的增加。而下游区域,辽河河岸带面积明显降低,加上距离城镇较近,尤其是盘锦段,辽河穿城而过,人为影响更为明显,加上辽河入海口特有的翅碱蓬和芦苇构成的单一优势种植被群落,造成了河岸带植被生物多样性等指标降低。该区段主要干扰因素表现为旅游、农耕、垂钓等。

8.1.2 藻类分布特征

在辽河干流及支流(辽宁省),各点位共观测到藻类 8 门 221 种(包括清河及其支流),其中硅藻门种类最多,87 种(34.8%),其次是绿藻门,73 种(33%),蓝藻门 33 种(16.3%),裸藻门 16 种(9%),甲藻门 5 种(2.3%),黄藻门 4 种(1.8%),隐藻门 2 种(1.4%),金藻门 1 种。

近 10 年,藻类变化趋势较明显,由 2011 年的 3 门 5 纲 7 目 11 科 22 属 31 种增加到 2015 年的 5 门 7 纲 11 目 19 科 40 属 56 种,再到 2022 年的 6 门 8 纲 20 目 22 科 42 属 111 种,种类数较 2015 年提高 98.21%,较 2011 年提高 258.06%。经过 10 余年的保护与恢复,辽河浮游藻类物种丰富度极大提高,群落组成由"硅藻型"向"绿藻—硅藻型"发展,结构更为丰富多样。在多样性指数方面,2020 年浮游藻类多样性指数在 0.41~2.94,平均为 1.31;2015 年浮游藻类多样性指数在 0.53~2.72,平均为 1.71;2021 年浮游藻类多样性指数在 0.53~2.79,平均为 1.84。3 个年度辽河干流多样性指数呈缓慢增加趋势,且均指示为中污染水平。通过与相应年份水质监测结果对比,能够反映出浮游生物多样性指数与水质环境呈正相关,这与大多数学者的研究结果一致。

在空间分布上,藻类物种数量波动较大,个别点位出现较低值,总体上维持在 15 种左右。上游、中游物种数量指标普遍高于下游区域,这可能与下游段受人为干扰较严重,加之近海段水质环境盐度等指标有关。藻类各多样性指标分布趋势也较明显,上游区域＞中游区域＞下游区域,尤其是在各支流与干流交汇处,各多样性指标明显高于其他区域,如福德店采样点为东西辽河汇合口,由于不同区域河流汇合所带来的不同营养物质等,对藻类多样性等指标的提升具有明显作用,各项指标均高于其他调查点位。在下游区域的城市段(双台河口、一统河、曙光大桥),藻类各多样性指标均较低,这与该区域频繁受到人为活动干扰密不可分,包括城市段生活用水排放、降水、面源污染等。

8.1.3 底栖动物分布特征

辽河各点位共检出底栖动物 3 门 117 种,其中节肢动物门种类最多,98 种;其次是环节动物门 10 种;软体动物门 9 种。辽河干流底栖动物种类数在 4~55 种,平均值为

11。福德店底栖动物种类最多，为 55 种，柴河入干底栖动物种类最少，为 4 种。底栖动物香农多样性指数在 1.02～2.88，平均为 1.79。本次调查较往年略有提高，尤其是福德店香农多样性指数最高，为 2.88，凡河入干多样性指数最低，为 1.02。底栖动物的均匀度指数在 0.61～0.93，平均为 0.79。总体上各点位底栖动物均匀度指数变化相对较大，最高为三河下拉，均匀度为 0.93，最低为王河观测点，均匀度为 0.61。底栖动物丰富度指数在 0.9～7.0，平均为 2.47。总体上看波动幅度较大，最高值为福德店观测点，最低为柴河入干观测点。

在空间分布上，除福德店的底栖动物的种类数量、多样性指数、丰富度指数均出现最高值外，总体上看各指标变化没有明显规律。但综合分析各指标，底栖动物种类数量、多样性等指标下游区域＞中游区域＞上游区域。其中福德店各指标表现最高的主要原因是该观测区的丰富底质类型（细砂、泥沙、碎石、大石块以及半淹区植物的多样性），加上该区域丰富的浮游生物、水质水流变化等因素，为底栖动物提供了良好的栖息环境。相较之下，在辽河其他的观测区，底质类型较单一，不能为底栖动物提供丰富的栖息环境。在下游区域，底栖动物的各项指标，略好于辽河干流的其他观测点，主要原因是特殊的栖息环境和水质环境，如盘锦城市段的几个观测点，由于河流城市段底质的不同类型，加上城市各类排水造成的水质变化，共同为底栖动物的繁殖提供了良好的栖息环境和食物基础；而红海滩区域较高的底栖动物丰富度，则是淡水—咸水过渡区潮汐作用带来的丰富食物和底质变化共同作用的结果。此外，旅游等行为造成的水质变化也对该区域有一定的影响。

8.1.4　鱼类分布特征

在辽河鱼类调查过程中，累计观测到鱼类 53 种，隶属 9 目 16 科。鲤形目最多，共 2 科 31 种；其次为鲈形目，共 4 科 9 种；鲇形目 2 科 4 种；鳉形目 2 科 3 种；鲑形目 2 科 2 种；刺鱼目、鲻形目、鲱形目、合鳃目均为 1 科 1 种。其中，鲤科为优势种，共 19 属 26 种，其次为鳅科，5 属 5 种。与前几年相比，辽河突吻鮈、棒花鮈、中华鳑鲏、兴凯鱊、花斑副沙鳅等鱼类发现频度明显升高，至于辽河刀鲚，在实地调查中未能捕获，仅在走访过程中，有渔民反馈捕到过。

在鱼类分布方面，各点位调查结果表明，鱼类数量变化较大。在辽河保护区上游福德店—沈北段观测到鱼类种类数量最多，可达 40 种；沈阳—盘锦城市段观测到鱼类种类数量最少，仅为 23 种。根据调查并结合相关研究资料显示，在辽河上游（福德点—沈北段），各类生态综合整治工程、湿地工程、生物多样性保育区等较多，同时本段多为远离城市段，受人类生活扰动较小，加上 10 多年辽河干流封育等保护工作，因此生态环境恢复效果显著，对比动植物信息，本段也是动植物丰富度等指标较高的地段。相比中下游

（沈阳—盘锦段）来说，本段多流经城市周边，受人类社会影响较重，同时由于城市排水、农田面源污染、各类养殖排水等的潜在影响较重，加上各类污染物的累积效应，各类环境因素和人类影响等综合作用的结果，导致本区段的鱼类物种数量较少，尤其是对洄游鱼类而言，各类闸坝的存在是导致水生态完整性较差的主要原因。

8.2 辽河生物多样性保护策略与建议

8.2.1 河岸带植被保护策略

河岸是河流生态系统的水陆交错过渡带，是水土流失控制、保护水资源、水环境的重要组成部分，植被作为维持河岸带各项功能的主要成分，在控制河岸侵蚀、截留径流泥沙、保护河流水质、为水陆生物提供栖息地、维持河流生物多样性和生态系统完整性以及提高河岸景观等方面发挥着重要作用。

（1）划定辽河干流河岸缓冲带。根据辽河上、中、下游河岸带植被特征、水环境特征、社会经济特征，重新划定辽河干流河岸缓冲带，并在原有生物多样性封育区的基础上，在河岸带植被多样性较低区域设立"生物多样性保护示范区"。

（2）持续推进河岸带植被多样性监测工作。虽然辽河流域河岸带植物恢复效果显著，但近些年各类人为干扰逐年增多，因此需持续开展生物多样性监测工作，以明确辽河各区域河岸带植被生物多样性基础情况，并且有针对性地开展外来入侵植物的监测和清除工作，以对本地乡土物种进行保护。

8.2.2 浮游藻类保护策略

浮游藻类不仅是水生态系统中最重要的初级生产者，也是溶解氧的主要供应者，在水生态系统的食物网中发挥着重要作用。同时浮游植物也是水质的指示生物，浮游藻类的丰富程度和群落组成在一定程度上都反映了水质情况，浮游藻类的减少或过度繁殖，均预示着水环境的恶化。

（1）深入研究水质与藻类多样性关系。根据藻类与水质及生物多样性驱动力分析，辽河不同区域水质变化与藻类多样性波动相关性显著，尤其是各支流汇入口，以及城市段各类排水，均会对藻类的多样性造成巨大影响。因此，深入研究不同区域、不同河段的水质特征与藻类多样性变化规律，不仅可以指导辽河藻类多样性保护工作，也可以推动相关理论研究，在一定程度上还可以明确不同类型水质污染的指示物种。

（2）强化城市段排水管理。根据辽河上、中、下游藻类生物多样性各指标特征的变化规律，辽河下游区域（城市段）藻类多样性表现出了明显的波动，尤其是某些藻类的丰富度指数。根据文献调研，城市排水水质变化是造成该现象的主要原因，因此，建议在辽河城市段和所经过的村屯区域，严格管控各类排水，以保证河流藻类群落的稳定性。

（3）开展重点区域浮游藻类多样性监测。湿地生物多样性监测工作是明确区域生物多样性的唯一方法，浮游生物对水质响应迅速，对水生态系统稳定性起到重要作用，可在辽河上、中、下游重要节点持续开展生物多样性监测，尤其是城市段、支流入干汇入口区域。

8.2.3　底栖动物保护策略

底栖动物作为水生态系统的重要组成部分，其迁移能力弱、生活相对稳定、个体较大、相对易于辨认，一般长期生活在底泥中，水体发生的变化会直接影响其生存、生长和繁殖。底栖动物对环境条件的适应性和对水质污染的耐受力及敏感程度因种类和食性等均有不同表现，尤其一些物种对水体污染物具有一定的富集、稳定或降解作用，还可以利用底栖动物与生态系统各环境因子间的相互作用，实现污染物去除和环境改善。

（1）河流栖息地多样化建设。根据研究结果，辽河流域不同区段的生物多样性变化趋势明显，尤其是福德店区域丰富的栖息地类型，对底栖动物种类、多样性、丰富度等指标，均具有重要作用，因此，可以在辽河重要节点（支流入干、各类闸坝、城市段）开展河流栖息地多样化建设。这不仅可以有效提高底栖动物多样性、提高水体净化效果，也可以进一步提升水生态系统完整性与稳定性。

（2）重点区域底栖动物监测。鉴于底栖动物的生活习性，可在辽河上、中、下游重点区域开展长期生物多样性监测，在明确辽河底栖动物生物构成的同时，也可以根据该区域的水质特征，建立一套水质—底栖动物关系模型，从而明确辽河流域关键底栖动物种类，并为其他河流底栖动物恢复和水生态重建提供科学依据。

8.2.4　鱼类保护策略

鱼类是水生态系统的重要组成部分，是水生食物网的调控者和最终出口，对维持水生态系统稳定有重要作用。同时，鱼类作为水生态环境健康的重要指标，其物种组成、分布等指标也是水生态功能和河流健康评价等领域的重要指标，通过研究鱼类的多样性、种属特征、鱼类食性、鱼类水层分布情况、鱼类外来入侵物种的有无等，不仅可以了解流域水生生物的多样性和完整性，也能够为水生态恢复等提供重要科学依据。

（1）持续开展流域鱼类多样性监测。鱼类作为大型水生生物组分，其物种组成等生物多样性指标对水质、水环境等变化的响应具有滞后性和长期性。因此，研究某一流域长期的鱼类生物多样性特征，不仅可以揭示该区域的水生态特征，还可以了解鱼类对某一类环境指标的长期适应性等。

（2）开展重点区段深潭浅滩建设。鉴于辽河位于北方，受大陆性季风气候影响，冰封期可达 4 个月以上，会对鱼类过冬造成巨大的影响。因此，在关键节点开展深潭浅滩建设，不仅可以提高水环境质量，也可以为鱼类提供过冬场所，对辽河鱼类生物多样性恢复具有重要作用。

（3）完善洄游鱼道建设。河流水生态系统完整性是影响水生生物多样性的重要指标，而各类闸坝对河流生态系统完整性影响巨大。辽河各类闸坝数量超过 20 座，对水生态系统完整性造成了巨大影响。例如，辽河刀鲚作为洄游鱼类，在近几年的监测过程中，并未在实地采样中观测到，仅在走访过程中有渔民反映曾经在近海捕到。因此，建设可持续使用的长期洄游鱼道是恢复辽河生态完整、生物完整的重要途径，也是恢复辽河关键物种的重要措施之一。

8.2.5 其他建议

（1）控制面源污染输入。根据辽河流域水生生物驱动力分析，辽河中下游区域的农田灌溉用水量、工业用水量、城镇公共居民生活用水量等是影响水生生物多样性的重要因素。面对此类农业污染问题，发展现代农业，减少面源污染是未来辽河流域保护水质环境与生物多样性工作的重点任务。因此，大力发展现代农业生产，加强非点源污染治理必须调整农业生产结构，适当控制水田面积的增长，鼓励喷灌、滴灌等节水灌溉方式，以提高灌溉用水效率。同时，要采取相应的政策限制农药、化肥施用量，鼓励农民积极实现废水的资源化，鼓励将家禽养殖排泄物、农家肥作为肥料，限制其随雨水排入河流。

（2）加强巡查，控制偷排、偷捕、偷放。在辽河流域生物多样性监测以及其他工作中，经常发现污染物偷排、鱼类偷捕、私自放生等行为。建议在关键区域（如沈阳—辽中段为春季放生重点区域）设立巡查机制，尤其是联合各级乡镇及相关部门，成立辽河生物多样性督查小组，建立长期巡查机制，同抓共管，解决偷排、偷捕、偷放等问题。

（3）合理规划、持续发展、完善关键种栖息地建设。辽河流域水质环境与生态环境持续好转，促进了辽河各类经济的发展，辽河成为各级政府的经济增长点。如何合理利用辽河现有资源，在保护的基础上进行适当的经济建设，如何协调建设内容与河段实际生态环境保护之间的关系，避免破坏已恢复的辽河生态环境，也是未来工作的关键点。建议进一步完善辽河流域各类项目的审核制度，加强当地民众参与机制建设，在增加地方收入的同时，促进辽河生态环境的持续好转；同时建议根据各区域生物组成特点，尤其是具有"三有"价值生物存在或曾存在区域，建设栖息地恢复区，以进一步促进辽河流域生物多样性恢复。

参考文献

蔡立哲. 海洋底栖生物生态学和生物多样性研究进展[J]. 厦门大学学报（自然科学版），2006（S2）：83-89.

蔡庆华，唐涛，刘建康. 河流生态学研究中的几个热点问题[J]. 应用生态学报，2003，14（9）：1573-1577.

蔡文倩，孟伟，刘录三，等. 渤海湾大型底栖动物群落优势种长期变化研究[J]. 环境科学学报，2013，33（8）：2332-2340.

昌旭. 调流措施对华南受损河流的生态修复作用研究[D]. 长春：东北师范大学，2012.

陈博，李卫明，陈求稳，等. 夏季漓江不同底质类型和沉水植物对底栖动物分布的影响[J]. 环境科学学报，2014，34（7）：1758-1765.

陈含墨，渠晓东，王芳. 河流水动力条件对大型底栖动物分布影响研究进展[J]. 环境科学研究，2019，32（5）：758-765.

陈浒，李厚琼，吴迪，等. 乌江梯级电站开发对大型底栖无脊椎动物群落结构和多样性的影响[J]. 长江流域资源与环境，2010，19（12）：1462-1470.

陈浒，林陶，秦樊鑫. 乌江流域大型底栖动物群落结构及其水质生物评价[J]. 水生态学杂志，2010，3（6）：5-11.

陈济丁，任久长，蔡晓明. 利用大型浮游动物控制浮游植物过量生长的研究[J]. 北京大学学报（自然科学版），1995（3）：373-382.

陈凯，刘祥，陈求稳，等. 应用O/E模型评价淮河流域典型水体底栖动物完整性健康的研究[J]. 环境科学学报，2016，36（7）：2677-2686.

陈平. 辽河源典型森林群落生物多样性与土壤理化性质研究[D]. 保定：河北农业大学，2010.

陈清潮，章淑珍. 黄海和东海的浮游桡足类哲水蚤目[J]. 海洋科学集刊，1965，7（20）：131.

代亮亮，李莉杰，何梅，等. 贵州草海秋季浮游植物群落结构与水质因子的关系[J]. 水生态学杂志，2020，41（2）：62-67.

董贯仓，李秀启，师吉华，等. 南四湖底栖动物群落结构特征及其与环境因子的关系[J]. 湖泊科学，2013，25（1）：119-130.

董贯仓, 李秀启, 师吉华, 等. 南四湖底栖动物群落结构特征及其与环境因子的关系[J]. 湖泊科学, 2013, 25（1）: 119-130.

董晓. 辽河口湿地氨氧化菌群群落特征及影响因素的研究[D]. 青岛: 中国海洋大学, 2011.

董哲仁. 河流生态修复[M]. 北京: 中国水利水电出版社, 2013.

董哲仁. 河流形态多样性与生物群落多样性[J]. 水利学报, 2003, 34（11）: 1-6.

段梦. 基于浮游生物群落的变化建立水环境生态学基准值[D]. 天津: 南开大学, 2012.

段学花, 王兆印, 程东升. 典型河床底质组成中底栖动物群落及多样性[J]. 生态学报, 2007（4）: 1664-1672.

段学花, 王兆印, 徐梦珍. 底栖动物与河流生态评价[M]. 北京: 清华大学出版社, 2010.

段学花. 河流水沙对底栖动物的生态影响研究[D]. 北京: 清华大学, 2009.

方丽娟, 刘德富, 杨正健, 等. 水温对浮游植物群落结构的影响实验研究[J]. 环境科学与技术, 2014, 37（S2）: 45-50.

方应喜, 陈海生. 山地水库消落带水生植物对蓝藻的抑制作用研究[J]. 吉林农业, 2018（19）: 66.

冯剑丰, 王秀明, 孟伟庆, 等. 天津近岸海域夏季大型底栖生物群落结构变化特征[J]. 生态学报, 2011, 31（20）: 5875-5885.

冯立辉. 上海地区不同类型水体大型底栖动物群落结构特征及其与环境因子关系的研究[D]. 上海: 上海海洋大学, 2017.

高峰, 尹洪斌, 胡维平, 等. 巢湖流域春季大型底栖动物群落生态特征及与环境因子关系[J]. 应用生态学报, 2010, 21（8）: 2132-2139.

高亚, 潘继征, 李勇, 等. 江苏隔湖北部区整治后浮游植物时空分布及环境因子变化规律[J]. 湖泊科学, 2015（4）: 649-656.

高月香, 陈桐, 张毅敏, 等. 不同生物联合净化富营养化水体的效果[J]. 环境工程学报, 2017, 11（6）: 3555-3563.

宫兆宁, 赵文吉, 胡东. 水盐环境梯度下野鸭湖湿地植物群落特征及其生态演替模式[J]. 自然科学进展, 2009, 19（11）: 1272-1280.

关萍, 翟强, 张群, 等. 辽河保护区原生动物多样性分析及在水质评价中的作用[J]. 水生态学杂志, 2013, 34（1）: 18-24.

郭威. 珠江口水体和沉积物有机碳的来源及其生物地球化学特征[D]. 中国科学院研究生院（广州地球化学研究所）, 2016.

郭中伟, 李典谟, 甘雅玲. 森林生态系统生物多样性的遥感评估[J]. 生态学报, 2001（8）: 1369-1384.

韩谞. 长江源区浮游生物沿海拔梯度的群落分布格局及驱动力分析[D]. 西安: 西安理工大学, 2021.

韩英, 郑文武, 邓美容. 基于GIS的湘江流域生态系统服务价值时空变化及其驱动力分析[J]. 国土与自然资源研究, 2021（4）: 51-57.

何彦龙,李秀珍,马志刚,等. 崇明东滩盐沼植被成带性对土壤因子的响应[J]. 生态学报,2010,30(18):4919-4927.

贺方兵. 东部浅水湖泊水生态系统健康状态评估研究[D]. 重庆:重庆交通大学,2015.

贺玉晓,刘天慧,任玉芬,等. 北运河秋冬季浮游植物群落结构特征及影响因子分析[J]. 环境科学学报,2020,40(5):1710-1721.

胡知渊,鲍毅新,程宏毅,等. 中国自然湿地底栖动物生态学研究进展[J]. 生态学杂志,2009,28(5):959-968.

霍堂斌,刘曼红,姜作发,等. 松花江干流大型底栖动物群落结构与水质生物评价[J]. 应用生态学报,2012,23(1):247-254.

江源,王博,杨浩春,等. 东江干流浮游植物群落结构特征及与水质的关系[J]. 生态环境学报,2011,20(11):1700-1705.

蒋万祥,陈静,王红妹,等. 新薛河典型生境底栖动物功能性状及其多样性[J]. 生态学报,2016,38(6):2007-2016.

解玉浩. 东北地区淡水鱼类[M]. 沈阳:辽宁科学技术出版社,2007.

金岩丽,徐茂林,高帅,等. 2001—2018 年三江源地表水动态变化及驱动力分析[J]. 遥感技术与应用,2021,36(5):1147-1154.

康燕玉,梁君荣,高亚辉,等. 氮、磷比对两种赤潮藻生长特性的影响及藻间竞争作用[J]. 海洋学报,2006,28(5):117-122.

雷呈,黄琪,倪才英,等. 袁河流域河流生境质量评价及其影响因素分析[J]. 江西师范大学学报(自然科学版),2019(4):425-432.

冷龙龙,渠晓东,张海萍,等. 不同大型底栖动物快速生物评价指数对河流水质指示比较[J]. 环境科学研究,2016,29(6):819-828.

冷龙龙. 大型底栖动物快速生物评价指数在河流健康评价中的比较与应用[D]. 泰安:山东农业大学,2016.

李辉. 辽河口湿地土壤微生物群落结构的影响因素及厌氧下反硝化率的研究[D]. 青岛:中国海洋大学,2012.

李佳,侯俊,赵子闻,等. 乌梁素海冰封期浮游藻类分布特征研究及水质评价[J]. 环境科学与技术,2019,42(9):61-67.

李晋鹏,董世魁,彭明春,等. 梯级水坝运行对漫湾库区底栖动物群落结构及分布格局的影响[J]. 应用生态学报,2017,28(12):4101-4108.

李良. 东江大型底栖动物群落结构时空分布特征与环境指示作用[D]. 广州:暨南大学,2013.

李梅,黄强,张洪波,等. 基于生态水深-流速法的河段生态需水量计算方法[J]. 水利学报,2007,38(6):738-742.

李强, 杨莲芳, 吴璟, 等. 西苕溪 EPT 昆虫群落分布与环境因子的典范对应分析[J]. 生态学报, 2006, 26 (11): 3817-3825.

李若男, 陈求稳, 吴世勇, 等. 模糊数学方法模拟水库运行影响下鱼类栖息地的变化[J]. 生态学报, 2010 (1): 130-139.

李涛. 松花江下游藻类群落结构特征与环境因子的关系[D]. 哈尔滨: 东北农业大学, 2021.

李天深. 氮、磷营养盐对链状亚历山大藻 (东海株) 生长和产毒的影响研究[D]. 北京: 中国科学院研究生院, 2007.

李旭, 谢永宏, 黄继山, 等. 湿地植被格局成因研究进展[J]. 湿地科学, 2009, 7 (3): 280-288.

李亚娜. 辽河流域生态修复工程效果评估及湿地效益研究[D]. 沈阳: 沈阳建筑大学, 2014.

林碧琴, 谢淑琦. 水生藻类与水体污染监测[M]. 沈阳: 辽宁大学出版社, 1988.

林倩. 辽河口湿地景观演变与生态系统健康评价研究[D]. 大连: 大连理工大学, 2009.

林锡芝, 朗美琴. 长江水质污染与浮游生物指示种类[J]. 淡水渔业, 1982 (5): 14-19.

刘斌, 张远, 渠晓东, 等. 辽河干流自然保护区鱼类群落结构及其多样性变化[J]. 淡水渔业, 2013, 43 (3): 49-55.

刘丹, 王恒, 李春晖, 等. 水文连通性对湖泊生态环境影响的研究进展[J]. 长江流域资源与环境, 2019, 28 (7): 1702-1715.

刘飞, 段登选, 李敏, 等. 菹草和螺蛳对养殖池塘水体及底泥氮、磷等净化效果研究[J]. 海洋湖沼通报, 2016, 6: 107-112.

刘欢. 辽河铁岭段水生生物多样性可持续性预警研究[D]. 大连: 大连理工大学, 2015.

刘慧丽, 戴国飞, 张伟, 等. 鄱阳湖流域大型湖库水生生态环境变化及驱动力分析——以柘林湖为例[J]. 湖泊科学, 2015, 27 (2): 266-274.

刘建康, 谢平. 揭开武汉东湖蓝藻水华消失之谜[J]. 长江流域资源与环境, 1999 (3): 85-92.

刘建康. 高级水生生物学[M]. 北京: 科学出版社, 1999.

刘丽, 钟文珏, 祝凌燕. 沉积物中六氯苯对摇蚊幼虫的慢性毒性效应[J]. 生态毒理学报, 2014, 9 (2): 216-267.

刘明玉, 解玉浩, 季达明. 中国脊椎动物大全[M]. 沈阳: 辽宁大学出版社, 2000.

刘苏峡, 莫兴国, 夏军, 等. 用斜率和曲率湿周法推求河道最小生态需水量的比较[J]. 地理学报, 2006 (3): 273-281.

刘素平. 辽河流域三级水生态功能分区研究[D]. 沈阳: 辽宁大学, 2011.

刘祥, 陈凯, 陈求稳, 等. 淮河流域典型河流夏秋季底栖动物群落特征及其与环境因子的关系[J]. 环境科学学报, 2016, 36 (6): 1928-1938.

刘以珍, 张祖芳, 蔡奇英, 等. 赣江河岸带植被的数量分析[J]. 长江流域资源与环境, 2014 (7): 965-971.

刘越，王荟杰，段友健，等. 辽河水域鱼类资源调查[J]. 河北渔业，2021，11：31-35.

刘珍妮，夏霆，孙淑文，等. 苏北运东水网区浮游植物群落结构特征与环境因子的关系[J].水生态学杂志，2019，40（6）：45-53.

吕纯剑. 基于辽宁省辽河流域水生态功能三级分区的河流健康评价[D]. 沈阳：辽宁大学，2013.

吕立鑫. 江苏省常州市永安河小流域浮游藻类及大型底栖动物多样性与环境因子相关性研究[D]. 哈尔滨：哈尔滨工业大学，2020.

吕培顶，费尊乐，毛兴华，等. 渤海水域叶绿素 a 的分布及初级生产力的估算[J]. 海洋学报，1984，6（1）：90-98.

罗琰. 辉河湿地河岸带植物组成和多样性与土壤特征的相互关系[D]. 北京：北京林业大学，2019.

马国红，杜兴华，段登选，等. 盐碱地鱼池浮游植物与 pH、总碱度、总硬度、含盐量的关系[J]. 齐鲁渔业，2001，18（5）：36-39.

马骏. 沈阳辽河保护区生物多样性调查及生态现状初步评价[D]. 沈阳：沈阳农业大学，2018.

马克平，刘玉明. 生物群落多样性的测度方法 I . α 多样性的测度方法（下）[J]. 生物多样性，1994（4）：231-239.

马克平. 试论生物多样性的概念[J]. 生物多样性，1993，1（1）：20-22.

马汪莹. 辽河保护区生态系统服务价值变化评估[D]. 石家庄：河北师范大学，2015.

马秀娟，沈建忠，孙金辉，等. 天津于桥水库大型底栖动物群落结构及其水质生物学评价[J]. 生态学杂志，2012，31（9）：2356-2364.

买占，李诗琦，郭超，等. 汉江中下游浮游植物群落结构及水质评价[J]. 生物资源，2020，42（3）：271-278.

孟繁丽，徐达，何连生，等. 水生植物对淡水水华藻类化感效应的研究进展[J]. 环境科技，2014，27（1）：67-70.

缪琳. 基于河流栖息地修复的公园绿地内水体设计——以北京植物园水体为例[D]. 北京：北京林业大学，2020.

牟长城，倪志英，李东，等. 长白山溪流河岸带森林木本植物多样性沿海拔梯度分布规律[J]. 应用生态学报，2007，18（5）：943-950.

潘天阳. 沈阳浑河滨水区空间活力提升规划研究[D]. 沈阳：沈阳建筑大学，2013.

裴雪姣，牛翠娟，高欣，等. 应用鱼类完整性评价体系评价辽河流域健康[J]. 生态学报，2010，30（21）：5736-5746.

渠晓东，张远，吴乃成，等. 人为活动对冈曲河大型底栖动物空间分布的影响[J]. 环境科学研究，2010，23（3）：304-311.

任海庆，袁兴中，刘红，等. 环境因子对河流底栖无脊椎动物群落结构的影响[J]. 生态学报，2015，35（10）：3148-3156.

邵志芳，胡泓，李正炎，等. 基于集对分析模型评价大辽河口生态系统健康[J]. 中国海洋大学学报（自然科学版），2015，45（5）：93-100.

沈爱春，徐兆安，吴东浩. 太湖夏季不同类型湖区浮游植物群落结构及环境解释[J]. 水生态学杂志，2012（2）.

沈洪艳，张红燕，刘丽，等. 淡水沉积物中重金属对底栖生物毒性及其生物有效性研究[J]. 环境科学学报，2014，34（1）：272-280.

史书杰. 渤海大型底栖动物生态学研究[D]. 青岛：中国海洋大学，2014.

舒凤月，张承德，张超，等. 南四湖大型底栖动物群落结构及水质生物学评价[J]. 生态学杂志，2014，33（1）：184-189.

宋智刚，王伟，姜志强，等. 应用 F-IBI 对太子河流域水生态健康评价的初步研究[J]. 大连海洋大学学报，2010，25（6）：480-487.

孙军，宋书群. 东海春季水华期浮游植物生长与微型浮游动物摄食[J]. 生态学报，2009，29（12）：6429-6438.

孙荣，邓伟琼，李修明. 三峡库区典型次级河流河岸植被分布格局——以重庆东河为例[J]. 生态学杂志，2015，34（10）：2733-2741.

孙文秀，武道吉，裴海燕，等. 山东某新建水库浮游藻类的群落结构特征及其环境驱动因子[J]. 湖泊科学，2019，31（3）：734-745.

唐峰华，伍玉梅，樊伟，等. 长江口浮游植物分布情况及与径流关系的初步探讨[J]. 生态环境学报，2010，19（12）：2934-2940.

田胜艳，张彤，宋春净，等. 生物扰动对海洋沉积物中有机污染物环境行为的影响[J]. 天津科技大学学报，2016，31（1）：1-7.

万本太，徐海根，丁晖，等. 生物多样性综合评价方法研究[J]. 生物多样性，2007（1）：97-106.

万忠成，王治江，王延松，等. 辽宁省生态功能分区与生态服务功能重要区域[J].气象与环境学报，2006（5）：69-71.

汪琪，黄蔚，陈开宁，等. 大溪水库浮游植物群落结构特征及营养状态评价[J]. 环境科学学报，2020，40（4）：1286-1297.

王备新. 大型底栖无脊椎动物水质生物评价研究[D]. 南京：南京农业大学，2003.

王晨，郐晓沙，孟斌，等. 基于亚米级遥感影像的辽河流域片枯水期河流干涸断流分布特征[J]. 北京师范大学学报，2020，56（3）：416-423.

王东波，君珊，陈丽，等. 冰封期呼伦湖浮游藻类群落结构及其与水环境因子的关系[J]. 中国环境监测，2019，35（4）：59-66.

王金龙. 辽河流域水生态功能三级区水生态服务功能评价[D]. 沈阳：辽宁大学，2013.

王菁，陈家长，孟顺龙. 环境因素对藻类生长竞争的影响[J]. 中国农学通报，2013，29（17）：52-56，66.

王路平. 辽河大型底栖动物群落结构及纳米二氧化钛对河蚬的氧化应激作用[D]. 武汉：华中农业大学，2015.

王强，庞旭，王志坚，等. 城市化对河流大型底栖动物群落的影响研究进展[J]. 生态学报，2017，37（18）：6275-6288.

王强，袁兴中，刘红，等. 引水式小水电对西南山地河流鱼类的影响[J]. 水力发电学报，2013，32（2）：133-138，158.

王强，袁兴中，刘红. 山地河流浅滩深潭生境大型底栖动物群落比较研究——以重庆开县东河为例[J]. 生态学报，2012，32（21）：6726-6736.

王艳，陈柏旭，孙亚飞，等. 辽河辽中段浮游藻类研究及水质评价[J]. 安徽农业科学，2020，48（4）：57-58.

王艳杰. 辽河流域底栖动物群落特征与生境指标关系[D]. 沈阳：辽宁大学，2012.

王雁，赵家虎，黄琪. 南水北调工程徐州段河流生境质量评价[J]. 长江流域资源与环境，2016，25（6）：965-973.

王育来. 辽河污染断面沉积物微生物分布特征及基因强化修复方法初探[D]. 北京：北京师范大学，2008.

魏冉. 辽宁省辽河流域水生态功能三级区水生态安全评价[D]. 沈阳：辽宁大学，2013.

吴朝，张庆国，毛栽华，等. 淮南焦岗湖浮游生物群落及多样性分析[J]. 合肥工业大学学报（自然科学版），2008（8）：1232-1236.

吴春笃，孟宪民，储金宇，等. 北固山湿地水文情势与湿地植被的关系[J]. 江苏大学学报（自然科学版），2005（4）：331-335.

吴恢碧，何力，倪朝辉，等. 长沙市江段的浮游生物[J]. 淡水渔业，2004，34（6）：9-11.

吴璟，杨莲芳，李强，等. 西苕溪中上游流域水生甲虫分布与环境的关系[J]. 应用与环境生物学报，2008，14（1）：64-68.

奚旦立，孙裕生，刘秀英. 环境监测（第三版）[M]. 北京：高等教育出版社，2004.

下少伟，姜伟，梅鹏蔚，等. 基于底栖动物指数法的湖泊生态系统健康评价研究进展[J]. 环境保护与循环经济，2016（10）：49-52.

徐成斌. 辽河流域河流水质生物评价研究[D]. 辽宁：辽宁大学，2006.

许晨. 长白山源头溪流大型底栖动物群落特征初步研究[D]. 上海：华东师范大学，2017.

许浩，蔡永久，汤祥明，等. 太湖大型底栖动物群落结构与水环境生物评价[J]. 湖泊科学，2015，27（5）：840-852.

杨凤娟，杨扬，潘鸿，等. 强化生态浮床原位修复技术对污染河流浮游动物群落结构的影响[J]. 湖泊科学，2011，23（4）：498-504.

杨海军. 河流生态系统评价指标体系研究[M]. 长春：吉林出版集团，2010.

杨明生. 武汉市南湖大型底栖动物群落结构与生态功能的研究[D]. 武汉：华中农业大学，2009.

杨涛，刘静玲，李小平，等. 海河流域平原型河流栖息地评价[J]. 环境科学与技术，2017，40（3）：190-197.

杨位迪. 厦门港浮游动物对浮游植物的摄食压力研究[D]. 厦门：厦门大学，2007.

杨文焕，申涵，李卫平，等. 南海湖非冰封期浮游植物群落生态特征及其与环境因子关系[J]. 环境污染与防治，2020，42（4）：395-400.

杨希，李文香，侯淑敏，等. 渭河干流陕西段秋季浮游植物群落多样性调查研究[J]. 现代农业科技，2015（23）：204-205，213.

姚杰. 辽河保护区水质调研及湿地工程植物根际微生物群落特征研究[D]. 邯郸：河北工程大学，2014.

易雨君，程曦，周静. 栖息地适宜度评价方法研究进展[J]. 生态环境学报，2013（5）：887-893.

尹光德. 胶州湾砂壳纤毛虫之初步调查[J]. 山东大学学报（哲学社会科学版），1952（1）：36-56.

尹宁宁. 辽河口湿地微生物生态分布及影响因素研究[D]. 青岛：中国海洋大学，2011.

英晓明，崔树彬，刘俊勇，等. 水生生物栖息地适宜性指标的模糊综合评判[J]. 东北水利水电，2007（7）：60-63.

于立霞. 大辽河口生态环境综合评价[D]. 青岛：中国海洋大学，2011.

于连海，王留成，高佳敏，等. 不同湿地类型草本植物群落空间分布及环境解释[J]. 东北林业大学学报，2018，46（5）：20-25.

于帅. 新疆伊犁河大型底栖动物群落及水质生物学评价研究[D]. 吉林：东北师范大学，2017.

于政达. 河流和湖泊底栖动物分布的影响因素及稀有种去除对多样性指数的影响[D]. 济南：山东大学，2017.

袁兴中，陆健健. 长江口潮沟大型底栖动物群落的初步研究[J]. 动物学研究，2001，22（3）：211-215.

曾志新，罗军，颜立红，等. 生物多样性的评价指标和评价标准[J]. 湖南林业科技，1999（2）：27-30.

张根，高艳娇，张仲伟，等. 堤防工程对河流生物多样性的影响分析——以南京新济洲河段河道整治工程为例[J]. 人民长江，2012，43（11）：82-85.

张洁，计勇，麻夏，等. 抚河干流浮游藻类群落调查及水质评价[J]. 湖北农业科学，2013，52（2）：306-312.

张金屯. 植物种群空间分布的点格局分析[J]. 植物生态学报，1998（4）：57-62.

张进献. 辽河源自然保护区森林群落生长潜能及影响因子研究[D]. 北京：北京林业大学，2010.

张敬怀，高阳，方宏达，等. 珠江口大型底栖生物群落生态特征[J]. 生态学报，2009，29（6）：2989-2999.

张敏，蔡庆华，渠晓东，等. 三峡成库后香溪河库湾底栖动物群落演变及库湾纵向分区格局动态[J]. 生态学报，2017，37（13）.

张群，刘春阳，于晓丹，等. 辽河保护区土壤可培养真菌多样性分析[J]. 辽宁林业科技，2014（6）：7-13.

张群，曲波，翟强，等. 辽河保护区生态系统多样性研究进展[J]. 环境保护与循环经济，2014，34（5）：

54-58.

张赛赛, 高伟峰, 孙诗萌, 等. 基于鱼类生物完整性指数的浑河流域水生态健康评价[J]. 环境科学研究, 2015, 28（10）: 1570-1577.

张文丽, 夏会娟, 张远, 等. 东辽河河岸带草本植物物种多样性及群落数量分析[J]. 生态学杂志, 2014, 33（5）: 1142-1149.

张文艺, 张采芹, 占明飞, 等. 滤食性底栖动物-菌藻复合生态系统对富营养水体净化的特性[J]. 湖北农业科学, 2013, 52（20）: 4926-4931.

张饮江, 罗思亭, 徐晶, 等. 上海黄浦江倪家浜口浮游生物调查与水质评价[J]. 水生态学杂志, 2010, 31（4）: 8-15.

张峥, 张建文, 李寅年, 等. 湿地生态评价指标体系[J]. 农业环境保护, 1999（6）: 283-286.

赵凤斌, 陈萍萍, 徐后涛, 等. 上海市河道底栖动物群落结构与环境因子的关系[J]. 生态环境学报, 2016, 25（8）: 1361-1368.

赵进勇, 董哲仁, 孙东亚. 河流生物栖息地评估研究进展[J]. 科技导报, 2008（17）: 84-90.

赵秀敏. "十一五"期间辽河源头区生态系统功能演变及成因分析[D]. 长春: 吉林大学, 2015.

赵忠波. 放养密度和投饲水平对黄颡鱼养殖围隔内水质和浮游生物群落结构的影响[D]. 武汉: 华中农业大学, 2016.

郑丙辉, 张远, 李英博. 辽河流域河流栖息地评价指标与评价方法研究[J]. 环境科学学报, 2007（6）: 928-936.

郑文浩, 渠晓东, 张远, 等. 太子河流域大型底栖动物栖境适宜性[J]. 环境科学研究, 2011, 24（12）: 1355-1363.

钟尊倩, 邱彭华, 杨星. 海口市近 30 年来湿地变化及其驱动力分析[J]. 海南师范大学学报（自然科学版）, 2021, 34（2）: 216-226.

周晓, 葛振鸣, 施文彧, 等. 长江口新生湿地大型底栖动物群落时空变化格局[J]. 生态学杂志, 2007, 26（3）: 372-377.

周渝, 邓伟, 刘婷, 等. 重庆都市区生态系统服务价值时空演变及其驱动力[J]. 水土保持研究, 2020, 27（1）: 249-256.

朱晨曦, 莫康乐, 唐磊, 等. 漓江大型底栖动物功能摄食类群时空分布及生态效应[J]. 生态学报, 2020, 40（1）: 60-69.

朱京海, 刘伟玲, 胡远满. 辽宁沿海湿地生物多样性评价研究[J]. 气象与环境学报, 2008（1）: 27-31.

朱利明. 淀山湖大型底栖动物群落结构及其与环境因子的关系[J]. 水生态学杂志, 2019, 40（2）: 55-65.

朱为菊, 庞婉婷, 尤庆敏, 等. 淮河流域春季浮游植物群落结构特征及其水质评价[J]. 湖泊科学, 2017, 29（3）: 637-645.

左魁昌, 左椒兰, 胡智泉, 等. 藻类在环境保护中的作用及其资源化利用研究进展[J]. 环境污染与防治,

2011，33（2）：90-93.

Álvarez-Cabria M，Barquín J，Juanes J A. Macroinvertebrate community dynamics in a temperate european atlantic river. Do they conform to general ecological theory？[J]. Hydrobiologia，2011，658（1）：277-291.

Ambiihl H. Die Bedeutung der Strmung als kologischer Faktor[J]. Schweizerische Zeitschrift Fir Hydrologie，1959，21（2）：133-264.

Barbour M T，Gerritsen J，Snyder B D，et al. Rapid bioassessment protocols for use in streams and wadcable rivers：periphyton，benthic macroinvertebrates and fish，second edition[M]. Washington D C：EPA 841-B-99-002. US EPA Office of Water，1999.

Barbour M T，Gerritsen J，Snyder B D，et al. Rapid bioassessment protocols for use in streams and wadeable rivers：periphyton，benthic macroinvertebrates and fish[M]. Washington：US Environmental Protection Agency，1999.

Barbour M T. Biological assessment strategies：applications and limitations[A]//Grothe D R，Dickson K L，Reed D K，et al. Whole effluent toxicity testing：an evaluation of methods and prediction of receiving system impacts[C]. Pensacola：SETAC Press，1996：245-270.

Beck W M. Suggested method for reporting bioticdata[J]. Sewage and in Dustrial Wastes，1955，27：1193-1197.

Bendixen M，Best J，Hackney C，et al. Time is running out for sand[J]. Nature，2019，571（7763）：39-31.

Berezina N A. Water quality estimation in the Kotorosl' River basin based on zoobenthos composition[J]. Water Resources，2000，27（6）：654-662.

Bergenfield M J，Boss E，Siegel D A，et al. Carbon-based ocean productivityand phytoplankton physiology from space[J]. Global Biogeochemical Cycles，2005，19（1）：14.

Bini L M，Thomaz S M. Prediction of Egeria najas and Egeria densa occurrence in a large subtropical reservoir（Itaipu Reservoir，Brazil-Paraguay）[J]. Aquatic Botany，2005，83（3）：227-238.

Blanco S，E B écares，Cauchie H M，et al. Comparison of biotic indices forwater quality diagnosis in the Duero Basin（Spain）[J]. Archiv FurHydrobiologiesupplementbandlarge Rivers，2007，17（3-4）：267-286.

Bojan T，Fessehaye W Z，Geoffrey C M，et al. Parameters affecting the growthand hydrogen production of the green alga Chlamydomonas reinhardtiil[J]. International Journal of Hydrogen Energy，2011，36（13）：7872-7876.

Borics G，G Várbiró，Grigorszky I，et al. A new evaluation technique of potamo-plankton for the assessment of the ecological status of rivers[J]. Large Rivers，2007，161（3）：466-486.

Bornman T G，Adams J B，Bate G C. Environmental factors controlling the vegetation zonation patterns and distribution of vegetation types in the Olifants Estuary，South Africa[J]. South African Journal of Botany，2008，74（4）：685-695.

Bovee K D. A guide to stream habitat analysis using the instream flow incremental methodology[M/OL]. （1982）[2019-12-29]. https：//www.arlis.org/docs/voll/Susitna/1/APA193.pdf.

Brierley G J，Fryirs K A. Geomorphology and river management：Applications of the river styles framework[M]. Oxford：Blackwell Scientific Publications，2005.

Cardinale B，Palmer M A，Swan C M，et al. The Influence of Substrate Heterogeneity on Bioflm Metabolism in a Stream Ecosystem[J]. Ecology，2002，83（2）：412-422.

Carlander K D. Farm fishpond research in Iowa[J]. The Journal of Wildlife Management，1952，16（3）：258-261.

Casellato S，Caneva F. Composition and distribution of bottom oligochaete fauna of a north Italian eutrophic lake（Lake Ledro）[J]. Hydrobiologia，1994，278（1-3）：87-92.

Chen M T，Li J，Dai X. Effect of phosphorus and temperature on chlorophyll acontents and cell sizes of Scenedesmus obliquus and Microcystis aeruginosa[J]. Limnology，2011，12（2）：187-192.

Christopher T Filstrup，Helmut Hillebrand，Adam J Heathcote，et al. Cyanobact eria dominance influences resource use efficiency and community turnover in phytoplankton and zooplankton communities[J]. Ecology Letters，2014，17（4）：464-474.

Cole J J，Caraco N F，Peierls B L. Can phytoplankton maintain a positive carbon balance in a turbid，freshwater，tidal estuary[J]. Limnology and Oceanography，1992，37（8）：1608-1617.

Coller A L，Rogers K H，Heritage G L. Riparian vegetation environment relationships：complimentarity of gradients versus patch hierarchy approaches[J]. Journal of Vegetation Science，2010，11（3）：337-350.

Comin F A，Menendez M，Lucena J K. Proposal for macrophyte restoration ineutrophic coastal lagoons[J]. Hydrobiologia，1990，200（1）：427-436.

Costa S S，Melo A S. Beta diversity in stream macroinvertebrate assemblages：among-site and among-microhabitat components[J]. Hydrobiologia，2008，598（1）：131-138.

Covich A P，Palmer M A，Crowl T A. The role of benthic invertebrate species in freshwater ecosystems[J]. BioScience，1999，49（2）：119-127.

Cui Y，Chen B，Ma S. Correlation of photoplankton and its environmental factorsin Rushan Bay[J]. Chinese Journal of Applied Ecology，2000，11（6）：935-938.

Cummins W K. Trophic Relations of Aquatic Insects[J]. Annual Review of Entomology，1973，18（1）：183-206.

Dahm V，Hering D. A modeling approach for identifying recolonisation source sites in river restoration planning[J]. Landscape Ecology，2016，31（10）：2323-2342.

Descy J P. Ecology of the phytoplankton of the River Moselle：effects of disturbances on community structure and diversity[J]. Hydrobiologia，1993，249（1）：111-116.

Deter Lessmann，Andrey Fyson，Brigitte Nixdorf. Experimental eutrophication of a shallow acidic mining lake and effects on the phytoplankton[J]. Hydrobiologia，2003，506（1）：753-758.

Dijkstra N，Junttila J，Skirbekk K，et al. Benthic foraminifera as bio-indicators of chemical and physical stressors in Hammerfest harbor（Northern Norway）[J]. Marine Pollution Bulletin，2017，114（1）：384-396.

Ding J，Lu G，Li S，et al. Biological fate and effects of propranolol in anexperimental aquatic food chain[J]. Science of the Total Environment，2015，532：31-39.

Domingues R B，Galo H. Phytoplankton and environmental variability in a dam regulated temperate estuary[J]. Hydrobiologia，2007，586（1）：117-134.

Dos Reis Oliveira P C，Kraak M H S，Pena-Ortiz M，et al. Responses of macroinvertebrate communities to land use specific sediment food and habitatcharacteristics in lowland streams[J]. Science of the Total Environment，2020，703：135060.

Downs PW，Brookes A. Developing a standard geomorphological approach for the appraisal of river projects[A]//Kirkby C，White W R，et al. Integrated river basin development[C]. Chichester：John Wiley and Sons，1994：299-310.

Duran M，Suicmez M. Utilization of both benthic macroinvertebrates and physicochemical parameters for evaluating water quality of the stream Cekerek（Tokat，Turkey）[J]. Journal of Environmental Biology，2007，28（2）：231.

Edna Cabecinha，Rui Cortes，Joao Alexandre，et al. Multi-scale approach using phytoplankton as a first step towards the definition of theecological status ofreservoirs[J]. Ecological Indicators，2009，9：240-255.

Environment Agency. River habitat survey manuals[M/OL].（2003）[2019-11-22]. http：//www. River habitat survey. org/wp-content/uploads/2018/04/RHS_ Manual_ 2003_ V1_ opt.pdf.

Ewanchuk P J，Bertness M D. Structure and Organization of a Northern New England Salt Marsh Plant Community[J]. Journal of Ecology，2004，92（1）：72-85.

Fathi E，Ahmadmahmoodi R Z，Bidaki R Z. Water quality evaluation using watclquality index and multivariate methods，Beheshtabad River Iran[J]. Applied Watel Science，2018，8（7）.

Federal Interagency Stream Restoration Working Group. Stream corridor restoration：Principles，processes，and practices[M]. Alexandria：National Technical Info Svc，1998.

Finelli H C M. Physical-Biological coupling in streams：the pervasive effects of flow on benthic organisms[J]. Annual Review of Ecology and Systematics，1999，30：363-395.

Forsberg C. Eutrophication parameters and trophic state indices in 30 Swedish waste-receiving lakes[J]. Arch.

Hydrobiol，1980，89：189-207.

Friedrich G，Viehweg M. Recent developments of the phytoplankton and its activity in the Lower Rhine[J].
Verhandlung Internationale Vereinigung Limnologie，1984，22（3）.

Fu L，Jiang Y，Ding J，et al. Impacts of land use and environmental factors onmacroinvertebrate functional
feeding groups in the Dongjiang River basin，southeast China[J]. Journal of Freshwater Ecology，2015，
31（1）：21-35.

Fukuda S，Tanakura T，Hiramatsu K，et al. Assessment of spatial habitat heterogeneity by coupling data-driven
habitat suitability models with a 2D hydrodynamic model in small-scale streams[J]. Ecological
Informatics，2015，29：147-155.

Gallepp G W. Chironomid Influence on Phosphorus Release in Sediment-Water Microcosms[J]. Ecology，
1979，60（3）：547-556.

Gifford S，Dunstan R H，O'Connor W，et al. Aquatic zooremediation：deployinganimals to remediate
contaminated environments[J]. Trends inaquatic Biotechnology，2007，25（2）：60-65.

Gosselain V，Viroux L，Descy J P. Can a community of small‐bodied grazers control phytoplankton in
rivers[J]. Freshwater Biology，1998，39（1）：9-24.

Grabicova K，Grabic R，Blaha M，et al. Presence of pharmaceuticals in benthicfauna living in a small stream
affected by effluent from a municipal sewage treatmentplant[J]. Water Research，2015，72：145-153.

Green M W，Blum P W，Sellers S C，et al. Mesohabitat current velocity effects on didymosphenia geminata
and macroinvertebrates in a SE USA hypolimnetic tailwater[J]. Aquatic Ecology，2019，53（4）：607-628.

Griado F G，Becares E，Alaze F C，et al. Plant-associated invertebrates and ecologicalquality in some
Mediterranean shallow lakes：implications for the application of the ECWater Framework Directive
Aquatic Conservation[J]. Marine and Freshwater Ecosystems，2005，15（1）：31-50.

Heino J，Muotka T，Mykrä H，et al. Defining macroinvertebrate assemblage types of headwater streams：
Implications for bioassessment and conservation[J]. Ecological applications，2003，13（3）：842-852.

Hennes K P，Simon M. Significance of bacteriophages for controlling bacterioplankton growth in a
mesotrophic lake[J]. Applied and Environmental Microbiology，1995，61（1）：333-340.

Hennes KP，Simon M. Significance of bacteriophages for controlling bacterioplankton growth in a
mesotrophic lake[J]. Applied and Environmental Microbiology，1995，61（1）：333-340.

Hensen V. Über die Bestimmung des Planktons oder des im Meere treibenden Materials an Pflanzen und
Tieren[M]. Schmidt and Klaunig，1887.

Hieber M，Robinson C T，Uehlinger U，et al. A comparison of benthic macroinvertebrate assemblages among
different types of alpine streams[J]. Freshwater Biology，2005，50（12）：2087-2100.

Higgins R，Thiel H. Introduction to the study of meiofauna–smithsonian institution press[J]. London，

Washington DC，1988，52（3）：621-638.

Hilsenhoff W L. Rapid field assessment of organic pollution with a family-level biotic index[J]. Journal of the North American Benthological Society，1988，7（1）：65-68.

Hirabayashi K，Ichikawa M，Okada S，et al. Change of macrobenthic communitiesin the 1930s，1970s and 2015 in the mesotrophic Lake Nojiri，Central Japan[J]. Journal of Limnology，2018.

Hodgkiss I J，Ho K C. Are Changes in N/P Ratios in Coastal Waters the Key to Increased Red Tide Blooms[J]. Hydrobiologia，1997，352（1-3）：141-145.

Hötzel G，Croome R. A phytoplankton methods manual for Australian freshwaters[M]. LWRRDC Occasional Paper，1999.

Huang Qi，Gao Junfeng，Cai Yongjiu，et al. Development and application of benthic macroinvertebrate-based multimetric indices for the assessment of streams and rivers in the Taihu Basin，China[J]. Ecological Indicators，2015，48（1）：649-659.

Hudon C，Paquet S，Jarry V. Downstream variations of phytoplankton in the St. Lawrence river（Quebec，Canada）[J]. Hydrobiologia，1996，337（1-3）：11-26.

Huisman J，Sharples J，Stroom J M，et al. Changes in Turbulent Mixing Shift Competition for Light between Phytoplankton Species[J]. Ecology，2004，85（11）：2960-2970.

Hutchinson G E，Edmondson Y H，A treatise on limnology. Volume iv：The zoobenthos[M]. John Wiley & Sons，Inc.，1993.

Ignatiades L，Vassiliou A，Karydis M. A comparison of phytoplankton biomass parameters and their interrelation with nutrients in Saronicos Gulf（Greece）[J]. Hydrobiologia，1985，128（3）：201-206.

Jacobsen D，Schultz R，Encalada A. Structure and diversity of stream invertebrate assemblages：the influence of temperature with altitude and latitude[J]. Freshwater Biology，1997，38（2）：247-261.

Jyoti Mulik，Soniya Sukumaran，Tatiparthi Srinivas. Factors structuring spatio-temporal dynamics of macrobenthic communities of three differently modified tropical estuaries[J]. Marine Pollution Bulletin，2019，150.

Kallis G，Butler D. The EU water framework directive：measures and implications[J]. Water Policy，2001，3（2）：125-142.

Kamenir Y，Dubinsky Z，Zohary T. Phytoplankton size structure stability in ameso-eutrophic subtropical lake[M]. Kluwer Academic Publishers，2004.

Khaznadar M，Vogiatzakis I N，Griffiths G H. Land degradation and vegetation distribution in Chott El Beida wetland，Algeria[J]. Journal of Arid Environments，2009，73（3）：369-377.

Kolkwitz R，Marsson M. Okologie der pfl anzlichen sprobien[J]. Berichte Deutschen Botaniscben Gesellschaft，1908（26A）：505-519.

Kumari P，Maiti S K. Bioassessment in the aquatic ecosystems of highly urbanized agglomeration in India：An application of physicochemical and macroinvertebrate.based indices[J]. Ecological Indicators，2020，111：106053.

Ladson A R，White L J，Doolan J A，et al. Development and testing of an Index of Stream Condition for waterway management in Australia[J]. Freshwater Biology，1999，41（2）：453-468.

Lawa. Gewasserguteatlas der Bundesr epublik Deutschland-Gewasserstruktur in der Bundesrepublik Deutschland 2001[M]. Berlin：Landerarbeits gemein schaft Wasser，2002.

Lawa. Gewasserstruktugutekartierung in der Bundesr epublik Deutschland：Verfahrensbeschreibung fur Vor-Ort-Kartierungen kleiner bis mittelgroBer FlieBgewasser. Empfehlung[M]. Schwerin：Landerarbeits gemein schaft Wasser，2000.

Lawa. Gewasserstrukturgiitekartierung in der Bundesr epublik Deutschland：Ubersichtsverfahren[M]. Munich：Landerarbeitsgem einschaft Wassers，1999.

Lepisto L，Raike A，Pietilainen O P. Long-term changes of phytoplankton in aeutrophieated boreal lake during the past one hundred years of（1893-1998）[J]. Algol Stud，1999，94：223-244.

Lermontov A，Yokoyama L，Lermontov M，et al. A fuzzy water qualityindex for watershed quality analysis and management[J]. In Tech. 2011.

Lopes M R M，Bicudo C E M，Ferragut M C. Short termspatial and Temporal variation of phytoplankton in a shallow tropical oligotrophic reservoir，southeast Brazil[J]. Hydrobiologia，2005，542：235-248.

Lukwambe B，Yang W，Zheng Y，et al. Bioturbation by the razor clam（*Sinonovacula constricta* on the microbial community and enzymatic activities in thesediment of an ecological aquaculture wastewater treatment system[J]. Science of the Total Environment，2018，643：1098-1107.

Lumb A，Sharma T C，Bibeault J F. A review of genesis and evolution of waterquality index（WQI）and some future directions[J]. Water Quality，Exposure and Health，2011，3（1）：11-24.

Lunstrem A，McGlathery K，Smyth A. Oyster（*Crassostrea virginica*）aquacultureshifts sediment nitrogen processes toward mineralization over denitrification[J]. Estuaries and Coasts，2018，41（4）：1130-1146.

Lynam C P，Cusack C，Stokes D. A methodology for community-level hypothesis testing applied to detect trends in phytoplankton and fish communities in Irish waters[J]. Estuarine，Coastal and Shelf Science，2010，87（3）：451-462.

Ma Y，Hu A，Yu C P，et al. Response of microbial communities to bioturbation byartificially introducing macrobenthos to mudflat sediments for in situ bioremediationin a typical semi-enclosed bay，southeast China[J]. Marine Pollution Bulletin，2015，94（1-2）：114-122.

Mangadze T，Wasserman R J，Froneman P W，et al. Macroinvertebrate functionalfeeding group alterations in response to habitat degradation of headwater Australstreams[J]. Science of the Total Environment，2019，

695：133910.

Margal E F R. Information theory in ecology[J]. International Journal of General Systems，1958，3：36-71.

Margalef D R. Information theory in ecology[J]. Gen Syst，1957，3：36-71.

Mario álvarez-Cabria，José Barquín，José Antonio Juanes. Macroinvertebrate community dynamics in a temperate European Atlantic river. Do they conform to general ecological theory？[J]. Hydrobiologia，2011，658（1）：277-291.

Marshall E J，Wallace J B. Invertebrate food webs along a stream resource gradient[J]. Freshwater Biology，2002，47（1）：129-141.

Mata M T，Martins A，Caetano N S. Microalgae for biodiesel production and other applications[J]. Renewable and Sustainable Energy Reviews，2010，14（1）：217-232.

Mccord S B，Kuhl B A. Macroinvertebrate community structure and its seasonal variation in the Upper Mississippi River，USA：a case study[J]. Journal of Freshwater Ecology，2013，28（1）：63-78.

McLaughlan C，Aldridge D C. Cultivation of zebra mussels（*Dreissena polymorpha*）within their invaded range to improve water quality in reservoirs[J]. Water Research，2013，47（13）：4357-4369.

Menges E S. Environmental correlates of herb species composition in five southern wisconsin floodplain forests[J]. The American Midland Naturalist，1986，115（1）：106-117.

Miller S W，Budy P，Schmidt J C. Quantifying macroinvertebrate responses to in stream habitat restoration：Applications of meta analysis to river restoration[J]. Restoration Ecology，2010，18（1）：8-19.

Minshall G W. Aquatic insect-substratum relationships.In：Resh VH，Rosenberg DM（eds.）[J]. The Ecology of Aquatic Insects. Praeger，New York，1984.

Moffatt K C，Crone E E，Holl K D，et al. Importance of Hydrologic and Landscape Heterogeneity for Restoring Bank Swallow（*Riparia riparia*）Colonies along the Sacramento River，California[J]. Restoration Ecology，2005，13（2）：391-402.

Moreno P，Callisto M. Benthic macroinvertebrates in the watershed of an urban reservoir in southeastern brazil[J]. Hydrobiologia，2006，560（1）：311-321.

Morse J C，Bae Y J，Munkhjargal G，et al. Freshwater biomonitoring with macroinvertebrates in East Asia[J]. Frontiers in Ecology and the Environment，2007，5（1）：33-42.

Nelson J S. Fishes of the world（4 th ed）[M]. Hoboken：John Wiley & Sons，Inc.，2006.

Noyel Velayudham，Desai Dattesh V，Anil Arga C. Macrobenthic diversity and community structure at cochin port，an estuarine habitat along the southwest coast of India[J]. Regional Studies in Marine Science，2020，34（3）：101075.

Nutrents B A，Stevenson R，Bothwell L，et al. Algal eeology freshwater benthie ecosystems[M]. London：Aeademie Press Incorporated，1996：184-270.

Osterling M E，Arvidsson B L，Greenberg L A. Habitat degradation and the decline of the threatened mussel margaritifera：influence of turbidity and sedimentation on the mussel and its host[J]. Journal of Applied Ecology，2010，47（4）：759-768.

Pan B Z，Wang H Z，Pusch M T，et al. Macroinvertebrate responses to regime shiftscaused by eutrophication in subtropical shallow lakes[J]. Freshwater Science，2015，34（3）：942-952.

Pan B Z，Wang Z Y，Li Z W. Macroinvertebrate assemblages in relation toenvironments in the West River，with implications for management of rivers affectedby channel regulation projects[J]. Quaternary International，2015，384：180-185.

Parsons M，Thoms M C，Norris R H. Development of a standardised approach to river habitat assessment in Australia[J]. Environmental Monitoring and Assessment，2004，98（1/2/3）：109-130.

Pasztaleniec A，Poniewozik M. Phytoplankton based assessment of the ecological status of four shallow lakes （Eastern Poland）according to Water Framework Directive–a comparison of approaches[J]. Limnologica-Ecology and Management of Inland Waters，2010，40（3）：251-259.

Patricija Mozetič，Janja Francé，Tjaša Kogovšek，et al. Plankton trends and community changes in a coastal sea（northern Adriatic）：Bottom-up vs. top-down control in relation to environmental drivers[J]. Estuarine，Coastal and Shelf Science，2012，115：138-148.

Pereira T S，Gomes Pio J F，Adolfo R C，et al. Can the substrate influence the distribution and composition of benthic macroinvertebrates in streams in northeastern Brazil[J]. Limnologica，2017，63：27-30.

Pielou E C. Ecological Diversity[M]. New York：Wiley，1975.

Pielou E C. The measurement of diversity in different types of biological collections[J]. Journal of Theoretical Biology，1966，13：131-144.

Plenkovic-Moraj A，Gligora M，Krali K，et al. Diatoms in monitoring of Drava River，Croatia[J]. Fundamental and Applied Limnology/Archiv furHydrobiologie-Supplement，2007，161：511-525.

Pond G P，Bailey J E，Lowman B M，et al. Calibration and validation of a regionally and seasonally stratified macroinvertebrate index for west virginia wadeable streams[J]. Environmental Monitoring and Assessment，2013，185（2）：1515-1540.

Proulx M，Pick F R，Mazumder A. Experimental evidence for interactive of human activities on lake algal species richness[J]. Oikos，1996，76（1）：191.

Purcell A H，Friedrich C，Resh V H. An assessment of a small urban stream restoration project in northern California[J]. Restoration Ecology，2002，10（4）：685-694.

Qu X，Tang T，Xie Z，et al. Distribution of the macroinvertebrate communities in the Xiangxi River system and relationships with environmental factors[J]. Journal of Freshwater Ecology，2005，20（2）：233-238.

Rabeni C F. Evaluating physical habitat integrity in relanon to the biological potential of streams[J].

Hydrobiologia，2000，422/423：245-256.

Raven P J，Holmes N T H，Naura M，et al. Using river habitat survey for environmental assessment and catchment planning in the UK[J]. Hydrobiologia，2000，422 /423（4）：359-367.

Ray N E，Terlizzi D E，Kangas P C. Nitrogen and phosphorus removal by the algal turf scrubber at an oyster aquaculture facility[J]. Ecological Engineering，2015，78：27-32.

Reavie E D，Jichat M，Angradi T R，et al. Algal assemblages for largeriver monitoring：Comparison among biovolume，absolute and relative abundancemetrics[J]. Ecological Indicators，2010，10（2）：167-177.

Reynolds C S. phytoplankton periodicity：the interactions of form，function and environmental variability[J]. Freshwater Biology，1984，14：111-142.

Reynolds C S. The Ecology of Freshwater Phytoplankton[D]. New York：Cambridge University Press，1984.

Reynolds C S. Variability in the provision and function of mucilage in phytoplankton：facultative responses to the environment[J]. Hydrobiologia，2007，578（1）：37-45.

Richardson J S，Taylor E，Schluter D，et al. Do riparian zones qualify as critical habitat for endangered freshwater fishes[J]. Canadian Journal of Fisheries & Aquatic Sciences，2010，67（7）：1197-1204.

Robert Ptacnik，Angelo G Solimini，Tom Andersen，et al. Diversity predicts stability and resource use efficiency in natural phytoplankton communities[J]. Proceedings of the National Academy of Sciences，2008，105（13）：5134-5138.

Saloom M E，Duncan R S. Low dissolved oxygen levels reduce anti-predatorbehaviours of the freshwater clam corbicula fluminea[J]. Freshwater Biology，2005（50）：1233-1238.

Schneider M，Kopecki I，Tuhtan J，et al. A Fuzzy Rule-based Model for the Assessment of Macrobenthic Habitats under Hydropeaking Impact：Fuzzy Rule-based Modelfor Benthic Habitats[J]. River Research & Applications，2016，33（3）：377-387.

Shannon C E，Weaver W，Wiener N. The Mathematical Theory of Communication[M]. Urbanal：University of Illinois Press，1949.

Shefer M，Rinaldi S，Gragnani A，et al. On the dominance of filamentous cyanobactera in shallow，turbid lakes[J]. Ecology，1997，78（1）：272-282.

Sidik M J，Nabi M R U，Hoque M A. Distribution of phytoplankton community in relation to environmental parameters in cage culture area of Sepanggar Bay，Sabah，Malaysia[J]. Estuarine，Coastal and Shelf Science，2008，80（2）：250-260.

Sidney L A，Diepens N J，Guo X. Trait-based modelling of bioaccumulation byfreshwater benthic invertebrates[J]. Aquatic Toxicology，2016，176：88-96.

Simpson E H. Measurement of diversity[J]. Journal of Cardiothoracic & Vascular Anesthesia，1949，163（2）：

261.

Smith M, Kay W, Edward D, et al. AUSRIVAS: using macroin vertebrates to assess ecological condition of rivers in Western Australia[J]. Freshwater Biology, 1999, 41 (2): 269-282.

Smith V H. Effects of nitrogen and phosphorus ratios on nitrogen fixation in agricultural and pastoral ecosystems[J]. Biochenistry, 1992, 18: 19-35.

Solimini A G, Sandin L. The importance of spatial variation of benthicinvertebrates for the ecological assessment of european lakes[J]. Fundamental and Applied Limnology, 2012, 180 (2): 85-89.

Suikkanen S, Laamanen M, Huttunen M. Long-term changes in summer phytoplankton communities of the open northern Baltic Sea[J]. Estuarine, Coastal and Shelf Science, 2007, 71 (3): 580-592.

Thadickal V, Joydas M, Ohammad A, et al. Macrobenthic community structure in the deep waters of the Red Sea[J]. Deep-Sea Research Part I Oceanographic Research Papers, 2018, 137: 38-56.

Thienemann V A. Die beiden chironomusarten der tiefenfauna der norddeutschenseen Ein hydrobiologisches Problem[J]. Archiv Fr Hydrobiologie, 1922, 13: 609-646.

Tilman D, Kiesling R, Sterner R, et al. Green, Bluegreen and Diatom Algae: Taxonomic differences in competitive ability for phosphorus, silicon and nitrogen[J]. Archiv fur Hydrobilogie, 1986, 106: 473-485.

Townsend C. Disturbance, resource supply, and food-web architecture in streams[J]. Ecology Letters, 1998, 20 (1): 200-209.

Tullos D D, Penrose D L, Jennings G D, et al. Analysis of functional traits in reconfigured channels: Implications for the bioassessment and disturbance of river restoration[J]. Journal of the North American Benthological Society, 2009, 28 (1): 80-92.

Vezie C, Rapala J, Vaitomaa J, et al. Effect of nitrogen and phosphorus ongrowth of toxic and nontoxic microcystis strain and on intracellular microcystin concentrations[J]. Microbial Ecology, 2002, 43: 443-454.

Vijapure Tejal, Sukumaran Soniya, Neetu S, et al. Macrobenthos atmarine hotspots along the northwest Indian inner shelf: Patterns and drivers[J]. Marine Environmental Research, 2019, 144 (2): 111-124.

Vikas Pandey, Ganesh Thiruchitrambalam. Spatial and temporal variability of sandyintertidal macrobenthic communities and their relationship with environmental factors in a tropical island[J]. Estuarine Coastal and Shelf Science, 2019, 224: 73-83.

Vinson M R, Hawkins C P. Biodiversity of Stream Insects: Variation at Local Basin, and Regional Scalesl[J]. Annual Review of Entomology, 1998, 43 (1): 271-293.

Waddle T. PHABSIM for Windows user's manual and exercises[R]. 2001.

Wang X, Hao C B, Zhang F, et al. Inhibition of the growth of two blue-greenalgae species (*Microsystis aruginosa* and *Anabaena spiroides*) by acidification treatments using carbon dioxide[J]. Bioresource

Technology，2011，102（10）：5742-5748.

Watson S B，Mccauley E，Downing J A. Patterns in phytoplankton taxonomic composition across temperate Lakes of differing nutrient status[J]. Limnology & Oceanography，1997，42（3）：487-495.

Weber C. Biological field and laboratory methods for measuring the quality of surface waters and effluents[J]. 1973，56（3）：193-202.

Wehr J D，Thorp J H. Effects of navigation dams，tributaries，and littoral zones on phytoplankton communities in the Ohio River[J]. Canadian Journal of Fisheries and Aquatic Sciences，1997，54（2）：378-395.

Wiederholm T. Use of benthos in lake monitoring[J]. Journal of the Water Pollution Control Federation，1980（52）：537-547.

Wu N，Schmalz B，Fohrer N. Distribution of phytoplankton in a German lowland river in relation to environmental factors[J]. Journal of Plankton Research，2011，33（5）：807-820.

Yan Jia，Xu Yong，Sui Jixing，et al. Long-term variation of the macrobenthic community and its relationship withenvironmental factors in the Yangtze River estuary and its adjacent area[J]. Marine Pollution Bulletin，2017，123（1-2）：339-348.

Yang Y F，Yi Y J，Zhou Y，et al. Spatio-temporal variations of benthic macroinvertebrates and the driving environmental variables in a shallow lake[J]. Ecological Indicators，2020，110：105948.

Yi Y，Tang C，Yi T，et al. Health risk assessment of heavy metals in fish and accumulation patterns in food web in the upper Yangtze River，China[J]. Ecotoxicology and Environmental Safety，2017，145：295-302.

Yoshimura C，Tockner K，Omura T，et al. Species diversity and functional assessment of macroinvertebrate communities in Austrian rivers[J]. Limnology，2006，7（2）：63-74.

Yung Y K，Wong C K，Broom M J，et al. Long-term Changes in Hydrography，Nutrients and Phytoplankton in Tolo Harbour，Hong Kong[J]. Hydrobiologia，1997，352（1/3）：107-115.

Zbikowski J，Kobak J. Factors influencing taxonomic composition and abundance of macrozoobenthos in extralittoral zone of shallow eutrophic lakes[J]. Hydrobiologia，2007，584（1）：145-155.

Zedler J B，Callaway J C，Desmond J S，et al. Californian Salt-Marsh vegetation：an improved model of spatial pattern[J]. Ecosystems，1999，2（1）：19-35.

Zhang L，Gu X Z，Fan C X，et al. Impact of different benthic animals on phosphorusdynamics across the sediment-water interface[J]. Journal of Environment Sciences，2010，22（11）：1674-1682.

Zhang L，Pan B Z，Jiang X M，et al. Responses of the macroinvertebrate taxonomic distinct ness indices of lake fauna to human disturbances in the middle and lower reaches of the Yangtze river[J]. Ecological Indicators，2020，110：105952.

Zhao Xie，Jie Zhang，Kun Cai，et al. Temporaland spatial distribution of macrobenthos communities and their responses toenvironmental factors in Lake Taihu[J]. Acta Ecologica Sinica，2016，36（1）：16-22.

Zou W，Tolonen K T，Zhu G W，et al. Catastrophic effects of sand mining onmacroinvertebrates in a large shallow lake with implications for management[J]. The Science of the Total Environment，2019，695：133706.

Zuo S，Fang Z，Zhou S，et al. Benthic Fauna Promote Algicidal Effect of Allelopathic Macrophytes on Microcystis aeruginosa[J]. Journal of plant growth regulation，2016，35（3）：646-654.

附　录

附录 1　辽河浮游藻类名录

门	属	种	拉丁名
蓝藻	微囊藻	微囊藻	*Microcystis* sp.
		水华微囊藻	*Microcystis flos-aquae* Kirchner.
		具缘微囊藻	*Microcystis marginata*（Menegh.）Kütz.
	粘球藻	捏团粘球藻	*Gloeocapsa magma*
		居氏粘球藻	*Gloeocapsa kutzingiana*
	棒胶藻	史氏棒胶藻	*Rhabdogloea smithii* Komarek
	色球藻	色球藻	*Chroococcus* sp.
		微小色球藻	*Chroococcus minutus*（Kütz.）Näg.
	腔球藻	腔球藻	*Coelosphaerium* sp.
	平裂藻	银灰平裂藻	*Merismopedia glauca*
		优美平裂藻	*Merismopedia elegans*
	集胞藻	佩瓦集胞藻	*Synechocystis pevalikii* Ercegovie
	蓝纤维藻	蓝纤维藻	*Dactylococcopsis* sp.
	眉藻	眉藻	*Calothrix* sp.
	双尖藻	中华双尖藻	*Hammatoidea sinensis*
	尖头藻	中华尖头藻	*Raphidiopsis sinensia* Jao
	束丝藻	水华束丝藻	*Aphanizomenon flos aquae*（L.）Ralfs
	节球藻	节球藻	*Nodularia* sp.
	鱼腥藻	阿氏拟鱼腥藻	*Anabaenopsis arnoldii* Aptekarj
		鱼腥藻	*Anabaena* sp.
		固氮鱼腥藻	*Anabaena azotica* Ley.
		类颤藻鱼腥藻	*Ababaena osicellariordes* Bory.
		卷曲鱼腥藻	*Anabaena circinalis* Rab

门	属	种	拉丁名
蓝藻	螺旋藻	大螺旋藻	*Spirulina major* Kütz. ex Gomont.
	颤藻	巨颤藻	*Oscillatoria princeps*
		美丽颤藻	*Oscillatoria formosa*
		悦目颤藻	*Oscillatoria amoena* Gom.
		拟短形颤藻	*Oscillatoria subbrevis* Schm.
		小颤藻	*Oscillatoria tennuis*
	席藻	席藻	*Phormidiaceae* sp.
		蜂巢席藻	*Phormidium favosum*（Bory）Gom.
	浮丝藻	多育浮丝藻	*Planktothrix prolifica*（Gom.）Anagn. et Kom.
		阿氏浮丝藻	*Planktothrix agardhii*（Gom.）Anagn. et Kom.
隐藻	隐藻	啮蚀隐藻	*Cryptomonas erosa* Ehr.
	蓝隐藻	尖尾蓝隐藻	*Cryptomonas acuta* Uterm.
甲藻	多甲藻	多甲藻	*Peridinium perardiforme*
		二角多甲藻	*Peridinium bipes* Stein
		挨尔拟多甲藻	*Peridiniopsis elpatiewskyi* Bourrelly
	角甲藻	角甲藻	*Ceratium hirundinella*（Müll.）Schr.
	裸甲藻	裸甲藻	*Gymnodinium aerucyinosum* Stein
金藻		分歧锥囊藻	*Dinobryon divergens* Imhof.
黄藻	黄丝藻	黄丝藻	*Tribonema* sp.
		近缘黄丝藻	*Tribonema affine* G.S.West.
		小型黄丝藻	*Tribonema minus*（Will.）Haz.
	角绿藻	小刺角绿藻	*Goniochloris brevispinosa* Pasch
硅藻	直链藻	颗粒直链藻	*Melosira granulata*（Ehr.）Ralfs
		变异直链藻	*Melosira varians*
		颗粒直链藻极狭变种	*Melosira granulate* var.*angustissima* O.Müller
	小环藻	梅尼小环藻	*Cyclotella meneghiniana*
		广缘小环藻	*Cyclotella bodanica* Eulenstein
	圆筛藻	偏心圆筛藻	*Coscinodisus excentricus* Ehrenberg
	根管藻	长刺根管藻	*Rhizosolenia longiseta* Zacharias.
	四棘藻	扎卡四棘藻	*Attheya zacharinai* Brun
	平板藻	绒毛平板藻	*Tabellaria flocculosa*（Roth.）Kützing
	等片藻	冬生等片藻	*Diatoma hiemale*（Roth.）Heriberg.
		冬生等片藻中型变种	*Diatoma hiemale* var.*mesodon.*（Ehr.）Grunow
		纤细等片藻	*Diatoma tenue* Agardh.
		普通等片藻	*Diatoma vulgare*
	星杆藻	美丽星杆藻	*Asterionella formosa* Hassall.
	扇形藻	环状扇形藻	*Meridion circulare*（Grev.）Ag

门	属	种	拉丁名
硅藻	脆杆藻	中型脆杆藻	*Fragilaria intermedia*
		钝脆杆藻	*Fragilaria capucina* Desmaziéres.
		短线脆杆藻	*Fragilaria brevistriata* Grunow
	针杆藻	针杆藻	*Synedra* sp.
		两头针杆藻	*Synedra amphicephala* Kützing
		平片针杆藻	*Synedra tabulate*（Ag.）Kützing.
		尖针杆藻	*Synedra acusvar*
		肘状针杆藻	*Synedra ulna*
		肘状针杆藻缢缩变种	*Synedra ulna* var. *constracta* Östrup.
	布纹藻	尖布纹藻	*Gyrosigma acuminatum*
		斯潘塞布纹藻	*Gyrosigma spencerii*（Quek.）Griff.& Henfr.
	美壁藻	短角美壁藻	*Calonei silicula*
		短角美壁藻	*Caioneis silicula*
		偏肿美壁藻截形变种	*Caloneis ventricosa* var. *truncatula*（Grun.）Meister
	长蓖藻	长蓖藻	*Neidium* sp.
		细纹长蓖藻	*Neidium affine*（Ehr.）Pfitzer
	双壁藻	幼小双壁藻	*Diploneis purlla*
		卵圆双壁藻	*Diploneis ovalis*（Hilse）Cleve
		卵圆双壁藻长型变种	*Diploneis ovalis longiforme* var.
	辐节藻	双头辐节藻	*Stauroneis smithii* Grun.
		双头辐节藻线形变型	*Stauroneis anceps* f. *linearis*（Ehr.）Hustedt
	舟形藻	简单舟形藻	*Navicula simplex*
		双球舟形藻	*Navicula amphibola* C1
		尖头舟形藻	*Navicula acutirostris*
		嚎头舟形藻	*Navicula gimmick*
		瞳孔舟形藻	*Navicula pupula* Kützing
		扁圆舟形藻	*Navicula placentula*（Ehr.）Kützing.
		头端舟形藻	*Navicula capitata* Ehrenberg.
		英吉利舟形藻	*Navicula anglica* Ralfs.
		微型舟形藻	*Navicula minima* Grunow.
	羽纹藻	北方羽纹藻	*Pinnularia borealis* Eer
		弯羽纹藻	*Pinnularia gibba*
		大羽纹藻	*Pinnularia major*（Kütz.）Ralenhorst
		细条羽纹藻	*Pinnularia microstauron*（Ehr.）Cleve
	双眉藻	卵圆双眉藻	*Amphora ovalis*（Kütz.）Kützing.
	桥弯藻	极小桥弯藻	*Cymbella perpusilla* Cl.
		偏肿桥弯藻	*Cymbella naviculiformis*

门	属	种	拉丁名
硅藻	桥弯藻	桥弯藻	*Cymbella* sp.
		胡斯特桥弯藻	*Cymbella hustedtii*
		箱形桥弯藻	*Cymbella cistula*（Hempr.）Kirchner.
		细小桥弯藻	*Cymbella pusilla* Grunow.
		近缘桥弯藻	*Cymbella affinis* Kützing.
		平滑桥弯藻	*Cymbella laevis* Nägeli ex Kützing.
		胀大桥弯藻	*Cymbella turgdula* Grunow.
		膨胀桥弯藻	*Cymbella pusilla*
	异极藻	益缩异极藻	*Gomphonema constrictum*
		尖异极藻	*Gomphonema acuminatum*
		尖异极藻布雷变种	*Gomphonema acuminatum* var. *brebissonii*（Kütz.）Grunow.
		尖异极藻花冠变种	*Gomphonema acuminatum* var.*coronatum*（Ehr.）W. Smith
		窄异极藻延长变种	*Gomphonema angustatum* var. *productum* Grunow.
		纤细异极藻	*Gomphonema gracile*
		橄榄绿异极藻	*Gomphonema olivaceum*（Lyngbye）Kützing.
	卵形藻	扁圆卵形藻	*Cocconeis placentula* Ehrenberg.
		扁圆卵形藻多孔变种	*Cocconeis placentula* var. *euglypta*（Ehr.）Cleve
	曲壳藻	曲壳藻	*Achnanthes* sp.
		短小曲壳藻	*Achnanthes exigua*
	窗纹藻	窗纹藻	*Epithemia* sp.
	棒杆藻	弯棒杆藻	*Rhopalodia gibba*（Ehr.）O.Müller
	菱板藻	菱板藻	*Hantzschia* sp.
		双尖菱板藻小头变型	*Hantzschia amphioxys* f.*capitata* O.Müller.
	菱形藻	尖刺菱形藻	*Nitzschia pungens*
		谷皮菱形藻	*Nitzschia palea*（Kütz.）W. Smith.
		池生菱形藻	*Nitzschia stagnorum*
		线形菱形藻	*Nitzschia linearis*
		钝端菱形藻解剖刀形变种	*Nitzschia Obtusa* var.*scalpelliformis*
	波缘藻	椭圆波缘藻缢缩变种	*Cymatopleura elliptica* var.*constricta* Grunow
		草鞋形波缘藻	*Cymatopleura solea*（Bréb.）W.Smith.
	长羽藻	中型长羽藻	*Stenopterobia intermedia*
	双菱藻	粗壮双菱藻	*Surirella robusta*
		粗壮双菱藻华彩变种	*Surirella robusta* var.*splendida*（Ehr.）Van Heurck
		卵形双菱藻	*Surirella ovata*
		线形双菱藻	*Surirella linearis* W. Smith

门	属	种	拉丁名
裸藻	裸藻	纤细裸藻	*Euglena gracilis klebs*
		旋纹裸藻	*Euglena spirogyra*
		多形裸藻	*Euglena polymor* Dangeard.
		梭形裸藻	*Euglena acus* Ehrenberg.
		绿色裸藻	*Euglena viridis* Ehrenberg.
		静裸藻	*Euglena deses*
		尾裸藻	*Euglena caudata*
		血红裸藻	*Euglena sanguinea*
	鳞孔藻	卵形鳞孔藻	*Lepocinclis ovum*
	扁裸藻	长尾扁裸藻	*Phacus longicauda*
	囊裸藻	珍珠囊裸藻	*Trachelomonas margaritifera*
		细粒囊裸藻	*Trachelomonas granulosa* Playf.
		华丽囊裸藻	*Trachelomonas superba* Swir.em.Defl.
		囊裸藻	*Trachelomonas* sp.
	陀螺藻	陀螺藻	*Strombomonas* sp.
	柄裸藻	囊形柄裸藻	*Colacium vesiculosum* Ehrenberg.
绿藻	衣藻	衣藻	*Chlamydomonas* sp.
	四鞭藻	球四鞭藻	*Carteria globulosa* Pascher
	盘藻	盘藻	*Gonium* sp.
	杂球藻	杂球藻	*Pleodorina californica*
	实球藻	实球藻	*Pandorina morum*
	空球藻	空球藻	*Eudorina elegans*
	团藻	美丽团藻	*Volvox aureus* Ehrenberg
	四集藻	四集藻	*Palmella mucosa*
	小桩藻	湖生小桩藻	*Characium substrictum*
	弓形藻	拟菱形弓形藻	*Schroederia nitzchioides*
		弓形藻	*Schroederia setigera*
		螺旋弓形藻	*Schroederia spiralis*
	小球藻	小球藻	*Chlorella vulgaris*
		蛋白核小球藻	*Chlorella pyrenoidesa*
	顶棘藻	四刺顶棘藻	*Chodatella quadriseta* Lemmermann.
		纤毛顶棘藻	*Chodatella ciliata* Lemmermann
	四角藻	戟形四角藻	*Teteaedron hastatum*
		微小四角藻	*Tetraedron minimum*（A. Braun）Hansgirg
		二叉四角藻	*Tetraedron bifurcatum*（Wille）Lagerheim
	蹄形藻	肥壮蹄形藻	*Krichneriella obesa*
	月牙藻	月牙藻	*Selenastrum bibraianum*

门	属	种	拉丁名
绿藻	纤维藻	卷曲纤维藻	*Ankistrodesmus convolutus*
		针形纤维藻	*Ankistrodesmus acicularis*
		镰形纤维藻	*Ankistrodesmus falcatus*
		镰形纤维藻奇异变种	*Ankistrodesmus falcatus* var.*mirabilis*
	四棘藻	粗刺四刺藻	*Treubaria crassispina* G.M.Smith
	卵囊藻	湖生卵囊藻	*Oocystis lacustris* Chodat
	并联藻	柯氏并联藻	*Quadrigula chodatii* G.M.Smith
	葡萄藻	布朗葡萄藻	*Botryococcus braunii* Kütz.
	集星藻	集星藻	*Actinastrum hantzschii*
	盘星藻	短棘盘星藻	*Pediastrum boryanum*（Turp.）Meneghini
		整齐盘星藻	*Pediastrum integrum* Nägeli
		华丽四星藻	*Tetrastrum elegans* Playfair
		单角盘星藻	*Pediastrum simplex* Meyen
		单角盘星藻具孔变种	*Pediastrum simplex* Meyen var. *duodenarium*
		二角盘星藻	*Pediastrum duplex*
		二角盘星藻纤细变种	*Pediastrum duplex* var. *gracillimum*
		四角盘星藻四齿变种	*Pediastrum tetras* var. *tetraodon*
		四角盘星藻	*Pediastrum tetras*
	二形栅藻	二形栅藻	*Scenedesmus dimorphus*
		弯曲栅藻	*Scenedesmus arcuatus*
		斜生栅藻	*Scenedesmus obliquus*
		四尾栅藻	*Scenedesmus quadricauda*
		齿牙栅藻	*Scenedesmus denticulatus*
		双对栅藻	*Scenedesmus bijuba*
		扁盘栅藻	*Scenedesmus platydiscus* Chodat
		丰富栅藻	*Scenedesmus abundans*（Kirchn.）Chodat.
	韦斯藻	丛球韦斯藻	*Weatella botryoides*（West）Wildeman
	十字藻	四足十字藻	*Crucigenia tetrapedia*
		四角十字藻	*Crucigenia quadrata* Morren
		华美十字藻	*Crucigenia lauterbornii* Schmidle.
		顶锥十字藻	*Crucigenia apiculata*（Lemm.）Schmidle
	微芒藻	微芒藻	*Micractinium pusillum*
	空星藻	小空星藻	*Coelastrum microporum* Nägeli
	尾丝藻	尾丝藻	*Uronema confervicolum* Lagerheim
	丝藻	丝藻	*Ulothrix* sp.
	毛枝藻	池生毛枝藻	*Stigeoclonium stagnatile* Colins
	竹枝藻	竹枝藻	*Draparnaldia* sp.

门	属	种	拉丁名
绿藻	刚毛藻	刚毛藻	*Chladophora* sp.
	转板藻	微细转板藻	*Mougeotia parvula* Hassall
	水绵	水绵	*Spirogyra* sp.
	新月藻	纤细新月藻	*Closterium gracile* Breb
		新月藻	*Closterium* sp.
		项圈新月藻	*Closterium moniliforum*（Bory）Ehrenberg
		纤细新月藻	*Closterium gracile* Brébisson
		锐新月藻	*Closterium acerosum*（Schrank）Ehrenberg
		项圈新月藻	*Closterium moniliforum*（Bory）Ehrenberg
	凹顶鼓藻	海岛凹顶鼓藻	*Euastrum insulare*（Wittr.）Roy
	鼓藻	美丽鼓藻	*Cosmarium formosulum* Hoff.
		光滑鼓藻	*Cosmarium laeve* Rabenhorst
		凹凸鼓藻	*Cosmarium impressulum* Elfving
	角星鼓藻	钝齿角星鼓藻	*Staurastrum crenulatum* Delponte
		纤细角星鼓藻	*Staurastrum gracile*

附录 2   辽河河岸带植物名录

科	属	植物名称	拉丁名
菊科	蒿属	白叶蒿	*Artemisia leucophylla*
		蒙古蒿	*Artemisia mogolica*
		黄花蒿	*Artemisia annua*
		茵陈蒿	*Artemisia capillaris*
		柳蒿	*Artemisia inegrifolia*
		宽叶蒿	*Artemisia lactifolia*
		野艾蒿	*Artemisia lavandulifolia*
		红足蒿	*Artemisia rubripes*
		万年蒿	*Artemisia sacrorum*
		水蒿	*Artemisia selengensis*
		大籽蒿	*Artemisia sieversiana*
		阴地蒿	*Artemisia sylvatica*
	苍耳属	意大利苍耳	*Xanthium italicum*
		蒙古苍耳	*Xanthium mongolicum*
		苍耳	*Xanthium sibiricum*
	飞廉属	飞廉	*Cardu usnutans*
		加拿大蓬	*Erigeron cannadensis*

科	属	植物名称	拉丁名
菊科	风毛菊属	草地风毛菊	*Saussurea amara*
	鬼针草属	狼杷草	*Bidens tripartita*
		大狼把草	*Bidens frondosa*
		鬼针草	*Bidens pilosa*
	还阳参属	还阳参	*Crepis rigescens*
		狭叶还阳参	*Crepis tectorum*
	火绒草属	火绒草	*Leontopodium leontopodioides*
	蓟属	野蓟	*Cirsium maackii*
		烟管蓟	*Cirsium pendulum*
		刺儿菜	*Cirsium arvense* var. *integrifolium*
		蓟	*Cirsium japonicum*
	苦苣菜属	苣荬菜	*Sonchus wightianus*
		苦荬菜	*Ixeris chinensis*
		抱茎苦荬菜	*Ixeris sonchifolia*
	毛连菜属	兴安毛莲菜	*picris japonica*
	泥胡菜属	泥湖菜	*Hemistepta lyrata* Bunge
	牛蒡属	牛蒡	*Arctium lappal*
	牛膝菊属	牛膝菊	*Galinsoga parviflora*
	蒲公英属	红梗蒲公英	*T.araxacum erythropodium*
		白花蒲公英	*Taraxacum albiflos*
		蒲公英	*Taraxacum mongolicum*
		东北蒲公英	*Taraxacum ohwianum*
	秋英属	波斯菊	*Cosmos bipinnatus*
	三肋果属	三肋果	*Tripleurospermum limosum*
	天名精属	金挖耳	*Carpesium divaricatum*
	豚草属	豚草	*Ambrosia artemisiifolia*
		三裂叶豚草	*Ambrosia trifida*
	万寿菊属	万寿菊	*Tagetes erecta*
	莴苣属	蒙山莴苣	*Lactuca tatarica*
		山莴苣	*Lactuca elata*
		毛脉翅果菊	*Lactuca raddeana*
		山莴苣	*Lactuca sibirica*
	豨莶属	豨莶	*Siegesbeckia orientalis*
		毛豨莶	*Siegesbeckia pubescens*
	向日葵属	菊芋	*Helianthus tuberosus*
	旋覆花属	旋覆花	*Inula japonica*
		柳叶旋覆花	*Inula salicina*

科	属	植物名称	拉丁名
菊科	鸦葱属	鸦葱	*Scorzonera austriaca*
	紫菀属	狗娃花	*Aster hispidus*
		马兰	*Aster indicus*
		山马兰	*Aster lautureanus*
		全叶马兰	*Aster pekinensis*
禾本科	白茅属	白茅	*Imperata cylindrica*
	稗属	长芒野稗	*Echinochloa crusgalli* var. Caudata
		稗草	*Echinochloa frumentacea*
	大麦属	芒麦草	*Hordeum jubatum*
	鹅观草属	糙毛鹅观草	*Roegneria hirsuta*
		纤毛鹅观草	*Roegneria ciliaris*
		鹅观草	*Roegneria kamoji*
	拂子茅属	假苇拂子茅	*Colamagrostis pseudopragmistes*
		小叶章	*Calamagrostis angustifolia*
		野青茅	*Calamagrostis arundinacea*
		拂子茅	*Calamagrostis epigejos*
	狗尾草属	法氏狗尾草	*Setaria faberi*
		金狗尾	*Setaria pumila*
		狗尾草	*Setaria viridis*
	虎尾草属	虎尾草	*Chloris virgata*
	画眉草属	小画眉草	*Eragrostis minor*
		画眉草	*Eragrostis pilosa*
	蒺藜草属	少花蒺藜草	*Cenchrus pauciflorus*
	剪股颖属	华北剪股颖	*Agrostis clavata*
	结缕草属	中华结缕草	*Zoysia sinica*
	荩草属	荩草	*Arthraxon hispidus*
	看麦娘属	看麦娘	*Alopecurus aequalis*
	赖草属	羊草	*Leymus chinensis*
		赖草	*Leymus secalinlls*
	龙常草属	龙常草	*Diarrhena mandshurica*
	芦苇属	芦苇	*Phragmites australis*
		毛芦苇	*Phragmites hirsuta*
	马唐属	马唐	*Digitaria sanguinalis*
	芒属	荻	*Miscanthus sacchariflorus*
	牛鞭草属	牛鞭草	*Henarthria japonica*
	披碱草属	老芒麦	*Elymus sibiricus*
	雀麦属	无芒雀麦	*Bromus inermis*

科	属	植物名称	拉丁名
禾本科	䅟属	牛筋草	*Eleusine indica*
	黍属	糠稷	*Panicum bisulcatum*
	甜茅属	狭叶甜茅	*Glycena spicuosa*
	菵草属	菵草	*Beckmannia syzigachne*
	燕麦属	野燕麦	*Avena fatua*
	野黍属	野黍	*Eriochloa villosa*
	隐子草属	隐子草	*Cleistogenes hackelii* var. *nakaii*
		糙隐子草	*Cleistogenes squarrosa*
	早熟禾属	泽地早熟禾	*Poa botryoides*
		早熟禾	*Poa annua*
		草地早熟禾	*Poa pratensis*
		硬质早熟禾	*Poa sphondylodes*
	针茅属	大针茅	*Stipa grandis*
豆科	紫穗槐属	紫穗槐	*Amorpha frutieosa*
	黄耆属	蔓黄耆	*Astragalus complanatus*
		斜茎黄耆	*Astragalus adsurgens*
		黄耆	*Astragalus chinensis*
		扁茎黄耆	*Astragalus complanatus*
		兴安黄耆	*Astragalus dahuricus*
	锦鸡儿属	红花锦鸡儿	*Caragana rosea*
	大豆属	野大豆	*Glycine soja*
		狭叶野大豆	*Glycine soja* var.
	甘草属	刺果甘草	*Glycyrrhiza pallidiflora*
	米口袋属	狭叶米口袋	*Gueldenstaedtia stenophylla*
		米口袋	*Gueldenstaedtia verna*
	鸡眼草属	鸡眼草	*Kummerowia striata*
	山黧豆属	五脉山黧豆	*Lathyrus quinquenervius*
		山黧豆	*Lathyrus sativus* L
	胡枝子属	短梗胡枝子	*Lespedeza cyrtobotrya*
		胡枝子	*Lespedeza bicolor*
		兴安胡枝子	*Lespedeza davurica*
	苜蓿属	紫花苜蓿	*Medicago sativa*
	草木樨属	白花草木樨	*Melilotus albus*
		黄花草木樨	*Melilotus officinalis*
		草木樨	*Melilotus suaveolens*
	车轴草属	白车轴草	*Trifolium repens*
	槐属	槐	*Styphnolobium japonicum*

科	属	植物名称	拉丁名
莎草科	藨草属	萤蔺	*Scirpus juncoides*
		东方藨草	*Scirpus orientalis*
		藨草	*Scirpus triqueter*
		球穗藨草	*Scirpus wichurae*
	薹草属	尖嘴薹草	*Carex leiorhyncha*
		翼果薹草	*Carex neurocarpa*
		陌上菅	*C.thunbergii*
	莎草属	聚穗莎草	*Cyperus imbricatus*
		碎米莎草	*Cyperus iria*
		旋鳞莎草	*Cyperus michelianus*
	三棱草属	扁秆荆三棱	*Bolboschoenus planiculmis*
		荆三棱	*Bolboschoenus yagara*
	水莎草属	水莎草	*Cyperus serotinus*
藜科	藜属	尖头叶藜	*Chenopodium acuminatum*
		藜	*Chenopodium album*
		灰绿藜	*Chenopodium glaucum*
		小藜	*Chenopodium serotinum*
	碱蓬属	碱蓬	*Suaeda glauca*
		翅碱蓬	*Suaeda heteroptera*
	滨藜属	滨藜	*Atriplex patens*
	轴藜属	轴藜	*Axyris amaranthoides*
	腺毛藜属	刺藜	*Dysphania aristata*
	虫实属	虫实	*Corispermum hyssopifolium*
	地肤属	地肤	*Kochia scoparia*
	猪毛菜属	猪毛菜	*Salsola collina*
蓼科	蓼属	萹蓄	*Polygonum aviculare*
		褐鞘蓼	*Polygonum fusco−ochreatum*
		普通蓼	*Polygonum humifusum*
		水湿蓼	*Polygonum hydropiper*
		酸模叶蓼	*Polygonum lapathifolium*
		东方蓼	*Polygonum orientale*
		桃叶蓼	*Polygonum persicaria*
		戟叶蓼	*Polygonum thunbergii*
	酸模属	酸模	*Rumex acetosa*
		皱叶酸模	*Rumex crispus*
		长刺酸模	*Rumex maritiimus*
		巴天酸模	*Rumex patientia*

科	属	植物名称	拉丁名
蔷薇科	龙牙草属	龙芽草	*Agrimonia pilosa*
	桃属	桃	*Amygdalus persica*
	李属	榆叶梅	*Amygdalus triloba*
		毛樱桃	*Cerasus tomentosa*
		京桃	*Prunus persica*
	风箱果属	风箱果	*Physocarpus amurensis*
		紫叶风箱果	*Physocarpus opulifolius*
	委陵菜属	委陵菜	*Potentilla chinensis*
		莓叶委陵菜	*Potentilla fragarioides*
	水杨梅属	水杨梅	*Geum aleppicum*
	珍珠梅属	珍珠梅	*Sorbaria kirilowii*
	绣线菊属	珍珠绣线菊	*Spiraea thunbergii*
唇形科	水棘针属	水棘针	*Amethystea caerulea*
	风轮菜属	风轮菜	*Clinopodium chinense* var. *grandiflorum*
	益母草属	益母草	*Herba leonuri*
	地瓜苗属	地瓜苗	*Lycopus lucidus*
	糙苏属	糙苏	*Phlomis umbrosa*
	鼠尾草属	鼠尾草	*Salvia leucantha*
	水苏属	水苏	*Stachys japonica*
毛茛科	毛茛属	圆叶碱毛茛	*Halerpestes cymbalaria*
		毛茛	*Ranunculus japonicus*
		茴茴蒜	*Ranunculus chinensis*
		石龙芮	*Ranunculus sceleratus*
	铁线莲属	棉团铁线莲	*Clematis hexapetala*
	白头翁属	白头翁	*Pulsatilla chinensis*
	唐松草属	唐松草	*Thalictrum aquilegifolium*
十字花科	荠属	荠菜	*Capsella bursa-pastoris*
	播娘蒿属	播娘蒿	*Descurainia sophia*
	葶苈属	葶苈	*Draba nemorosa*
	独行菜属	独行菜	*Lepidium apetalum*
	蔊菜属	球果蔊菜	*Rorippa globosa*
		蔊菜	*Rorippa indica*
		沼生蔊菜	*Rorippa islandica*
旋花科	中国旋花	中国旋花	*Calystegia chinensis*
	打碗花属	打碗花	*Calystegia hederacea*
		日本打碗花	*Calystegia japonica*
	菟丝子属	菟丝子	*Cuscuta chinensis*

科	属	植物名称	拉丁名
旋花科	牵牛属	牵牛	*Pharbitis nil*
		圆叶牵牛	*Pharbitis purpurea*
紫草科	鹤虱属	鹤虱	*Lappula squarrosa*
		东北鹤虱	*Lappula redowskii*
	斑种草属	多苞斑种草	*Bothriospermum secundum*
	琉璃草属	大果琉璃草	*Cynoglossum divaricatum*
	砂引草属	砂引草	*Messerschmidia*
	附地菜属	附地菜	*Trigonotis peduncularis*
大戟科	铁苋菜属	铁苋菜	*Acalypha australis*
	大戟属	斑地锦	*Euphorbia maculata*
		地锦	*Euphorbia humifusa*
		千根草	*Euphorbia thymifolia*
	叶下珠属	叶下珠	*Phyllanthus urinaria*
茄科	曼陀罗属	曼陀罗	*Datura stramonium*
	碧冬茄属	碧冬茄	*Petunia hybrida*
	酸浆属	酸浆	*Physalis alkekengi*
	茄属	黄果龙葵	*Solanum diphyllum*
		龙葵	*Solanum nigrum*
苋科	苋属	凹头苋	*Amaranthus blitum*
		反枝苋	*Amaranthus retroflexus*
		刺苋	*Amaranthus spinosus*
		苋菜	*Amaranthus tricolor*
		野苋	*Amaranthus viridis*
车前科	车前属	平车前	*Plantago depressa*
		大车前	*Plantago major*
		车前	*Plantago asiatca*
锦葵科	苘麻属	苘麻	*Abutilon theophrasti*
	木槿属	野西瓜苗	*Hibiscus trionum*
	锦带花属	锦带	*Weigela florida*
景天科	费菜属	费菜	*Phedimus aizoon* var. *latifolius*
	佛甲草属	佛甲草	*Sedum savmentosum*
	景天属	景天	*Sedum spectabilis*
牻牛儿苗科	牻牛儿苗属	牻牛儿苗	*Erodium stephanianum*
	老鹳草属	突节老鹳草	*Geranium krameri*
		鼠掌老鹳草	*Geranium sibiricum*
槭树科	槭属	茶条槭	*Acer ginnala*
		色木槭	*Acer mono*
		糖槭	*Acer saccharum*

科	属	植物名称	拉丁名
石竹科	石竹属	石竹	*Dianthus chinensis*
	鹅肠菜属	鹅肠菜	*Endarachne binghamiae*
	女娄菜属	女娄菜	*Silene aprica*
天南星科	菖蒲属	菖蒲	*Acorus calamus*
	浮萍属	浮萍	*Lemna minor*
	紫萍属	紫萍	*Spirodela polyrhiza*
香蒲科	香蒲属	水烛	*Typha angustifolia*
		达香蒲	*Typha davidiana*
		香蒲	*Typha orientalis*
眼子菜科	眼子菜属	菹菜	*Potamogeton crispus*
		眼子菜	*Potamogeton distinctus*
		竹叶眼子菜	*Potanogeton malaianus*
杨柳科	杨属	杨树	*Populus simonii*
	柳属	柳树	*Salix matsudana*
		杞柳	*Salix purpurea*
大麻科	大麻属	野大麻	*Cannabis sativa* var.
	葎草属	葎草	*Humulus scandens*
虎耳草科	绣球属	绣球花	*Hydrangea macrophylla*
	扯根菜属	扯根菜	*Penthorum chinense*
夹竹桃科	罗布麻属	罗布麻	*Apocynum venetum*
	杠柳属	杠柳	*Periploca sepium*
堇菜科	堇菜属	堇菜	*Viola phalacrocarpa*
		紫花地丁	*Viola philippica*
萝藦科	鹅绒藤属	鹅绒藤	*Cynanchum chinense*
	萝藦属	萝藦	*Metaplexis japonica*
木犀科	连翘属	连翘	*Fructus Forsythiae*
	丁香属	紫丁香	*Syringa oblata*
木贼科	木贼属	问荆	*Equisetum arvense*
		木贼问荆	*Equisetum pratense*
伞形科	蛇床属	蛇床	*Cnidium monnieri*
	水芹属	水芹	*Oenanthe javanica*
榆科	榆属	榆树	*Ulmus pumila*
		金叶榆	*Ulmus pumila jinye*
泽泻科	泽泻属	泽泻	*Alisma plantago-aquatica*
	慈姑属	慈姑	*Sagittaria trifolia* var. *sinensis*
百合科	葱属	小根蒜	*Allium macrostemon*
柏科	侧柏属	侧柏	*Platycladus orientalis*

科	属	植物名称	拉丁名
报春花科	点地梅属	东北点地梅	*Androsace filiformis*
柽柳科	柽柳属	柽柳	*Tamarix chinensis*
灯芯草科	灯芯草属	灯芯草	*Juncus triceps*
蒺藜科	蒺藜属	蒺藜	*Tribulus terrestris*
列当科	列当属	向日葵列当	*Orobanche coerulescens*
菱科	菱属	菱	*Trapa bispinosa*
柳叶菜科	月见草属	月见草	*Oenothera biennis*
马齿苋科	马齿苋属	马齿苋	*Portulaca oleracea*
木樨科	女贞属	水蜡	*Ligustrum obtusifolium*
葡萄科	地锦属	爬山虎	*Parthenocissus tricuspidata*
漆树科	盐麸木属	火炬树	*Rhus typhina*
千屈菜科	千屈菜属	千屈菜	*Spiked loosestrlfe*
茜草科	茜草属	茜草	*Rubia cordifolia*
忍冬科	忍冬属	鞑靼忍冬	*Lonicera tatarica*
桑科	桑属	桑	*Morus alba*
山茱萸科	山茱萸属	红瑞木	*Cornus alba*
水鳖科	苦草属	苦草	*Vallisneria asiatica*
睡莲科	莲属	莲	*Nelumbo nucifera*
松科	松属	樟子松	*Pinus sylvestnis* var.
卫矛科	卫矛属	桃叶卫矛	*Euonymus bungeanus*
玄参科	通泉草属	弹刀子菜	*Mazus stachydifolius*
鸭跖草科	鸭跖草属	鸭跖草	*Commelina communis*
亚麻科	亚麻属	野亚麻	*Linum stellarioides*
鸢尾科	鸢尾属	马蔺	*Iris lactea*

附录 3　辽河底栖动物名录

门	纲	目	动物名称	拉丁名
环节动物门	蛭纲	颚蛭目	宽体金线蛭	*Whitmania pigra* Whitman
		咽蛭目	八目石蛭	*Herpobdella octoculata*（Linnaeus）
			苇氏巴蛭	*Barbronia weberi*（Blanchard）
		吻蛭目	宽身舌蛭	*Glossiphonia lata* Oka
	寡毛纲	近孔寡毛目	苏氏尾鳃蚓	*Branchiura sowerbyi* Beddard
			霍甫水丝蚓	*Limnodrilus hoffmeisteri* Claparède
			奥特开水丝蚓	*Limnodrilus udekemianus* Claparède

门	纲	目	动物名称	拉丁名
环节动物门	寡毛纲	近孔寡毛目	克拉泊水丝蚓	*Limnodrilus claparedianus* Ratzel
			瑞士水丝蚓	*Limnodrilus helveticus* Piguet
			中华颤蚓	*Tubifex sinicus* Chen
软体动物门	腹足纲	中腹足目	中国圆田螺	*Cipangopaludina chinensis* Gray
			梨形环棱螺	*Bellamya purificata*（Heude）
			耳萝卜螺	*Radix auricularia*（Linnaeus）
			椭圆萝卜螺	*Radix swinhoei*（H. Adams）
			卵萝卜螺	*Radix ovata*（Draparnaud）
			白旋螺	*Gyraulus albus*（Müller）
	瓣鳃纲	蚌目	背角无齿蚌	*Anodonta woodiana* Lea
			圆顶珠蚌	*Unio douglasiae*（Gray）
			湖球蚬	*Sphaerium lacustre*（Muller）
节肢动物门	昆虫纲	蜉蝣目	稀氏埃蜉	*Ephoron shigae*（Takahashi）
			东方蜉	*Ephemera orientalis* Maclachlan
			黄河花蜉	*Potamanthus luteus*（Linnaeus）
			小蜉	*Ephemerella* sp.
			三刺弯握蜉	*Drunella trispina*（Tshernova）
			蚬夷三刺弯握蜉	*Drunella trispina ezoensis*（Gose）
			契氏带肋蜉	*Cincticostella tshernovae*（Bajkova）
			黑带肋蜉	*Cincticostella nigra* Ueno
			细蜉	*Caenis* sp.
			湖生短丝蜉	*Siphlonurus lacustris* Eaton
			四节蜉	*Baetis* sp.
			宽叶高翔蜉	*Epeorus latifolium* Ueno
			雅丝扁蚴蜉	*Ecdyonurus yoshidae* Takahashi
		毛翅目	日本瘤石蚕	*Goera japonica* Banks
			短线短脉纹石蚕	*Cheumatopsyche brevilineata*（Iwata）
			纹石蚕	*Hydropsyche* sp.
			黄足疏毛石蚕	*Oligotricha fluvipes* Matsumura
		双翅目	费塔无突摇蚊	*Ablabesmyia phatta*（Egger）
			斑点纳塔摇蚊	*Natarsia punctata*（Fabricius）
			花翅前突摇蚊	*Procladius choreus*（Meigen）
			刺铗长足摇蚊	*Tanypus punctipennis* Meigen
			盖氏特突摇蚊	*Thienemannimyia geijskesi*（Goetghebuer）
			合铗特突摇蚊	*Thienemannimyia fuscipes*（Goetghebuer）

门	纲	目	动物名称	拉丁名
节肢动物门	昆虫纲	双翅目	西氏北绿摇蚊	*Boreochlus thienemani* Edwards
			格氏寡角摇蚊	*Diamesa gregsoni* Edwards
			高田似波摇蚊	*Sympotthastia takatensis* Tokunaga
			端心突摇蚊	*Cardiocladius capucinus*（Zellerstadt）
			三束环足摇蚊	*Cricotopus*（C.）*trifascia* Edwards
			三带环足摇蚊	*Cricotopus*（I.）*trifasciatus*（Meigen）
			双线环足摇蚊	*Cricotopus*（C.）*bicinctus*（Meigen）
			三轮环足摇蚊	*Cricotopus*（C.）*triannulatus*（Mecquart）
			白色环足摇蚊	*Cricotopus albiforceps*（Kieffer）
			轮环足摇蚊	*Cricotopus*（C.）*anulator* Goetghebuer
			伊尔克真开氏摇蚊	*Eukiefferiella ilkleyensis*（Edwards）
			软异三突摇蚊	*Heterotrissocladius marcidus*（Walker）
			近藤水摇蚊	*Hydrobaenus kondoi* Saether
			双色矮突摇蚊	*Nanocladius dichromus*（Kieffer）
			茨城直突摇蚊	*Orthocladius*（O.）*makabensis* Sasa
			刺拟脉锤摇蚊	*Parametrionemus stylatus*（Kieffer）
			猛摇蚊	*Chironomus acerbiphilus* Tokunaga
			墨黑摇蚊	*Chironomus anthracinus*（Zetterstedt）
			溪流摇蚊	*Chironomus riparius* Meigen
			黄色羽摇蚊	*Chironomus flaviplumus* Tokunaga
			残枝长跗摇蚊	*Cladotanytarsus mancus*（Walker）
			范德枝长跗摇蚊	*Cladotanytarsus vanderwulpi*（Edwards）
			喙隐摇蚊	*Cryptochironomus rostratus* Kieffer
			缺损拟隐摇蚊	*Demicryptochironomus vulneratus*
			叶二叉摇蚊	*Dicrotendipes lobifer*（Kieffer）
			德永雕翅摇蚊	*Glyptotendipes tokunagai* Sasa
			浅白雕翅摇蚊	*Glyptotendipes pallens*（Mergen）
			暗肩哈摇蚊	*Hamischia fuscimana* Kieffer
			软铗小摇蚊	*Microchironomus tener*（Kieffer）
			绿倒毛摇蚊	*Microtendipes chloris*（Meigen）
			罗甘小突摇蚊	*Micropsectra logani*（Johannsen）
			黄明摇蚊	*Phaenopsectra flavipes*（Meigen）
			长方拟枝角摇蚊	*Paracladopelma undine*（Townes）
			小云多足摇蚊	*Polypedilum*（P.）*nubeculosum*（Meigen）

门	纲	目	动物名称	拉丁名
节肢动物门	昆虫纲	双翅目	梯形多足摇蚊	*Polypedilum*（T.）*scalaenum*（Schrank）
			拟踵突多足摇蚊	*Polypedilum*（P.）*paraviceps* Niitsuma
			白角多足摇蚊	*Polypedilum*（P.）*albicorne*（Meigen）
			苔流长跗摇蚊	*Rheotanytarsus muscicola* Kieffer
			五柄流长跗摇蚊	*Rheotanytarsus pentapoda*（Kieffer）
			毛尾罗摇蚊	*Robackia pilicauda* Saether
			瑞斯萨摇蚊	*Saetheria ressi* Jackson
			俊才齿斑摇蚊	*Stictochironomus juncai* Qi & Wang
			台湾长跗摇蚊	*Tanytarsus formosanus* Kieffer
			渐变长跗摇蚊	*Tanytarsus mendax* Kieffer
			新宾纺蚋	*Simulium*（Nevermannia）*xinbinense* Chen and Cao
			白班池畔蠓	*Telmatoscopus albipunctatud* Willistone
			毛头瘤虻	*Hybomitra hirticeps*（Loew）
			雅大蚊	*Tipula*（Yamatotipula）sp.2
			短柄大蚊	*Tipula*（Nephrotoma）sp.
			灰腹厕蝇	*Fannia scalaris* Linne
		半翅目	小黾蝽	*Gerris lacustris* Linne
			黑跳蝽	*Saldula saltatoria*（Linnaeus）
			日本长蝎蝽	*Laccotrephes japonensis* Scott
			锈色负子蝽	*Diplonychus rusticus*（Fabricius）
			横纹划蝽	*Sigara substriata* Uhler
			斑点小划蝽	*Micronecta guttata* Matsumura
		鞘翅目	日本真龙虱	*Cybister japonicus* Sharp
			真龙虱	*Cybister* sp.
			细带斑孔龙虱	*Nebrioporus hostilis*（Sharp）
			龙虱	*Dytiscus* sp.
			狭斑龙虱	*Liodessus* sp.
			尖叶牙甲	*Hydrophilus acuminatus* Motschulsky
		蜻蜓目	纳戈扩腹春蜓	*Stylurus nagoyanus*（Asahina）
			马奇异春蜓	*Anisogomphus maacki*（Selys）
			白尾灰蜻	*Orthetrum albistylum spectosum* Uhler
			闪蓝丽大蜻	*Epophthalmia elegans* Brauer
			黑色蟌	*Calopteryx atratum* Selys
			条纹色蟌	*Calopteryx virgo japonica* Selys

门	纲	目	动物名称	拉丁名
节肢动物门	软甲纲	端足目	异钩虾	*Anisogammarus* sp.
		十足目	秀丽白虾	*Palaemon*（Exo.）*modestus*（Heller）
			中华小长臂虾	*Palaemonetes sinensis* Sollaud
			中华齿米虾	*Caridina denticulate sinensis*（Kemp）

附录 4　辽河鱼类名录

目	科	属	种	拉丁名
鲤形目	鲤科	鲫属	鲫	*Carassius auratus*
		细鲫属	中华细鲫	*Aphyocypris chinensis* Günther
		鲤属	鲤	*Cyprinius carpio*
			镜鲤	*Cyprinus carpio* var.*specularis*
			德国镜鲤	*Cyprinusc arpio* L
		鲦属	鲦	*Hemicculter leuciclus*
		鲌属	红鳍鲌	*Chanodichthys erythropterus*
			翘嘴鲌	*Culter alburnus*
			尖头鲌	*Culter oxycephalus* Bleeker
			达氏鲌	*Culter dabryi dabryi*（Bleeker）
		鳘属	鳘	*Hemiculter leucisculus*
		鲂属	鲂	*Megalobrama skolkovii*
			团头鲂	*Megalobrama amblycephala* Yih
		马口鱼属	马口鱼	*Opsariichthys bidens*
		鳍属	兴凯鳍	*Acheilognathus chankaensis*
		棒花鱼属	棒花鱼	*Abbottina rivularis*
			辽宁棒花鱼	*Abbottina liaoningensis*
		鉤属	细体鉤	*Gobio tenuicorpus*
			棒花鉤	*Gobio rivuloides*
			犬首鉤	*Gobio cynocephalus*
		胡鉤属	清徐胡鉤	*Huigobio chinssuensis*（Nichols）
		蛇鉤属	蛇鉤	*Saurogobio dabryi*
		似鉤属	似鉤	*Pseudogobio vaillanti*
		突吻鉤属	辽河突吻鉤	*Rostrogobio liaohensis*
		麦穗鱼属	麦穗鱼	*Pseudorasbora* Parva
		雅罗鱼属	东北雅罗鱼	*Leuciscus waleckii*
		草鱼属	草鱼	*Ctenopharyngodon idellus*

目	科	属	种	拉丁名
鲤形目	鲤科	鲢属	鲢	*Hypophthalmichthys molitrix*
		鳙属	鳙	*Aristichthys nobilis*
		鳑鲏属	彩石鳑鲏	*Rhodeus lighti*
			中华鳑鲏	*Rhodeus sinensis*
			黑龙江鳑鲏	*Rhodeus sericeus*
		鱲属	宽鳍鱲	*Zacco platpus*（Temminck et Schlegel）
		鱥属	拉氏鱥	*Phoxinus lagowskii* Dybowsky
			尖头鱥	*Phoxinus oxcephalus*（Sauvage et Dabry）
		青鱼属	青鱼	*Mylopharyngodon piceus*（Richardson）
		鲴属	细鳞鲴	*Xenocypris microlepis* Bleeker
		鳕属	唇鳕	*Hemibardus labeo*（Pallas）
			花鳕	*Hemibardus maculates* Bleeker
	鳅科	条鳅属	北方条鳅	*Nemachilus nudus*
		花鳅属	北方花鳅	*Cobitis granoei*
		泥鳅属	泥鳅	*Misgurnus anguillicaudatus*
			黑龙江泥鳅	*Misgurnus mohoity*（Dybowski）
		副泥鳅属	大鳞副泥鳅	*Paramisgurrnus dabryanus*
		副沙鳅属	花斑副沙鳅	*Parabotia fasciatus*
		须鳅属	北方须鳅	*Barbatula barbatula nuda*（Bleeker）
		北鳅属	北鳅	*Lefua costata*（Kessler）
鲇形目	鲇科	鲇属	鲇	*Silurus asotus*
			怀头鲇	*Silurus soldatovi*
	鲿科	黄颡鱼属	黄颡鱼	*Pelteobagrus fulvidraco*
		拟鲿属	乌苏拟鲿	*Pseudobagrus ussuriensis*
鲈形目	鰕虎鱼科	吻鰕虎鱼属	子陵吻鰕虎鱼	*Ctenogobius giurinus*
			褐吻鰕虎鱼	*Rhinogobius brunneus*
			波氏吻鰕虎鱼	*Rhinogobius cliffordpopei*（Nichols）
		栉鰕虎鱼属	普氏栉鰕虎鱼	*Ctenogobius pflaumi*
			褐栉鰕虎鱼	*Ctenogobius brunneus*
	塘鳢科	黄黝属	黄黝	*Hypseleotris swinhonis*
		鲈塘鳢属	葛氏鲈塘鳢	*Perccottus glehni*
		沙塘鳢属	沙塘鳢	*Odontobutis yaluensis*
	鳢科	鳢属	乌鳢	*Channa argus*
	鮨科	鳜属	鳜	*Siniperca chuatsi*

目	科	属	种	拉丁名
刺鱼目	刺鱼科	多刺鱼属	中华多刺鱼	*Pungitius sinensis*
鳉形目	青鳉科	青鳉属	青鳉	*Oryzias latipes*
			中华青鳉	*Oryzias latipes sinensis*
	鱵鱼科	下鱵鱼属	沙氏下鱵鱼	*Hyporhamphus sajori*
鲑形目	银鱼科	大银鱼属	大银鱼	*Protosalanx hyalocranius*
	胡瓜鱼科	公鱼属	池沼公鱼	*Hypaomesus olidus*
			亚洲公鱼	*Hypomesus transpacificus nipponensis* Mcallistster
鲻形目	鲻科	鮻属	鮻	*Liza haematocheila*
鲱形目	鲱科	斑鰶属	斑鰶	*Konosirus punctatus*
合鳃目	合鳃鱼科	黄鳝属	黄鳝	*Monopterus albus*
七鳃鳗目	七鳃鳗科	七鳃鳗属	东北七鳃鳗	*Lampetra morii* Berg

附　图

附图I　调查点位现场照片

福德店

三河下拉

通江口大桥

亮子河

寇河

清河水库下　　　　　　　清河水库上　　　　　　　清河上游

清河口

拉马河

万泉河

七星湿地

七星湿地 1 号闸

七星湿地 2 号闸

七星湿地出口

石佛寺

七星湿地入辽河

秀水河

巨流河

本辽辽

红庙子

大张桥

柳河

双台子断面

曙光橡胶坝

曙光河岸坑塘

绕阳河

清河排干　　　　　　　　　　赵圈河断面　　　　　　　　　　辽河入海口

柴河

凡河

附图 II   辽河流域部分栖息地环境质量现场图片

辽河上游区

辽河中游区

辽河下游区

清河水系

附图 Ⅲ 辽河流域部分浮游生物

蓝藻门

平裂藻属 *Merismopedia*

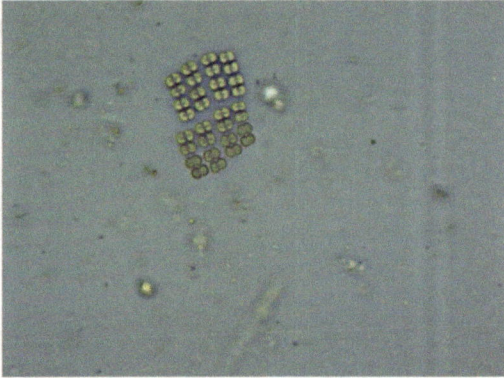

又称裂面藻属，藻体为一层细胞厚的平板状群体，小型，浮游生活。群体片状，呈方形或长方形，由32个至成百上千个细胞有规则地排列，两个成对，两对成一组，四组成一小群，许多小群集合成平板状藻体。

色球藻属 *Chroococcus*

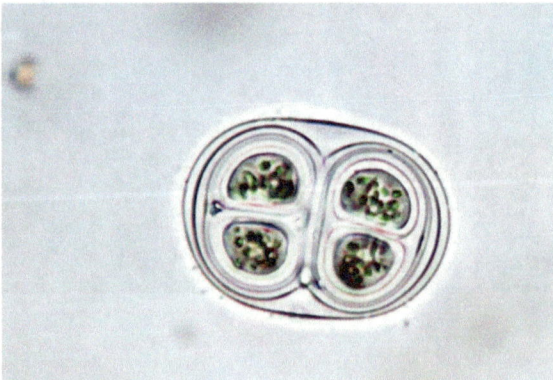

植物体多为2~6个或更多个细胞联合成圆球形或扁形的群体，少数为单细胞，外被有厚而无色的公共胶被，个体也有明显分开的胶被，群体中两个细胞相连处平直或现棱角而非球形，这两点是色球藻属区别于其他相似属的重要标志。

颤藻属 *Oscillatoria*

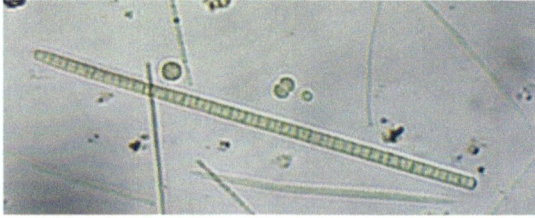

蓝细菌门颤藻科的一属，因生长于水中并不断颤动而得名。藻体为不分支的单条藻丝，或由许多藻丝互相交织而组成片状、束状或皮壳状的蓝绿色漂浮群体。繁殖旺盛时往往产生难闻的气味，导致水体污染，不适于饮用。

鱼腥藻属 *Anabaena*

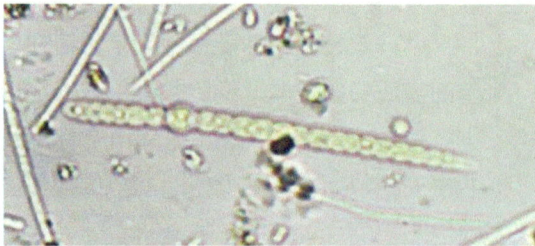

细胞呈球形或桶形，藻丝单一，或群集成群体，自由漂浮，或黏附在基质上。细胞沿着一个平面分裂并排列成链状丝，链状丝外包一层透明、无色的水样胶鞘，或许多链状丝包在一个共同的胶被内，形成不定形的胶块，大量繁殖形成"水华"，是水体富营养化的一个标志，有的种会产生毒素。

绿藻门

新月藻属 *Closterium*

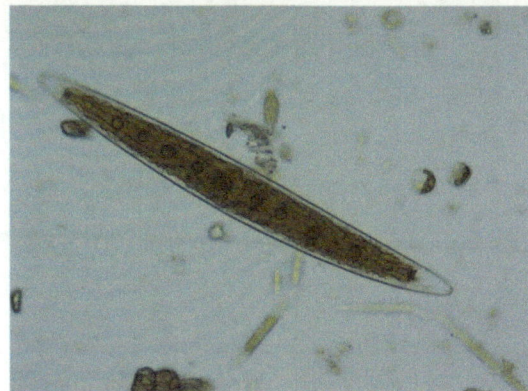

单细胞，细胞大多呈新月形，略弯曲或显著弯曲，少数平直，细胞长为宽的2倍以上。细胞中部收缢不明显，顶部钝圆、平直圆形、喙状或逐渐尖细；横断面呈圆形；细胞壁平滑、具纵向的线纹、肋纹或纵向的颗粒，无色或因铁盐沉淀而呈褐色或淡褐色。

鼓藻属 *Cosmarium*

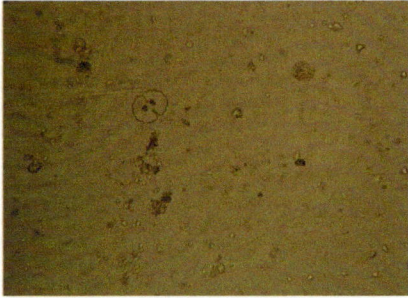

单细胞，细胞侧扁，通常长略大于宽，细胞中部收缩成缢缝，半细胞正面观近圆形或半圆形，常见于小型水体中。

小球藻属 *Chlorella*

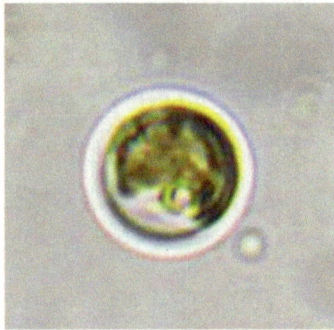

小球藻属是色球藻目中的常见植物。单细胞或聚集成群，细胞微小，圆形或近椭圆形，细胞壁薄，细胞内有1个杯形或曲带形载色体，细胞老熟时载色体分裂成数块。

弓形藻属 *Schroederia*

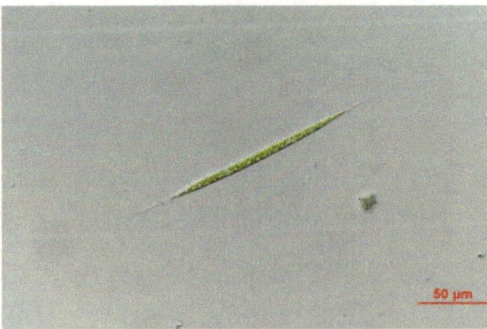

50 μm

单细胞，细胞呈纺锤形，直或弯曲。细胞壁两端延长成长刺，刺的末端变尖，或仅一端变尖，另一端膨大呈圆盘状或双叉状。色素体1个，片状、周生。

纤维藻属 *Ankistrodesmus*

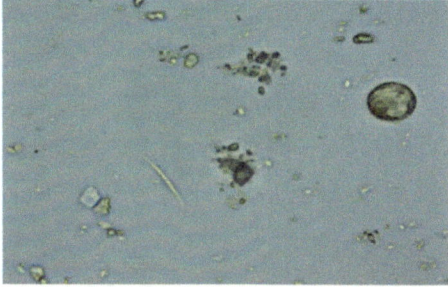

单细胞或由多个细胞聚集成群。浮游，极少数附着在基质上；细胞呈纺锤形、针形、弓形、镰形或螺旋形等多种形状，直或弯曲。从中央到两端逐渐尖细，末端尖，罕为钝圆的；色素体1个，周生、片状，占细胞的绝大部分，有时裂为数片，具1个蛋白核或无。

顶棘藻属 *Chodatella*

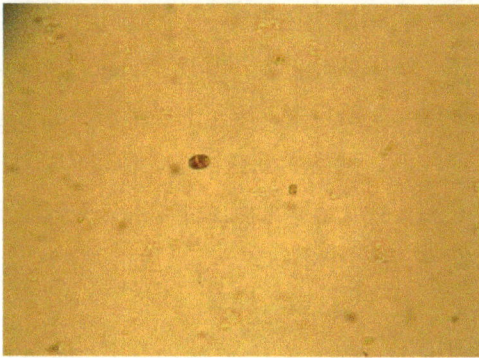

单细胞，细胞呈椭球形、卵形等。细胞两端或两端和中部具有长刺且呈对称排列，色素体1~4个。常见于小型水体，喜富含有机质的水体。

四角藻属 *Tetraedron*

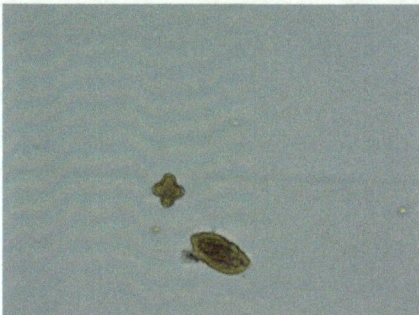

单细胞，细胞呈角锥形或扁平形。具3~5个角，角分叉或不分叉。有些种类角或突起的顶端细胞壁成为刺。常生活于小型水体。

四星藻属 *Tetrastrum*

由4个细胞组成的四方形或十字形的真性定形群体，细胞呈球形、卵形、三角形或近三角锥形，且排列在一个平面上，中心具或不具小间隙，各细胞间以其细胞壁紧密相连；细胞外侧游离面凸出或略凹入，细胞壁具颗粒或具1～7条或长或短的刺。

蹄形藻属 *Kirchneriella*

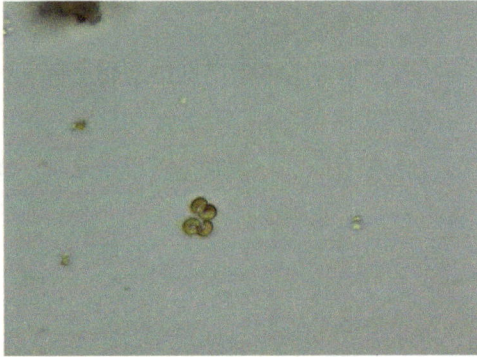

植物体为由4个或8个细胞组成的群体，群体外有胶被，浮游。细胞形状多种多样，呈新月形、半月形、蹄形、镰形或圆柱形，两端尖细或钝圆。色素体1个，周生，片状。除细胞凹侧中部外充满整个细胞，具1个蛋白核。

栅藻属 *Scenedesmus*

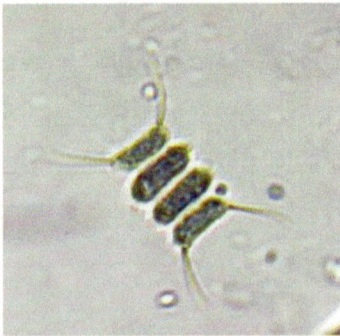

栅藻属为绿球藻目中的常见藻类，一般是由2个、4个、8个或16～32个细胞组成的栅状排列的定形群体。细胞通常呈椭圆形或纺锤形。

十字藻属 *Crucigenia*

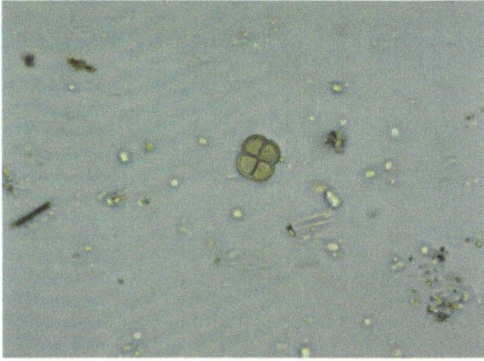

植物体是由4个细胞排列成的长方形或方形的真性定形群体，群体外具不明显的胶被。细胞间常有一个十字形空隙，色素体1个，片状、周生。无性生殖产生似亲孢子。常见于湖泊、池塘中浮游。

集星藻属 *Actinastrum*

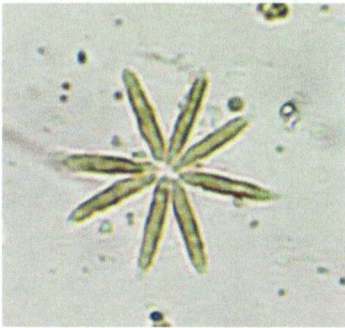

植物体通常是由4个、8个或16个细胞组成的真性定形群体，无群体胶被。群体细胞以一端在群体中心彼此连接，以细胞长轴从群体中心向外放射状排列，浮游；细胞呈长纺锤形、长圆柱形，两端逐渐尖细或略狭窄，或一端平截另一端逐渐尖细或略狭窄。

空星藻属 *Coelastrum*

植物体为真性定形群体，由4个、8个、16个、32个、64个或128个细胞组成多孔的、中空的球体到多角形体。群体细胞以细胞壁或细胞壁上的凸起连接。细胞呈球形圆锥形、卵形、近六角形或截顶的角锥形。细胞壁平滑、部分增厚或具管状凸起。

盘星藻属 *Pediastrum*

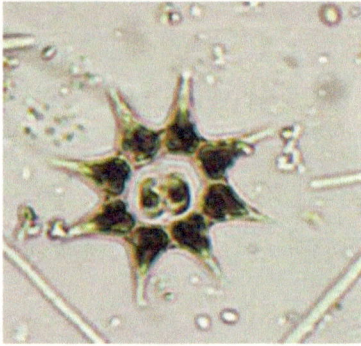

植物体是由4个、8个、16个、32个、64个或128个细胞排列成为一层细胞厚的真性定形群体。群体无穿孔或具穿孔，呈扁平盘状或星状，浮游；群体边缘细胞常具1个、2个或4个凸起，有时突起上具长的胶质毛丛。

丝藻属 *Ulothrix*

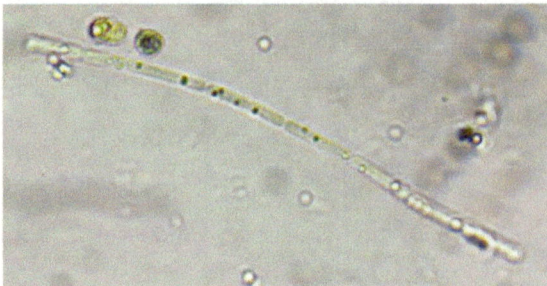

植物体为不分枝丝状体，丝状体由单列细胞构成，长度不等。幼丝体由基细胞固着在基质上，基细胞简单或略分叉呈假根状；细胞呈圆柱状，有时略膨大，一般长大于宽。有时横壁有收缢；细胞壁通常为薄壁，有时为厚壁或略分层。

硅藻门

链藻属 *Melosira*

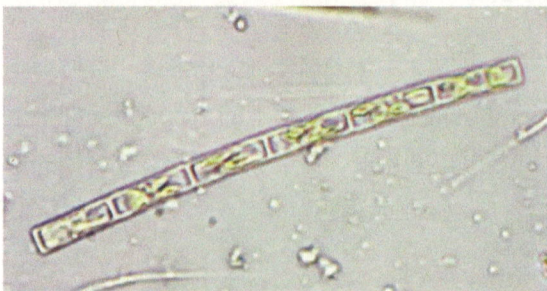

细胞呈圆柱状或透镜状，细胞以壳面相连成链丝状，细胞壁较厚，有点纹或孔纹。色素体呈小圆盘状，多数在各类淡水种均可发现，早春、晚秋数量较多。

小环藻属 *Cyclotella*

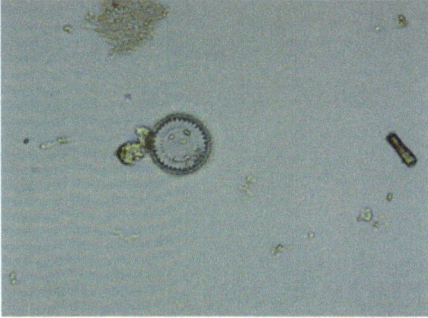

多为单细胞，细胞呈圆盘形。壳面边缘有放射状排列的孔纹或线纹，中央部分平滑或具有放射状排列孔纹。色素体呈小盘状，多数。繁殖为细胞分裂。

平板藻属 *Tabellaria*

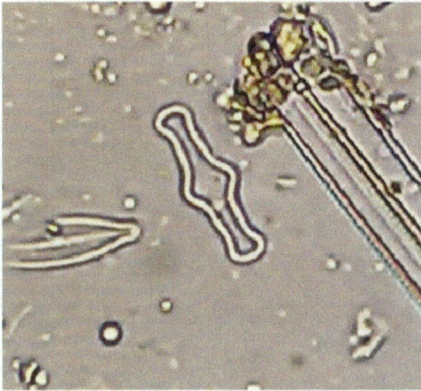

植物体由细胞组成带状或"Z"形群体；壳面线形，细胞左右对称，花纹羽状排列形成假壳缝，不能运动，壳内有纵隔片，无横肋。

异极藻属 *Gomphonema*

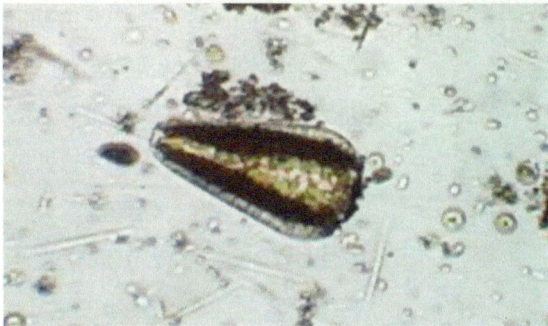

植物体为单细胞，或为不分枝或分枝的树状群体，细胞位于胶质柄的顶端，以胶质柄着生，有时细胞从胶质柄上脱落成为偶然性的单细胞浮游种类；壳面上下端不对称，一端比另一端粗，两侧对称，呈棒形、披针形、楔形；中轴区狭窄、直，中央区略扩大。

脆杆藻属 *Fragilaria*

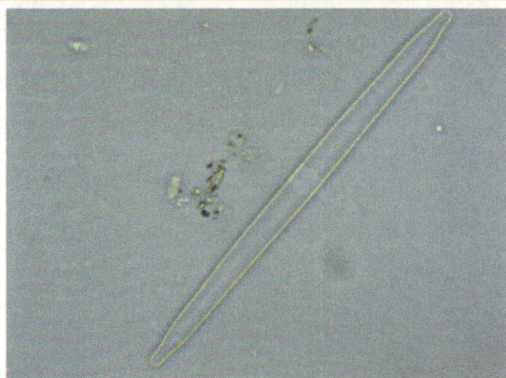

细胞以壳面连接成带状群体，壳面长披针形至细长线形，少数椭圆形到菱形，中间膨大或收缢。花纹为细线纹或点纹，假壳缝线形。带面长方形。

针杆藻属 *Synedra*

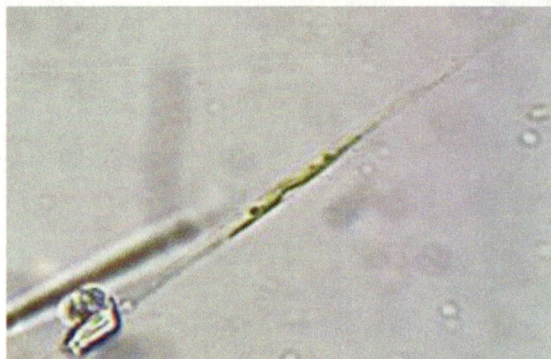

植物体为单细胞，或以每个细胞的一端相连成放射状群体。罕见形成短带状，但不形成长的带状群体；壳面呈线形或长披针形，从中部向两端逐渐狭窄，末端钝圆或呈小头状；假壳缝狭、线形，壳面花纹为横线纹或点纹，壳面中部常无花纹。

布纹藻属 *Gyrosigma*

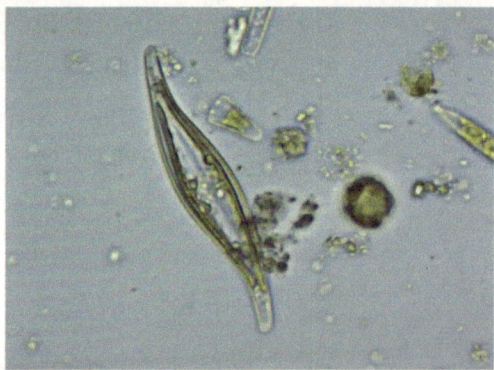

植物体为单细胞，偶尔在胶质管内；壳面"S"形，从中部向两端逐渐尖细，末端渐尖或钝圆，中轴区狭窄，"S"形到波形，具中央节和极节，中部中央节处略膨大，壳缝呈"S"形弯曲，壳缝两侧具纵和横线纹十字形交叉构成的布纹。

舟形藻属 *Navicula*

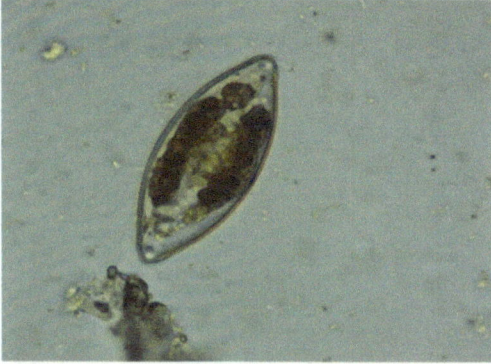

单细胞,壳面呈纺锤形或椭圆形。壳缝直，明显，壳面花纹多为点纹或线纹，具中央节和极节，细胞左右对称。花纹羽状排列形成假壳缝，不能运动。种类极多，各类水体均有分布。

羽纹藻属 *Pinnularia*

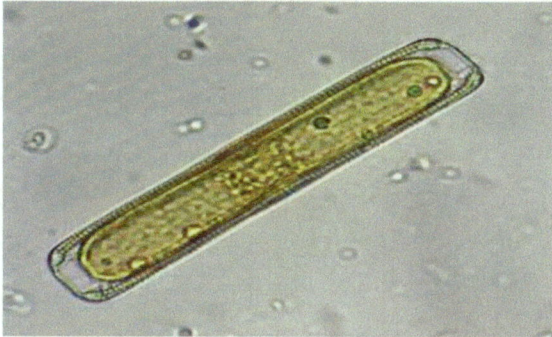

多为单细胞,壳面为长椭圆形至舟形，壳面两缘大体平行，两端稍宽，呈头状或喙状，少数种类两缘呈对称的波状起伏。壳面花纹为横肋纹，小型种类肋纹很细，似线纹，壳缝明显。

桥弯藻属 *Cymbella*

壳面为平,呈半月形或近纺锤形。壳面两侧不对称，有明显的背、腹两侧，背侧突出、腹侧平直或中部略突出，壳缝多偏向腹侧，稍远离壳缘。壳环面较狭窄。

菱形藻属 *Nitzschia*

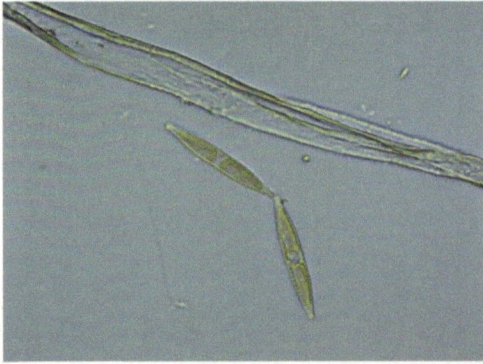

细胞呈棒形，壳面为直纺锤形、椭圆形或披针形等，两端尖或钝，壳面一侧有龙骨突，上下壳的龙骨突不在同一侧，因此细胞壁的断面为菱形，在龙骨突中有管壳缝，又沿着管壳缝有一列小圆孔列，色素体2个。

波缘藻属 *Cymatopleura*

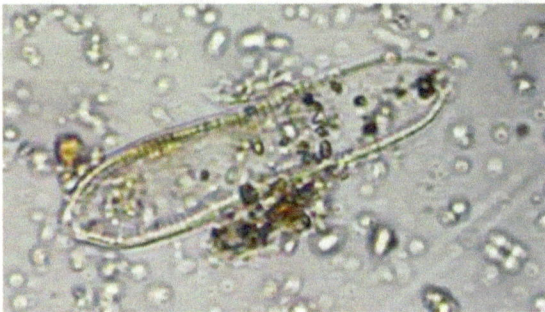

单细胞，浮游。壳面为椭圆形、纺锤形、披针形或线形。呈横向上下波状起伏，上下两个壳面的整个壳缘由龙骨及翼状构造围绕，龙骨突起上具管壳缝，管壳缝通过翼沟与壳体内部相联系。翼沟间以膜相联系，构成中间间隙，壳面具粗的横肋纹，有时肋纹无间生带，无隔膜，带面矩形、楔形，两侧具明显的波状皱褶；色素体1个，片状。

曲壳藻属 *Achnanthes*

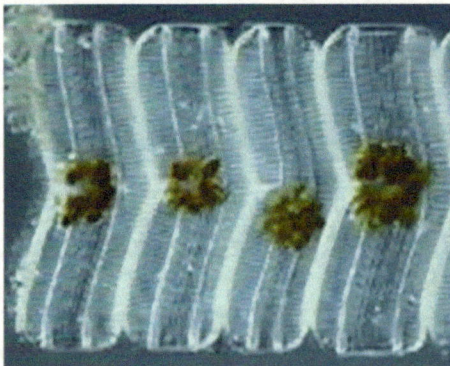

壳面为线形披针形或线形椭圆形，两端对称。壳体弯曲，带面观时上壳凸出，下壳凹入。壳面花纹多为点纹或线纹，上壳为假壳缝，下壳为真壳缝。广泛分布于各类水体。

隐藻门

蓝隐藻属 *Chroomonas*

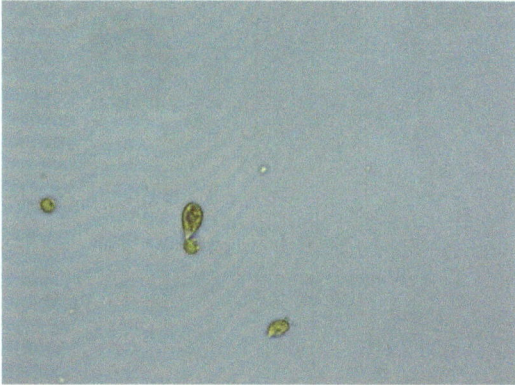

　　细胞呈长卵形、椭圆形、近球形、圆柱形或纺缍形，前端常斜截或平直，后端钝圆或渐尖，背腹扁平，有2条不等长的鞭毛，纵沟或口沟常不明显。色素体多为1个，也有2个的，盘状，周生，呈蓝色到蓝绿色。细胞核1个，位细胞下半部。

隐藻属 *Cryptomonas*

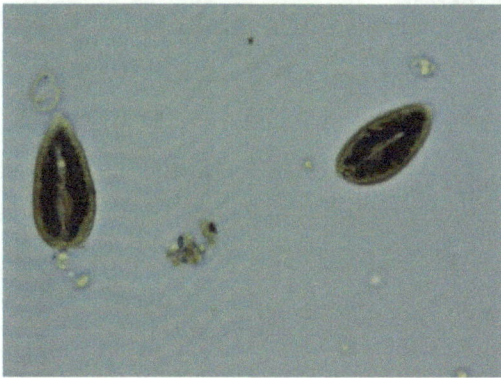

　　细胞呈椭圆形、豆形、卵形、圆锥形和S形等。细胞有背腹之分，背侧明显隆起，腹侧平直或略凹入。前端钝圆或斜截，后端宽或狭的钝圆形。纵沟和口沟明显，鞭毛2条，略不等长，自口沟伸出，常小于细胞长度。

甲藻门

裸甲藻属 *Gymnodinium*

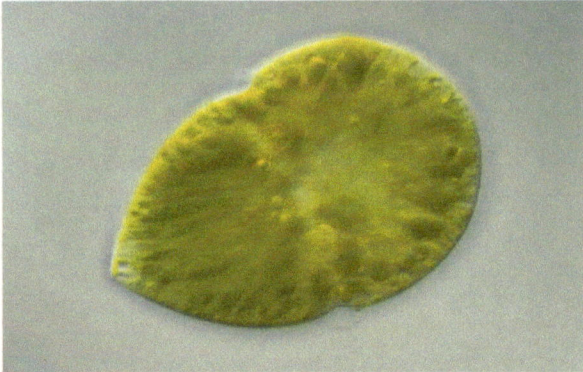

藻体为单细胞，呈卵圆形，无细胞壁，背腹扁平，横沟明显，位于细胞中部，环状或稍向左旋。营浮游生活，运动时呈左右摇摆状。细胞长15.6～31.2 μm。下椎部的底部中央有明显的凹陷，右侧底端略长于左侧。鞭毛2条，从横沟和纵沟相交处的鞭毛孔伸出。

多甲藻属 *Peridinium*

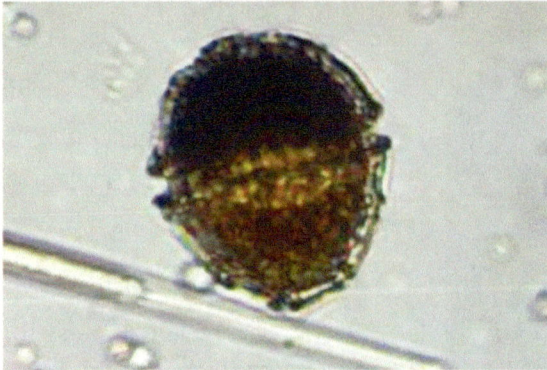

植物体为单细胞，呈球形、卵形、椭圆形。细胞壁厚，甲片缝常很清楚，甲片上有小刺和隆起的网纹，鞭毛2条，从横沟和纵沟相交处的鞭毛孔分别伸出。色素体多数，周生，圆盘状、颗粒状，呈黄色或褐色，有的种类具蛋白核。

附图Ⅳ　辽河流域部分鱼类

辽河刀鲚

沙塘鳢

鲶鱼

黄颡鱼

鲦鱼

圆尾斗鱼

棒花鱼

鲤鱼

鲢鱼

鲫鱼

中华鳑鲏

翘嘴红鲌

鲛鱼

花斑副沙鳅

北方花鳅

附图 Ⅴ　辽河流域部分植物

花蔺

华黄芪

列当

三蕊柳

华黄芪

野大豆

蛇床

天仙子

白花草木樨

刺果甘草

大麻

大籽蒿

红蓼

黄花草木樨

萝藦

夏黄芪

长刺酸模

紫花苜蓿

野大豆与水苏

盒子草

菟丝子

荠菜

附图Ⅵ 辽河保护区威胁因素

放牧 交通 农药

防火 河岸带侵蚀 工程建设

捕鱼